经略海洋

（2017）

李乃胜　等 编著

海洋出版社

2018年·北京

图书在版编目（CIP）数据

经略海洋. 2017/李乃胜等编著. —北京：海洋出版社，2018. 1
ISBN 978-7-5027-9999-1

Ⅰ. ①经…　Ⅱ. ①李…　Ⅲ. ①海洋经济-经济发展-中国②海洋开发-科学技术-中国　Ⅳ. ①P74

中国版本图书馆 CIP 数据核字（2017）第 312648 号

责任编辑：方　菁
责任印制：赵麟苏
海洋出版社　**出版发行**
http://www. oceanpress. com. cn
北京市海淀区大慧寺路 8 号　邮编：100081
北京文昌阁彩色印刷有限公司印刷　新华书店北京发行所经销
2018 年 1 月第 1 版　2018 年 1 月第 1 次印刷
开本：787mm×1092mm　1/16　印张：16
字数：260 千字　定价：68. 00 元
发行部：62132549　邮购部：68038093　总编室：62114335
海洋版图书印、装错误可随时退换

前 言

海洋，生命的摇篮，风雨的温床，大气的襁褓，资源的宝藏，商贸的窗口，国防的前哨。亘古历史证明，谁认识了海洋、征服了海洋，谁就能领航人类文明的“快船”。因此，“蓝色火炬”始终伴随着人们“向海洋进军”的风雨历程，并给予最及时、最粗犷、最公正的褒贬奖惩。

海纳百川，有容乃大，博大包容是海洋的品格；上善若水，润泽万物，至善无私是海洋的精髓：生生不息，运动不止，生机活力是海洋的精神。

早在古希腊时代，海洋学家狄米斯托克就曾经预言：“谁控制了海洋，谁就控制了一切。”1890年，海权理论的集大成者马汉在其《海权论》中，就详细阐述了海权对于国家利益的重要性，得出了“得海权者得天下”的著名论断。

当今世纪，随着人口爆炸，陆地资源捉襟见肘，全世界的目光不约而同地聚焦广袤的蓝色海洋。新一轮“科技竞争”、新一轮“蓝色圈地”、新一轮“资源开发”，在全球范围内愈演愈烈。美国、欧盟、英国、加拿大、俄罗斯、日本等国相继出台了国家战略计划，加快在海洋战略资源、海洋权益等方面的规划与实施。因全球气候变暖而浮出水面的“北冰洋航道”，令全世界“眼睛一亮”；茫茫冰雪世界的南极大陆与北冰洋海域成为全球关注的热点；沉睡在深海洋底几亿年的金属矿产再也无法安静；“外大陆架”的概念无意中成为世界沿海大国重新划分“蓝色版图”的最后一根稻草。

面对国际形势和时代需求，以习近平同志为核心的新一代中央领导集体提出了“海洋强国”的战略思想，又以打造“人类命运共同体”博大胸襟，发出了“一带一路”宏伟倡议。党的十九大又做出了“坚持陆海统筹，加快建设海洋强国”战略部署，体现了党中央对决胜全面建成小康社会、夺取新时代中国特色社会主义伟大胜利赋予海洋事业的新使命、新目标，为我们科学研判海洋形势、推进海洋事业发展提供了理论遵循和行动指南。

海洋事业发展需要战略科技人才，需要海洋智慧与谋略的引领和支撑，特别是今天实施海洋强国战略与推进“一带一路”建设，更需要用智慧和谋略来充实经略海洋的内涵。因此，“中国侨联特聘专家海洋专业委员会”在中国侨联的领导下、在青岛市侨联的协助下，聚集了众多国内外海洋领域有影响力的高层次专家，从2016年成立以来，围绕“一带一路”和海洋科技重大议题，组织召开了系列论坛，在海洋权益维护、海洋产业布局、海洋科技创新等重要领域开展了战略研究，本专辑就是这些战略科学家呕心沥血的成果结晶。

本书是继2015年和2016年编辑出版的第三辑，作为经略海洋的专著，旨在统筹、整理海洋专业委员会特聘专家的战略研究成果，并吸纳部分同行专家对国内外海洋战略、海洋经济、海洋科技和蓝色产业等领域的最新研究成果，以期为海洋发展战略贡献绵薄之力。纰漏之处，恳请各方有识之士雅正。

李乃胜

2017年冬于青岛

目　次

第一篇　海洋强国建设

第二篇　海洋科技进步

第三篇　海洋新兴产业发展

第一篇　海洋强国建设

强化认知能力，提升控制能力，坚决维护国家海洋权益

李乃胜

摘要：海洋权益事关国家核心利益，东海、南海的划界争端牵动全国人民的心弦。通过提高全民族的海洋国土意识，提升我国对海洋的认知能力和实际管控水平，实施“屯渔戍边”计划，实现海洋领域的军民融合，对于维护国家海洋权益至关重要，势在必行。

关键词：海洋权益，蓝色国土，认知能力

海洋世纪进一步唤醒了人们的海洋意识，而海洋意识首当其冲的是海洋国土意识，海洋国土又自然而然地与海洋权益紧密联系在一起。因此归根结底，海洋权益与蓝色国土密不可分，标志着一个国家的海洋主权和海洋话语权，昭示着一个国家的海洋科技创新能力和海洋竞争实力。

具体地说，海洋权益是指一个国家在海洋事务和海洋活动中依法享有的权利和利益的总称，包括领海主权、岛屿主权、海域司法管辖权、海洋资源开发权、海洋空间利用权、海洋污染管辖权、海洋科学调查研究权。

一、维护海洋权益是沿海国家的必然选择

就自然环境来说，海洋是生命的摇篮，风雨的温床，大气的襁褓环境的净土，资源的矿山。就人类社会来说，海洋是生存的空间，食品的基地，药物的源泉，商贸的窗口，航运的通道。人类进军海洋的风雨历程和蓝色文明的演化历史都雄辩地证明，谁占有了海洋，谁征服了海洋，谁就拥有了全世界。

1. 海洋是国防的前哨

早在古希腊时代，海洋学家狄米斯托克就曾经预言：“谁控制了海洋，谁

就控制了一切。”1890年，海权理论的集大成者——著名地缘政治学家马汉在其名著《海权论》中，详细阐述了海权对于国家利益的重要性。他认为，海洋是连接世界的通道，不仅关系到国家安全，也关系到国家的发展。历史上强国地位的更替，实际是海权的易手。苏联海军总司令戈尔什科夫认为，国家海上威力的实质就是为了整个国家的利益最有效地利用世界大洋的能力。中国周边国家中，印度尤其重视海洋战略和海军建设，从20世纪80年代开始，印度就把海军列为建设重点，全面推行“印度洋控制战略”，努力扩大控制范围，加强远洋进攻能力，并在印度洋推行以威慑求扩张的“东延”、“西扩”、“南下”战略，并谋求其海上力量进一步向南海等海域辐射。日本是个岛国，深具“危机意识”，十分重视拓展海洋疆土，步步推进大陆架扩张、并肆意抢占大洋无人岛屿，进而占据周边200海里为半径的广袤海域。而且在国际海洋事务中，凡涉及海洋主权都表现得特别强硬。

我国是太平洋西岸的海洋大国，海洋地理岸线资源、港口航运资源、海洋水产养殖在世界上名列前茅，海洋产业就业人数3 000余万，超过世界上一个中等国家的总人口。因此蓝色经济在我国举足轻重，海洋权益事关国家核心利益。

2. 海洋是资源的宝库

海洋中蕴含着丰富的生物资源，人类已探明的就有20万种之多。仅海洋浮游植物的产量每年就高达5 000亿吨，海洋鱼类每年的可捕量达3亿吨。仅就中国管辖300万平方千米海域的有机碳产出量来说，与我国18亿亩耕地的农作物基本相当。

更重要的是被称为全人类国际公共海底的深海大洋蕴藏着储量巨大的未来战略性资源，譬如：深海油气藏、海底可燃冰、热液硫化物矿床、大洋多金属矿产、深海生物基因资源。海底石油可采储量约1 350亿吨，海底天然气储量约140亿立方米，此外，全球海底可燃冰的储量是现有石油、天然气、煤炭等一次性化石燃料总储量的4倍以上。同时，在广袤的深水洋底还蕴藏着丰富的金属矿产资源，包括多金属结核，硫化物矿床和富钴结壳，其每年的生长量就远超过现在全世界的年均消耗量。因此，海洋战略性资源相对于今天人类需求来说，堪称为取之不尽用之不竭。

仅就海水中的“原盐”来说，如果都提取出来堆放到陆地上的话，平均厚度会超过200米，全人类都会被埋在白色的原盐中！

由此可见，谁掌握了开发海洋战略性资源的技术，谁就开启了未来蓝色经济发展的大门。

3. 海洋是蓝色的国土

进入21世纪，随着人口爆炸，人均陆地资源逐渐枯竭，海洋在世界格局中占有越来越重要的地位。作为一种潜在的巨大资源，人们认识到海洋是未来可持续发展的“第二疆土”。海洋大国纷纷抢占国际公共海底，新一轮“蓝色圈地”在全球范围内愈演愈烈。

2007年俄罗斯利用“和平”号深潜器在4 300余米深的北冰洋海底率先插上一面钛合金的俄罗斯国旗，暗示该区域归俄罗斯所有，各发达国家纷纷效尤，引发了新一轮国际公共海底的争夺战。特别是因为全球气候变暖，北极冰融加速，北冰洋航道逐渐露出水面，潜在的巨大经济效益立刻吸引了全世界的眼球。再加之北冰洋宝贵的生物资源、油气资源和煤炭资源，导致环绕北冰洋的5个大国重新瓜分北冰洋，用新的“伊路利萨特”条约取代历史上早已国际化的“斯匹次卑尔根”条约，试图把原属国际公共海域的北冰洋变成5个国家的“内海”。

沿海国家抢占“外大陆架”更是吵得一塌糊涂。澳大利亚凭借独特的地理位置率先获得了250万平方千米的“蓝色国土”，引发世界各国争相申报，争相宣称自己拥有宽广的外大陆架，导致了一系列难以调和的海域之争。

当前，我国海洋权益面临着复杂的形势，除了岛礁主权、海域划界、资源争端以及海洋生态环境问题外，还面临专属经济区划界、外大陆架竞争，国际公共海底，海上通道安全和海上恐怖主义等一系列非常复杂的问题和严峻的挑战。

4. 海洋是崛起的舞台

1492年10月12日，哥伦布发现巴哈马群岛，西班牙国王当即把这一天定为西班牙的“国庆日”，一直延续到今天。哥伦布发现新大陆，对美洲土著部落来说，可能是灾难，但对觊觎海洋已久的西班牙帝国来说，是彻头彻尾的“新生”。一年之后，罗马教皇亚历山大六世亲自炮制的“教皇子午线”，把蓝色的地球一分两半，东边归葡萄牙所有，西边收入西班牙的囊中。“两颗大牙”轻而易举地瓜分了世界。这充分体现了海洋权益的特殊意义，也留下来了人类历史上不堪回首的荒唐往事。

接下来，西欧小国荷兰，凭借着海底浅层丰富的泥炭资源，迅速靠航运而称霸海洋，17世纪初，1万余条荷兰“东印度公司”的商船游弋在世界各国的大小港口。小小的英伦三岛，秉承“面向海洋发展”的原则，自1588年“英西大海战”一举击败了西班牙的“无敌舰队”之后，迅速成为海洋霸主，率先靠蒸汽机带来的工业革命进入了“大国崛起”排行榜的前列，一度成为称霸世界的“日不落帝国”。到1815年，英国海军舰船的总吨位达61万吨，几乎等于世界各国海军的总和。再往后，法国、德国、俄罗斯、日本、美国，你方唱罢我登场，在海洋这个广袤无比的蓝色舞台上各显其能，不断弹唱着一曲曲“劈波斩浪”的胜利凯歌，上演着一幕幕“大国崛起”的蓝色话剧。

二、我国面临着海洋权益竞争的严峻形势

我国是雄踞太平洋西岸的沿海大国，拥有1.8万千米余的大陆岸线和1.6万千米余的海岛岸线。近年来，国家海洋权益面临严峻挑战，不仅是以钓鱼岛为中心的“东海划界”和以南沙群岛为中心的“南海争议”问题，而且我们还必须面对世界海洋强国试图重新瓜分国际公共海底的全球性重大战略问题。

1.“蓝色圈地”成为维护海洋权益的焦点

大陆架是大陆向海洋的自然延伸，通常被认为是陆地的一部分，根据《联合国海洋法公约》，沿海国可以主张200海里宽的大陆架，可以从事海洋资源的开发利用；对于一些拥有宽广大陆架的国家，还可以扩到200海里之外，但最远不得超过350海里，这就是法律意义的“外大陆架”。在200海里专属经济区被沿海各国早已瓜分完毕的情况下，“外大陆架”的重新划分就成为各国拓展蓝色疆土的焦点。外大陆架的重新划分被普遍认为是世界版图的最后一次大修改，现在世界各国对外大陆架的争夺已经达到公开化和白热化的程度。

联合国专门成立了大陆架界限委员会，接受沿海各国关于外大陆架的申请。到2009年5月13日的最后期限为止，共有69个国家单独或共同向大陆架界限委员会提交了50个“外大陆架”的划界方案和39项界限的初步信息，

美国、日本、俄罗斯、欧洲各国等海洋强国，纷纷递交申请，意图扩大蓝色新国土。

太平洋是“活动型”大陆边缘，由于海洋板块的俯冲汇聚，形成了独特的环太平洋岛弧海沟体系，进而产生了著名的环太平洋地震带、环太平洋火山带，造成了狭窄的大陆架和陡峭的大陆坡。而大西洋和北冰洋都属“被动型”大陆边缘，发育了非常宽缓的大陆架。中国位于东亚大陆边缘，面对着茫茫太平洋，不仅自然大陆架相当狭窄，而且大多存有“争议”。所以如何直面西方海洋强国抢占“外大陆架”是一个无法回避的现实矛盾。

国际公共海域的“蓝色圈地”，对占世界人口五分之一以上的中华民族是一个严峻的挑战。某些海洋强国凭借海洋实力和在联合国的话语权，强取豪夺全人类的共同财产，就相当于从中国人的兜里挖走了五分之一。我们绝不可能坐视世界强国抢夺全人类的公共财产，但又能怎么办？因此，强化海洋权益意识，有效保护和利用海洋国土，已经成为中国发展的当务之急。

2. 战略资源成为维护海洋权益的根本

自然资源是人类生存与发展的命脉，随着人口不断的增长、资源紧张的矛盾日益突出。如果不建立新的能源体系，能源危机将席卷全球。陆地资源危机的逐步加剧，人类资源危机意识的加强，促使世界各国纷纷将目光投向了海洋。

《联合国海洋法公约》规定：国际海底及资源是全人类共同继承的财产，这块“区域”总面积约为2. 517亿平方千米，占海洋面积的69. 7%。丰富的海洋战略资源让世界各国纷纷以维护海洋权益之名，行争夺海洋资源之实，美国、欧盟、英国、加拿大、俄罗斯、日本等相继出台了国家战略计划，都不约而同地瞄准了海洋战略资源的开发和利用。俄罗斯试图控制整个北冰洋航道；德国宣称要造世界上最大的深海钻探船深入北极；加拿大、美国和丹麦同样都对北冰洋虎视眈眈；美国、巴西都将墨西哥湾的石油开采放在首位，连地处偏远的挪威、日本、英国都纷纷加入到墨西哥湾石油开采当中。目前，世界海洋强国纷纷强化海洋科技支撑，研制海洋工程装备，支持大洋科学考察，毫无疑问，目标都是蕴藏在海底的无穷资源。

中国是迄今世界第一人口大国，人均陆地资源捉襟见肘。概括地说，水资源、矿产资源、生物资源人均占有量不到世界的一半，但中国肩负着巨大的世界责任。中国人依靠自主创新，用占世界 7%的耕地养活了占世界 20%以上的人口；中国的计划生育整整少生了“一个美国”；中国的“脱贫”解决了几千万人的贫困问题。但中国未来的资源在哪里？海洋是必然的选择，特别是海洋战略资源是中国未来发展的重要保障。

3. 海域划界成为维护海洋权益的目标

海域划界涉及永久性的国家主权和海洋利益，各国历来高度重视，并对海域界限的确立高度敏感。目前，世界各国的海域划界纠纷众多，冲突不断。比较典型的有俄罗斯和挪威的北冰洋海域划界；朝鲜和韩国的黄海划界；日本和韩国的独岛之争；孟加拉国、印度和缅甸对孟加拉湾的划界。其中最为著名的是英国和阿根廷因马尔维纳斯群岛在 1982 年爆发的那场战争。各国之所以对于海域划界如此重视，主要原因在于海洋权益的维护必须通过海域界限的确定来实现，尤其是对于岛屿的争夺，一旦取得岛屿的主权，国家领土就可向外延伸，海域界限则能延伸 200 海里的专属经济区。因此，通过海域划界来协调争端、确立主权和维护权益，是各国普遍采取的手段。

海域划界争端是我国维护海洋权益的重中之重，也是最棘手的矛盾和最严峻的挑战。中国与韩国、日本、东盟各国分别在黄海、东海、南海都存在海域划界争端，在我国管辖的 300 万平方千米海域中，争议区就达 150 万平方千米之多，尤其是中、日间的东海问题和中国与东盟之间的南海问题最为突出。中、日关于东海海域划界问题主要集中在钓鱼岛的归属上。相对于东海，我国南海区域安全形势则更加复杂，虽然我国多次就南海问题与东盟各国进行双边和多边协议，但目前形势仍不乐观，主要表现在南沙群岛的众多岛礁沙洲被越南、马来西亚、菲律宾等国家侵占，海洋油气资源、海洋生物资源被大规模掠取。近年来，越南每月都派出多艘船只赴南沙海域“执勤”；菲律宾定期派出舰机赴南沙和黄岩岛实施“主权”巡逻；马来西亚则频繁实施专项巡逻行动，其目的都是加强对所占岛礁海域的管控。同时，东盟有关国家竭力拉拢美、日和欧洲各国，以合作开发利用南海资源的名义，试图将南海问题国际化，达到利用美、日、欧强国对中国施压的目的。

三、维护海洋权益是建设海洋强国的根本保障

在当前强敌环伺、强盗逻辑肆虐的国际背景下，面对新的国际格局变化，海洋权益的维护和海洋战略性资源的争夺将会愈演愈烈，促使我们必须进一步加强顶层设计，确立相应的国家海洋发展战略和海洋维权战略。

维护国家海洋权益是一件长期的、复杂的战略任务。当今世纪，如果把全世界看做一个“地球村”的话，中华民族的崛起已经成为不可逆转的潮流，许多传统强国视中国的崛起为威胁，不愿意看到发展中的中国一天比一天强大，会不断地为中国的发展设置各种障碍。我们一方面不容置疑地坚决维护国家海洋权益；另一方面尽量争取在复杂多变的国际政治形势下，寻求和扩大共同利益的汇合点，利用同一片海洋，打造命运共同体，为实现中华民族的伟大复兴创造稳定的和平海洋环境。

1. 提升海洋意识

提高全民族的海洋意识是维护国家海洋权益的基础。必须从娃娃抓起，牢固树立海洋国土意识、海洋环境意识、海洋资源意识、海洋产业意识，形成全民族的“海洋自觉”。

（1）提升全体国民的蓝色国土意识，使之真正认识到我们伟大的祖国不仅有960万平方千米的陆地国土，还有300万平方千米的辽阔海疆；通过海洋专家向公众普及海洋科学知识，宣传钓鱼岛列岛、南海诸岛的名称、位置、历史沿革、自然资源环境和地理地貌特征，使广大国民充分认识到我们的海疆富饶美丽，不容分割。

（2）进一步向世界宣示主权。不论是历史事实，还是国际公法，对这些所谓的“争议”海域，我们都拥有无可辩驳的主权，我们完全有理由据理力争；并积极利用民间组织在维护海洋权益方面的灵活性，引导其配合政府的外交活动，发出共同而有力的声音。

（3）以法律文件的形式明确表明我国传统海疆界线的具体地理信息，用明确的国界线替代现有的“南海九段线”。密切关注有关国家在争议海区的动向，对其明争暗占行为予以坚决反击。

2. 坚持史法并用

在维护国家海洋权益方面，我们既有“历史主权论”的优势，又符合“法律规定论”的现实。在尊重历史的基础上，以国际公认的法律为准绳，在兼顾和适度平衡各方利益的基础上，有可能达到求同存异、和平解决争端的目的。某些不义战争中的侵略国，因为某些国家的偏袒，强行占领别国祖先留下来的海岛，属于典型的强盗行径和窃贼伎俩，在法理和道义上都站不住脚。我们承诺爱好和平，永不称霸，但并不代表可以任人欺凌。

东西方文化的特质决定了各自在国际事务中的态度，西方国家的进攻性与东方国家的防守性差别非常明显。面对维护国家海洋权益的复杂课题，我们必须学会统筹兼顾，需要学习西方文化“矛利”的长处，充实我们“盾坚”的优点，做到攻守兼备、进退自如。

中国的兵学经书《孙子兵法》和《孙膑兵法》虽通篇表写战争，但实则暗喻非战，战争只是一种手段，而非目的。中国人向来崇尚和平，但从来不惧怕战争。“民不畏死，奈何以死惧之”，国不畏战，再强大的敌人也会束手无策。90 年的历史证明，撼山易，撼中国人民解放军难！在维护国家海洋权益方面，东海和南海都是我国的“核心利益”，我们绝不会轻易让步，如果有人胆敢冲击我们的“底线”，我们的军队绝不会答应。

3. 提高认知能力

探索海洋、认识海洋是开发海洋、保护海洋的前提；全面掌握敏感海域的基础数据和权威性调查资料是维护国家海洋权益的基础。目前，我国拥有堪称世界一流的海洋科学考察船队，拥有世界一流的深潜装备系列，通过进一步实现海洋观测仪器装备国产化，将大幅度提升海洋调查能力，为维护国家海洋权益当好开路先锋。

（1）强化海洋科学考察实力和观测勘察能力，积极开展大洋科考，加强对深海、极地、外大陆架等重点海域以及深海油气、海底可燃冰、热液硫化物矿床、大洋多金属矿产、深海生物基因资源的调查研究，为维护国家海洋权益提供基础数据。

（2）深入开展敏感海域的详细科学调查研究，建立符合国际标准的数据模式，以权威性的科学调查成果和第一手资料，为解决划界争端提供国际海洋科技界认可的科学依据。

(3) 积极关注周边国家的动向和进展，把握国际海洋科技动态，组织专业队伍研究相关国家的海洋战略和划界方案；并利用国际学术组织和国际学术交流，阐明我国蓝色国土的科学内涵，努力扩大中国在海洋领域的国际影响力。

(4) 构建完善的海洋监测和应急体系，重点发展包括海洋国防保障技术、海洋国土监控的关键技术、应急反应处理技术、海洋实时资料提供技术，建立浮标、雷达、卫星、深海空间站、深潜装备相结合的海陆空立体海洋监测体系，提高对海区的实际监测能力。

(5) 在国际公共海底和无人无主的大洋岛礁适当建立中国的科学标志，证明中国人曾经在此调查作业，中国科学家对此早有研究，适当表明中国的权益所在。

4. 强化控制能力

只有有效地控制海洋，才能真正确保海洋国土完整；才能保证航运商贸安全、科学考察安全、资源开发安全、产业发展安全；才能拥有和平稳定的发展环境。因此，中国作为一个主权国家。作为一个海洋大国，强化对海洋的控制能力是建设海洋强国的必然选择。提升控制能力首先是发展海洋国防军工技术，包括水面、水下、海底信号探测监听技术；攻击性、防御性的水面和水下武器装备研制技术；水下和海底的海洋军工设施建造技术；水面、水下和海底的海洋国防航道环境探测技术；海上应急反应调控技术。

努力提升对海洋的控制能力，不仅是对我国的管辖海域能够实际性管控，对国际公共海底、对深海远洋也能体现足够的控制能力。美国、俄罗斯等海洋大国都是如此。中国海军不但能“看家护院”，保证我们的管辖海域的海洋主权，还要在国际公共海域维护国家利益，保证国民安全。同时，对抢夺国际海底战略性资源的过分行为，对愈演愈烈的新一轮“蓝色圈地”，占世界人口五分之一的中华民族应该有能力在一定程度上说“不”。

海洋军事力量是控制海洋的基本保障，实施军民融合战略，集成优势海洋科技力量，掌握核心技术，突破关键技术，强化海洋军事国防实力，构建国际领先、攻守兼备的海洋国防体系是当前的重要任务。根据目前世界军事格局的变化，我们必须通过海洋军工的自主科技创新，建立起一支高、精、尖、强的现代化海军。

5. 实施“屯渔戍边”

我国东海、南海的划界争端虽然错综复杂、由来已久，但说到底其根源皆因为第二次世界大战以来海洋油气资源的发现。“二战”之前，除极少数渔业资源纠纷外，基本上不涉及划界问题。如果当时稍加重视，在原本属于我们的海岛上“有人”的话，就不至于酿成如此复杂的局面。但“有人”需要很高的成本代价，需要解决怎么生活，需要安居乐业，需要子孙后代。派军队驻守，保家卫国本无可非议，但长此以往就难以为继。因此，面对国际形势和舆论特点，面对远离祖国大陆的特殊位置，面对适合海洋渔业发展的海情特点，根据今天我国的海洋科技能力和国防实力，实施“屯渔戍边”计划，耕海牧洋，寓军于民，可能是维护国家海洋权益的明智之举。

南沙群岛海域美丽富饶，渔业资源极其丰富。阳光、碧海、沙滩，环境诱人。广袤的水域非常适合渔捞、养殖，只是因距离太远，我国渔民难以形成聚集效应。因为运输成本昂贵，海洋产业难以开展。由此可见，以海洋渔业为基础，打造新型的海岛城市和海上城市，集渔捞、养殖、加工、贸易、旅游于一体，在因地制宜的特殊政策指导下，加之海洋新能源和海水淡化技术的支撑，极有可能会迅速形成规模化的新兴海上城市，达到军民融合、寓军于民、“屯渔戍边”的目的。

钓鱼岛周边的闽东渔场和台北渔场历来就是我国的传统渔场，中国渔民世世代代在钓鱼岛附近海域从事渔业生产活动，但近年来受到日本长期封锁和不断对我渔民骚扰，无法实施正常的渔业活动，并且这种控制性的封锁愈演愈烈。日前，国务院批准实施的《全国海洋主体功能区规划》强调对于重点边远岛礁及周边海域要开展深海、绿色、高效养殖，建立海洋渔业综合保障基地。近年来，10 万吨级的深远海大型养殖工船建设已取得实质性进展，包括整船平台、养殖系统、物流加工系统、管理控制系统、生活服务系统等组成的平台体系，能容纳数百人的起居生活，能满足 3 000 米水深的海上养殖，并具备 12 级台风下安全生产、移动躲避超强台风等优越功能，也具有供应补给和应急能力，这也标志着我国具备深海大型养殖平台建设能力。若干深海养殖平台集中在一起，就是一座漂浮的“海上城市”。

在钓鱼岛周边海域部署一批大型养殖工船，形成规模化深水养殖产业，既是对渔业资源的挖掘和保护，又是改变近海密集化养殖的新型养殖产业升级；既可利用现阶段全球航运业和船舶制造业不景气，对废旧船舶改造进行二次利用，又可借助军民融合发展机遇，打造新型海洋装备产业和深海养殖业耦合发展模式。远海养殖工船提供的延伸供给保障，与海警巡视遥相呼应，就形成了一条特色的海洋资源保障线。根据当前形势，推出“屯渔戍边”计划，打造大型养殖平台集群，构建屯渔戍边的“民间舰队”，发挥其“于民谋利，于国谋权”民间桥头堡作用，既符合国际舆论导向，又是低碳环保的生态资源修复；既有助于解决近岸养殖空间拥挤的矛盾，又发展了新兴产业。

总之，随着海洋强国与“21 世纪海上丝绸之路”战略的实施，随着国人海洋意识的强化，随着海洋科技自主创新能力的快速提升，随着我国海洋军事实力的增强，雄踞太平洋西岸的 13 亿炎黄子孙，有理由、有能力维护我国的海洋权益，有信心、有志气为人类的蓝色文明做出新的更大贡献。

加强海洋文化建设，提升经略海洋的内涵与水平

李乃胜

摘要：海洋探索催生海洋文化，海洋文化凝练海洋精神，海洋精神引领海洋事业，海洋事业支撑海洋经济。特别是今天实施海洋强国战略与推进“一带一路”建设，更需要用海洋文化来充实经略海洋的内涵，引领开发海洋的实践。

海洋是文化的宝库，是尘封的原始档案，是沧桑演变的证据。强化海洋文化建设，对于弘扬海洋精神，发展蓝色经济具有特别重要的意义。

关键词：海洋文化，蓝色文明，海洋观

海洋，生命的摇篮，风雨的温床，大气的襁褓，资源的宝藏，商贸的窗口，国防的前哨。亘古历史证明，谁控制了海洋，谁征服了海洋，谁就能领航人类文明的“快船”。因此，“蓝色”火炬始终伴随着人类社会的文明进步，海洋文化始终引领着人们“向海洋进军”的风雨历程，并给予最及时、最粗犷、最公正的褒贬奖惩。

海纳百川，有容乃大。博大包容是海洋的第一品格，也是海洋文化的精髓。神州大地自古天倾西北，地陷东南，故一江春水向东流，条条江河归大海。但鱼龙混杂，泥沙俱下。可海洋来者不拒，包容万物。这就是“大海般的胸怀”、“大洋般的气魄”。

上善若水，无私奉献。至善无私是海洋的第二品格，也是海洋文化的底蕴。利万物而不争；趋低洼而不怨；纳污垢而不嫌。海洋不仅以慈母般的胸襟养育了水族世界的芸芸众生；而且以巨人般的臂膀托起了海面上的百舸争流；更加之把不尽的空间和资源无私地奉献给当今人类。

生生不息，运动不止。生机活力是海洋的第三品格，也是海洋文化的内涵。一座万仞高山不过三五亿年就会衰老成一堆黄土，而40亿年的海洋却青春永驻，生机盎然。君不见潮涨潮落，浪奔浪流，日复一日，年复一年；可曾想大洋环流、海底潜流，循环往复，活力无穷。

一、海洋文化引领蓝色文明的演化轨迹

海洋对地球来说几乎是与生俱来，人类作为“万物之灵”的出现充其量不过几百万年，相对古老的海洋来说不过“弹指一挥间”。但人们生活在地球上必然会思考地球的本源是什么？人们生活在大海边，必然会发问这么多的海水是哪里来的？由此产生了海洋文化的蹒跚脚步。

1. “靠海吃海”的滨海文明

在茹毛饮血的荒蛮时代人们就知道捡拾海边河畔的贝类和海藻充饥。10万年前山西“丁村人”遗址，已出现青鱼、草鱼和螺蚌等水生生物遗迹；1万年前的北京山顶洞人遗址就发现残留的贝壳。《山海经》中有“捕鱼在水中，两手各操一鱼”的记述，表明先民们很早就会赤手抓鱼。这一切标志着古老的中华民族曾度过一个“靠海吃海”的史前文明阶段。

海洋生物相对陆地生物来说，给人类提供了更加优质的蛋白，促进了人类的健康和大脑发育。同时抓鱼拾贝比起陆地上狩猎搏杀来说容易得多，收获也多。更重要的是“用火”能除去腥臊，增加味感。因此水与火的结合，大大促进了人类的智商发育，提升了健康水平，从而奠定了人类文明的基础。

2. “渔盐之利”的用海文明

进入新石器时代，人类的捕鱼技术和海洋资源利用能力有了相当的发展，到达了一个新的文明阶段。从许多文化遗址出土的各种捕鱼工具，如骨制的鱼镖、鱼叉、鱼钩，可以推断这一时期已有多种捕鱼方法。西安半坡遗址出土的鱼钩制作精巧，相当锋利，可与现代钓钩相媲美。用网捕鱼的记载见于《易经·系辞下》“作结绳而为网罟，以佃以渔”，各地出土的许多网坠也说明当时用网捕鱼已比较普遍。

海水是咸的，因为含盐。盐是生命的重要组成部分，也是蓝色文明的基础资源。如果把海洋中的盐分提取出来的话，在整个陆地表面会堆成200米厚的

盐层。先民们早就认识到原盐的重要性，民间传说古齐国就开始“煮海为盐”，实际上远早于春秋战国，在龙山文化时期就有熬盐器具出土，在商周时代的“古盐场”就更多见，并有大量制盐器物相伴。山东寿光双王城“古盐场”的发掘曾于2008年被评为全国十大考古发现。夙沙氏制盐的传说起码可上推至三皇五帝时期。齐国的“私盐官营”已成为当时国家的经济支柱。江苏泰州、扬州的盐宗庙里供奉着夙沙、管仲、胶鬲三尊神像。就海盐来说，河北有“盐山”，江苏有“盐城”，山东在莱州湾畔有“盐都”。而且第九届国际盐业大会公认，海盐提取“中国早于他国”。

3. “舟楫之便”的商业文明

浙江余姚河姆渡文化遗址中发现了柄叶连体船桨，萧山跨湖桥遗址出土了独木舟，说明距今7000年前人类就知道用独木舟之类的漂浮物渡河，甚至用来进行渔猎活动。到秦始皇三登瑯琊，遣徐福东渡扶桑，并于芝罘外海射杀大鱼，说明秦朝已有了庞大的海上船队。秦朝的琅琊港已经成为中国滨海重镇，开创了中国航运的历史。到唐宋时期，东部沿海的广州、潮州、泉州、福州、温州、明州、杭州、扬州、海州、密州、登州等都已发展成重要的海港城市。

明永乐三年开始的郑和下西洋拉开了地理大发现的序幕。郑和的船队历时28年，七下西洋，其人数之多、规模之大（包船、马船、粮船、战船、坐船达数百艘）、组织之严（舟师、两栖、仪仗三大序列；指挥、航海、外交、后勤、军事五大部分）、航程之远（到达30多个国家）、影响之大，堪称当时世界之最。

郑和之后，欧洲人15世纪以来的“地理大发现”瞄准了东方的黄金、香料、茶叶、丝绸和瓷器。从1443年恩里克王子指挥葡萄牙的航船纵穿非洲西海岸到1768年英国船长詹姆斯·库克南大洋探险，前后历时300年，造就了一个人类航海史上“地理大发现”的辉煌时代。其中1487年迪亚士的船队绕过“好望角”，1492年哥伦布发现了“新大陆”把地理大发现推向了高潮。

4. “大国崛起”的近代文明

伊比利亚半岛的葡萄牙和西班牙因为率先进军海洋而尝到了“地理大发现”的硕果，1494年的“教皇子午线”使“两颗大牙”瓜分了世界。接下来，西欧小国荷兰，凭借着海底浅层丰富的泥炭资源，迅速靠航运而称霸海洋，17 世纪初，1 万多条“东印度公司”的商船游弋在世界各国的大小港口。小小的英伦三岛，秉承“面向海洋发展”的原则，自 1588 年“英西大海战”一举击败西班牙的“无敌舰队”之后，迅速成为海洋霸主，率先靠蒸汽机带来的工业革命进入了“大国崛起”排行榜的前列，一度成为称霸世界的“日不落帝国”。到 1815 年，英国海军舰船的总吨位达 61 万吨，几乎等于世界各国海军的总和。再往后，法国、德国、俄罗斯、日本、美国，你方唱罢我登场，在海洋这个广袤无比的竞争舞台上各显其能，不断弹唱着一曲曲“劈波斩浪”的胜利凯歌，上演着一幕幕“大国崛起”的蓝色话剧。

5.“耕海种洋”的海土文明

随着《联合国海洋法公约》的实施，海洋竞争逐渐进入了有序化阶段。但近岸污染的加重和海洋资源的失衡，使全世界不约而同地跨入了一个保护海洋的新阶段。如何使“同一个海洋”进入可持续发展的良性循环，如何为 13 亿中国人提供优质蛋白，成了中华民族必须要回答的“谁来养活中国”的重大命题。于是耕海种洋、资源修复、海洋农牧化等新举措应运而生，带来了拓展蓝色空间的新一轮“海土文明”。我国被世界各国誉为“海水养殖的故乡”。从 20 世纪 60 年代以来，以青岛为中心，发起了“鱼、虾、贝、藻、参”五次海水养殖浪潮，使中国的水产业实现了“海水超过淡水，养殖超过捕捞”的历史性突破，我国水产品总量超过 6 000 万吨，稳居世界第一，人均水产品占有量超过 50 千克。如果按照人体蛋白质年需求核算，50 千克水产品能满足其年需求量的三分之一。

6.“海上丝路”的工业文明

进入新世纪以来，人们的视野不断向“深海、深蓝、深钻”拓展，来自深海的科学探索不断传来令人耳目一新的科学发现，深海油气田、海底可燃冰、海底热液硫化物、洋底多金属结核、海山富钴结壳、海底热泉黑烟筒、海底冷泉沉积物，深海极端环境生物基因、海洋药物资源等新的蓝色经济信息不断从海上传来。中国在南海北部“神狐”海区的可燃冰试开采，创造了开采时间、开采总量等若干个世界第一。这一切表明，随着海洋世纪的到来，全人类正在大踏步迈进以科技创新为支撑的工业文明新阶段。

2013 年，“21 世纪海上丝绸之路”的宏伟构想开启了一个以海洋互联互通为纽带的国际化海洋产业新阶段。“大船经济”时代已经来临，一艘商船能装载两万多个标准箱，俨然是一个海上流动的物流中心；“智慧港口”建设如火如荼，偌大的港区码头，只见各类货物移动，几乎看不到一个人影，与过去繁重的人工“扛大包”相比，现在装卸一艘万吨巨轮几乎是一瞬间；“海上通道”工程方兴未艾，跨海大桥、海底隧道、水上机场、海底设施，鳞次栉比，突飞猛进。这一切无不展现出海洋工业文明的曙光。

二、海洋文化带来“海洋观”的根本转变

在五千年的发展历程中，中华民族不仅创造了中国特色的海洋文化，在开发海洋、利用海洋、保护海洋的实践中也形成了独特的“海洋观”，进而引领和指导着中华民族大踏步向海洋进军，也揭示了泱泱海洋大国从田间走向海洋的思想嬗变。

1. 历史的海洋观

古代中国很早就开始了海洋采集和海洋捕捞，自春秋战国以前，便形成了以“渔盐之利，舟楫之便”为主体的朴素海洋观。在经过明朝短暂的海洋开拓之后，清朝“闭关锁国”的海洋观不仅使中国丧失了进步发展的历史机遇，而且使中国陷入了“任人宰割”的尴尬历史境地。西方殖民主义和帝国主义遂趁虚而入，凭借“坚船利炮”，打碎了中国封闭已久的国门。1840 年鸦片战争后，中国开始抵抗侵略，御侮图强，并虚心学习和积极引进“夷之长技”，建设新式海军，发展工业与航运，倡导海洋风气，形成了新一阶段以“师夷之长以制夷”为特点的中国海洋观。1894 年中日甲午战争爆发，北洋水师全军覆没的惨痛历史教训，使中国人开始接受以“海权”思想为主体的海洋观。虽然孙中山把发展海军与发展海洋实业提到了国家政治和国家战略的高度，但在当时军阀割据、政局混乱的情况下，这样的蓝图不可能实现，后来喧嚣一时的“洋务运动”也无果而终。

2. 近代的海洋观

1949 年中华人民共和国成立后，中国海防力量的建设和海洋事业的发展有了很大进步。然而，建国初期，由于东西方政治背景，以毛泽东为领导的新中国把海洋看做天然的战略屏障，提出在沿海地区建立“海防前线”战略，

使海洋只处于服从和服务于“巩固国防”的次要地位。

改革开放以来，我国海洋事业发生了根本性变革，取得了跨越式发展。中央第二代领导集体认识到海洋是改革开放的前沿、通道和窗口，认识到增加对海洋的控制能力势在必行，果断地突破了传统近岸防御的海防观，提出了“近海防御”的海防战略思想；党的第三代领导集体把握时代发展的脉搏，在继承改革开放的海洋观的基础上，对中国海洋安全问题进行了深刻的反思和探索，提出了中国特色社会主义的新型海洋观，即从国家安全、国家权益、国家发展、和平崛起的高度上认识海洋。党的十八大进一步提出了建设“海洋强国”的崭新海洋观。明确要求“要提高海洋资源开发能力，坚决维护国家海洋权益，建设海洋强国”。

3. 现代的海洋观

21 世纪是海洋的世纪。中国和世界的发展历史一再证明，背海而弱、向海则兴，封海而衰、开海则盛。以习近平同志为核心的新一代中央领导集体，适应世界发展和时代需求，进一步深化拓展了海洋强国建设的战略思想，号召全党全国人民要进一步“关心海洋、认识海洋、经略海洋”，并提出了“依海强国、依海富国、人海和谐、合作共赢”的指导方针，把海洋强国建设推向了新高潮。

2013 年 10 月，习近平总书记在印度尼西亚国会演讲时提出了“建设 21 世纪海上丝绸之路”的宏伟构想，把新时代的海洋观进一步国际化，以海洋设施互联互通为基础，以“共享共赢”为目标，真正实现海上丝路沿线国家的共同发展，全人类携手拥抱海洋世纪，共筑蓝色辉煌。

2014 年 6 月，李克强总理出访希腊时，在中希海洋合作论坛上阐述了中国的海洋观：中国愿与各国共建“和平之海”，将坚定不移走和平发展道路，坚决反对海洋霸权，致力于在尊重历史事实和国际法的基础上，通过当事国直接对话谈判解决海洋争端。中国坚定维护国家主权和领土完整，致力于维护地区的和平与秩序；中方愿与各方共建“合作之海”，积极构建海洋合作伙伴关系，共同建设海上通道、发展海洋经济、利用海洋资源、探索海洋奥秘，为扩大国际海洋合作做出贡献；中方愿与各方共建“和谐之海”，在开发海洋的同时，善待海洋生态，保护海洋环境，让海洋永远成为不同文明间开放兼容、交流互鉴的桥梁和纽带。

三、海洋文化与海洋科技深度融合

海洋科技以探索认知为起点，海洋文化以知识储备为前提，因此海洋科技是文化的基础，海洋文化是科技的升华。二者相互依存，互为因果，相互促进，并驾齐驱。蓝色文明进程的每一个时间节点，每一个重大海洋事件的发生发展往往是既有海洋科技的作用，又有海洋文化的影响。

许多海洋科学大家往往也是文化巨擘。科学家往往具有很优秀的文化天赋，而许多“文化人”往往表现出很强的科学认知能力。这说明科学和文化之间有一个共同的需求，就是创新素质。表现在一个人身上就是拥有很强的思维、好奇、质疑、理解和创造能力。

一个优秀的海洋科研成果往往体现了很高的海洋文化水准，奇妙的海底世界表现出丰富的文化内涵。美轮美奂的珊瑚礁生物群落简直是一座座活着的艺术博物馆。一个精美的文化作品往往会激发出新颖的学术思想。科学的灵感需要文化启迪，文化的提升需要科技支撑。

试想夜深人静，万籁俱寂，迎着中天皓月，漫步在湿润的海边，听着海浪轻轻地拍打沙滩，哗啦哗啦的舒缓节奏，令人物我两忘，思绪万千。这就是大自然的美！这既是自然规律的展示，又是文化灵感的再现。

1. 沧桑演变的尘封档案

短短几十年时间，人类实现了上天、入地、下海、登极，中国人做到了“可上九天揽月，可下五洋捉鳖”。眼下正进一步走向深空、深海、深地、深蓝。特别是进入21世纪以来，海洋科技在世界范围内突飞猛进，海洋文化在国际视野中纵深发展。如果说海洋科技旨在揭示发生在海洋中的自然变化规律，海洋文化则瞄准“万年”量级的人类活动，试图阐明人与自然的相互作用过程。今天的科技与文化融合则更进一步聚焦人类、环境、资源之间的相互联系及影响效应。

沉睡在茫茫深海底的沉积物，从松散的陆源泥沙变成坚硬的沉积岩石，封存了人类、社会、自然的海量文化信息，不仅是自然界沧桑演变的完整档案，也是人类活动从无到有，从弱到强的信息宝库。陆地上对各个文化层的考古挖掘，充其量是“管中窥豹”的一孔之见，首先是纵向上没法连续，任何一个考古遗址，最多只能证明某一个时代的某些问题，无法回答从无到有的历史沿革。其次是平面上难以拓展，即使文化遗址再多再密，也只能是“点对点”的分析判断，历史上“一山分两国”的事实司空见惯，所以仅凭“点上”的见解恐怕很难复原历史全貌。而海洋恰恰弥补了这些缺陷，剖面上连续不断，从最原始的“起源信息”到今天的现实记录，平面上广袤无垠，无限拓展，而且可以提供多学科的、网络化的、数字化的、实时的、连续的海洋文化信息。

2. 从源到汇的历史追溯

斗转星移，沧海桑田，历史脉络讲究“从源到汇”，文化探索习惯“将今比古”。“溯源”自古就是厚重的文化命题，也恰恰是海洋科技的神来之笔。近年来。海洋科学热衷于研究“全球变化”，从亿万年前的古气候、古环境、古海洋，到今天的温室效应、两极冰融、海面抬升，探索手段不断更新，研究程度不断加深。而自然界的任何“些微”变化都会带来人类社会的“蝴蝶效应”，任何自然灾害的发生发展，如洪涝、干旱、地震、台风、火山、滑坡，都是人类历史文化研究的重要“拐点”。

诺大的中国版图，以贺兰山、六盘山、横断山脉为界一分为二，西高东低，迥然不同。西边的阿尔泰山、天山、昆仑山、喜马拉雅山，东西走向，起伏颠连。山脉与盆地相间发育，自北往南依次变新。独特的地理环境形成了独特的文化氛围，高原文化、雪域文化、大漠文化，这一切的溯源答案都储存在孟加拉湾的海底沉积物中。东边的山脉大致呈南北走向，3 条“隆起带”和 3 条“沉降带”交相辉映，总体上自西往东，形成年代依次变新，养育了以中原文明为特色的华夏文化和以沿海文明为特色的东夷文化。而这些文化的原始性证据都封存在东海的沉积物中。

天上群星皆拱北，地上无水不朝东，这些文化认识源于滚滚长江东逝水。之所以能够一江春水向东流，是因为大自然的鬼斧神工劈开了巫山天险！要没有当初的巫山地堑沟通三峡，四川盆地肯定是水乡泽国，也就不会有横贯东西的“长江文化”。但上帝何时斧劈巫山？只有东海沉积物能给出准确答案。同样，黄河作为中华民族的母亲河，上游九曲十八弯，下游南北大摆尾，但枢纽在三门峡。大自然斧劈中条山，才出现了以黄河为纽带的“中原文明”。甚至连渤海曾经是“湖”，太湖曾经是“海”这样的海洋科技问题也凸显了深层次的文化内涵。

3. 海底秘密与水中世界

探讨海洋秘密，揭示自然规律，必将带来海洋文化的飞跃。哥伦布发现新大陆，库克船长南极探险，几乎变成了欧美海洋文化发展的重要里程碑。

陆地上风化剥蚀，削高填地，日复一日，年复一年，使得高山不高，深沟不深。地球上真正壮丽的山川地貌隐藏在深海洋底，因为广袤的海水使其免受风化剥蚀，保留了最原始的地貌形态。人们难以想象，雄伟的太平洋中脊，绵延西展，链接着印度洋的“人”字形海岭，进入大西洋后变为“反S形”的中央山脉，直插北冰洋底。一条山脉纵横八万里，沟通四大洋，连接五大州，是何等壮观！

人们熟知马里亚纳海沟深达1万米之多，但深度6 000米以上的狭长海沟，首尾相连，弧形展布，环绕太平洋一圈，至少延展2万千米以上，又是何等令人震撼！陆地上的任何所谓“大峡谷”比起来只能是“九牛一毛”，望洋兴叹！

水中世界，美妙绝伦，芸芸众生，千奇百怪，万类水中竞自由。作为生命摇篮的海洋蕴藏着无穷的生物奥秘！如果说人们了解陆地上的生物达80%的话，对于海洋中的生命，人们所知甚少，充其量不超过20%。更加之那些离经叛道、匪夷所思的科学发现，更使每一次科学考察成为颠覆性认识的文化探索。生命来自何方？海底热液生物群的发现使人扑朔迷离，不知所云。茫茫深海洋底，凡是热水喷发的地方，都有非常密集的、似曾相识的生物群落发育，其生态特点非常之奇怪。因为第一是高压，海水每增加10米就增加一个大气压，水深6 000余米就有600余个大气压，这些生物怎么活？第二是高黑，阳光照射到海面上，穿透海水的能力不会超过1 000米，6 000米的海底暗无天日，漆黑一团。第三是高热，太平洋中脊测到过500℃的高温，“蛟龙”号在西南印度洋测到387℃，这些生物在这么热的水中怎么活？第四是剧毒，热水里全是些冒浓烟的硫化物，对一般生物毒性很强，但它们活得有滋有味。这么一大类生物，是从哪里来的？靠什么活着？怎么传宗接代？看似科学问题，实际上是文化问题，也是生命起源的哲学问题，难道真的“生命从地心喷出”？难道“万物生长靠太阳”真的已成为了历史？

4. 海底探宝与沉船打捞

海洋不仅是自然资源的宝库，也是文化资源的宝库。捕鱼捉蟹能为人类提供优质蛋白，海底油气田、多金属结核、热液硫化物矿床、海底可燃冰能为全人类提供未来的战略性资源。海底考古、海底沉船是不可替代的历史文化资源。不仅是战争时期被击沉的无数战舰，台风巨浪颠覆的无数沉船，甚至人为有意地沉船封江、沉船封海，更加之绝顶聪明之人把稀世珍宝封存在茫茫海底，因为深海洋底可能是世界上最安全、最可靠的藏宝之所。但沉船发现和打捞需要高水平的海洋科技支撑和先进的海底工程装备，绝不是陆地上几个盗墓贼弄几包炸药所能奏效的，而且海水是还原环境，避免了空气中无法抗拒的氧化干扰。2007 年 5 月，“南海一号”沉船打捞出水，沉睡海底 840 年仍面目一新，如果在陆地上不用 8 年，就会变成朽木一堆。仅北宋时期的 8 万余件文物就价值 1 000 亿美元，带来的文化发现更不可估量。著名的世界六大沉船仍然吸引着全世界瞥向海洋的奇异目光，其中仅“阿托卡夫人”号装载的珍宝就多达 40 吨！粗略估算，迄今未打捞出水的各类沉船起码可达“百万艘”量级，由此可见，是一个多么大的海洋文化产业！但这一切的真正实现期待着更高水平的科技创新和技术进步。

四、海洋文化与海洋产业相互促进

海洋文化本身就是重要的海洋产业，海洋产业无一不显示出丰富的文化内涵；海洋文化为产业发展提供思想引擎，海洋产业为文化进步提供经济支撑。因此海洋文化与产业相互影响、相互促进、相辅相成，共存共荣。

海洋产业的基础是海上作业，而出海必须有运载工具，于是必然产生独特的航海文化。不仅是中国东南沿海，乃至整个东南亚都盛行的妈祖文化、观音文化，甚至各类海神庙、祭海节，都带来了面对狂风恶浪、祈福保安为目的的航海民俗文化。船是航海的基本载体，独特的环境形成了特殊的“甲板文化”，渔船有渔船的规矩，商船有商船的文化，海洋科考船舶则显示出更高层次的科技文化特点。

海洋水产是进军海洋的第一需求，捕鱼捉蟹、耕海种洋理所当然。但捕什么样的鱼、用什么样的网、什么时候捕？有不同的文化认同和行业规矩。海水养殖方兴未艾，但养什么品种、利用什么方式、在哪个海区？更有复杂的行业特点和文化氛围。特别是海洋饮食文化，自古“治大国若烹小鲜”，有人篡改为“烹小鲜如治大国”，从某一侧面说明了海洋饮食文化的特殊性和复杂性。

海盐是海洋化工的基础，是开发海洋资源的先导。自然产生了以“夙沙氏”为代表的古代海洋文化和以“海水脱盐”为中心的现代海洋文化。古代的“盐”字（鹽），就是由大臣、卤水、蒸锅合并而成的象形适意字，本身就是古代海盐卤水文化的代表。大量古盐场遗址、古盐关遗迹、古盐船发掘、古盐运码头、古盐帮文化，随着沿海考古的挖掘，越来越显示出浓厚的海盐文化气息。

滨海旅游是古老而崭新的海洋产业，其海洋文化色彩更加浓烈。近岸旅游、海岛观光、沙滩漫步、水中嬉戏、潜水游泳，无一不显露出阳光碧海的文化底蕴；观海听涛、避暑休闲、海上日出、甲板晚霞、甩竿垂钓无一不透射出优哉游哉的文化品位；迎风斗浪、劈波斩浪、惊涛骇浪、乘风破浪，无一不展现出“海到尽头天作岸，山登绝顶我为峰”的文化气魄！

总而言之，建设21世纪海上丝绸之路，海洋文化作为精神沟通的先导，起着不可替代的枢纽作用。雄踞太平洋西岸的泱泱大国将以提升海洋文化水平为突破口，增强中华民族的海洋国土意识、海洋环境意识、海洋资源意识和海洋产业意识；以自主创新为主线，全面推动海洋科技进步，为发展海洋文化提供技术手段和知识支持；以发展蓝色经济为目的，提升海洋文化软实力，为早日建成海洋强国提供强有力的科技文化支撑。

（原载于2017年9月1日《中国科学报》，略有删改）

挺进深远海
着力打造国家级公共服务平台

于洪军

（国家深海基地管理中心，山东 青岛 266237）

摘要： 介绍了国内外深海科考平台的发展现状，分析了我国目前在深海勘察与开发方面所面临的机遇与挑战，研究提出了影响深海事业发展所存在的问题，最后提出了几点建议。

关键词： 深海，潜水器，科考，平台

随着我国经济的快速发展，实现由“海洋大国”向“海洋强国”的转变，是时代的呼唤，也是历史发展的必然。“一带一路”倡议的提出，吹响了由近海向深海进军的号角。习近平总书记签署颁布的《中华人民共和国深海海底区域资源勘探开发法》[1]（简称《深海法》）第十六条指出“国家支持深海公共平台的建设和运行，建立深海公共平台共享合作机制，为深海科学技术研究、资源调查活动提供专业服务，促进深海科学技术交流、合作及成果共享。”《深海法》的颁布实施进一步明确了深海公共平台建设的重要性。当今世界海洋竞争的主战场在深海，因此着力开展深海进入、深海探测和深海开发工作，积极发展深海技术及装备，着力打造深海科考公共平台等条件能力建设，提高深海综合认知和勘探开发水平，努力维护和拓展国家海洋权益，创新、提升和跨越发展海洋整体能力，是建设海洋强国的历史使命。

国家深海基地项目于2007年由国务院批准立项，2015年正式启用，是面向全国深海科学研究、深海资源调查与开发、深海装备研发和试验、海洋新兴产业服务，提供科考船舶、载人潜水器等大型深海装备运行与维护保障、潜航员选拔培训与管理等多功能、全开放的国家级公共服务平台。立足《国家十三

五发展规划》，结合深海基地的功能定位和“十三五”发展目标，认清形势，抓住机遇，充分发挥深海基地公共服务平台优势，打造国家级公共服务平台与服务保障基地，对进一步推动我国深海事业的向前发展，实现“海洋强国建设”的宏伟目标，服务“一带一路”建设，具有深远意义。

本文从深海科考公共平台的国内外发展现状、深海事业发展所面临的机遇和挑战、存在的问题等几个方面进行了重点阐述，为了实现我国深海公共服务平台健康快速发展，提出几点建议。

一、深海科考公共平台的国内外发展现状

1. 国外发展

深海所蕴含的矿产、生物等资源是全人类的共同财产，是世界各国争取海洋权益、发展高新技术、开展国际合作及展示自身实力的重要场所[2]。国际著名的深海科考公共平台，包括美国伍兹霍尔海洋研究所、俄罗斯希尔绍夫海洋研究所、法国海洋开发研究院和日本国家海洋科学与技术研究中心、英国海洋技术中心等。这些国际深海科考公共平台大多运营有深海载人潜水器、深海自治潜水器、遥控水下潜水器等深海运载平台，这些装备在开展深海调查过程中获得了众多世界瞩目的重大发现。

深海运载平台是开展深海科学研究、海底矿产资源调查和海洋权益维护的最有效手段[3]。其中，载人深潜技术是深海运载技术的制高点和最前沿，它的作业深度和作业能力很大程度上代表了一个国家在深海勘察领域的技术水平。目前，世界著名的深海科考公共平台已不能满足于现有深海运载平台的工作深度和作业能力，开始朝着更大深度和更高作业能力的方向发展[4-6]。美国伍兹霍尔海洋研究所完成了4 500米级“阿尔文”号载人潜水器的升级改造与海试，最大下潜深度升级到了6 500米，并新近成立了水下机器人中心，专门负责水下运载器的运营和管理。日本海洋科学与技术中心运营的“Shinkai 6500”号载人潜水器于2013年完成了第二个全球航次，并着手开始下潜能力为12 000米级的“Shinkai 12000”号载人潜水器的研制。法国海洋开发研究院Ifremer利用“鹦鹉螺”号载人潜水器在其专属经济区开展了大量调查下潜，并着手混合型深海遥控潜水器的研制工作。伍兹霍尔海洋研究所在克马德克海沟

丢失万米级混合型深海遥控潜水器“海神”号后，正在为施密特海洋中心研制另一台万米级混合型深海遥控潜水器。另外，韩国和印度正在着手大深度载人潜水器的研制工作。世界深海运载装备的数量在不断增多，其作业能力也在逐步增强。

国际深海科考公共平台的发展势头迅猛，离不开所属国家的海军、科研基金管理、教育等有关国家部委的专项资金投入，这些专项资金对于深海技术及装备的发展、平台建设、人才队伍的培养起到了重要的推动作用。另外，各个平台所在国家避免重复建设，加强了统一规划和顶层设计，实现了各有关单位优势互补、互为支撑和错位发展。

2. 国内发展

我国非常重视国际海域工作，中国大洋矿产资源研究开发协会于 1990 年成立，在争取和维护国家海洋权益、开发国际海底资源、发展深海技术与装备方面取得了丰硕的成果、显著的成效和阶段性胜利。其中，由其组织研制的两台 6000 米级深海自治潜水器“CR01”和“CR02”，在圈占国际海底矿产资源区块过程中投入使用并发挥了重要作用，但由于没有专门的支撑保障基地及工作母船，水面支撑设施不能满足需要，其技术优越性尚未得到充分发挥。

2002 年，科技部启动了 7000 米级“蛟龙”号载人潜水器的研制工作，在国家海洋局、中国大洋协会、中船重工集团和中国科学院等有关部门和单位的共同努力下，历经 6 年的项目研制和 4 年的海上试验，于 2012 年成功完成 7000 米级海上试验[7]，2013 年转入试验性应用，迄今已由国家深海基地管理中心组织完成了 3 个航次，国内外共计 40 余家单位参航，累计下潜近百次，航迹遍布南海、东北太平洋、西北太平洋和西南印度洋，作业覆盖深海海沟、海盆、洋中脊等重点典型区域。取得了丰硕的深海科技成果，深潜工程技术保障队伍和科学家队伍不断壮大，安全管理制度趋于完善，开放、共享的应用机制已经形成，为业务化运行迈出了坚实的一步。深海基地作为国家级深海科考公共服务平台的作用日益凸显。

除此之外，我国在深海技术及装备领域还取得了其他成果。“海龙”号深海遥控潜水器在我国热液多金属硫化物矿区的资源勘查发挥了积极作用。“潜龙一号”、“潜龙二号”深海自治潜水器也开展了研制后的海试，并取得了圆满成功，“海龙一号”主要应用领域为多金属结核矿区，而“潜龙二号”的应用领域主要为热液硫化物矿区。彩虹鱼系列万米载人潜水器和混合型遥控深海潜水器也正在建造。然而，与国际上深潜技术发达国家相比，目前，我国具有4500米以深作业能力的深海运载装备数量仍然较少，作业能力较弱，主要原因是潜水器研制完成后的海试验证和进一步的技术升级不够充分，导致了装备的性能不够稳定，配套作业能力不够，后续的业务化应用以及产业化和市场化的目标较难实现。

“十三五”期间，在科技部的支持下，我国的4500米级载人潜水器国产化项目进展顺利，即将完成海试投入应用；国家重点研发计划“深海关键技术及装备”重点专项，支持了多项全海深系列潜水器的研制及深海前沿关键技术攻关项目，更重要的是，科技部与工业和信息化部拟启动深海空间站研制重大项目，以期突破深海一系列前沿关键技术，全面带动我国深海技术的原始创新能力。

随着国家对深海工作的日益重视，在国家深海基地项目建设过程中，国内又陆续成立了多家深海研究机构，包括中国科学院三亚深海科学与工程研究所、上海海洋大学深渊科学技术研究中心、上海交通大学海洋研究院、浙江大学海洋学院、山东大学海洋学院等。其中，中国科学院三亚深海科学与工程研究所开展了万米级着陆器的研制，目前重点发展方向是利用载人潜水器等深海装备开展深渊生物及深海地质学相关研究，利用“探索一号”科考船在马里亚纳海沟已开展了两个航次的深渊调查工作；上海海洋大学深渊科学技术研究中心侧重于深海装备研发，开展了万米级“彩虹鱼”载人潜水器等相关装备的研制，并配套建设有载人潜水器支持母船、万米着陆器等深海装备。

这些深海科研机构的纷纷建立，无疑会推动我国深海科技的发展，但也不可避免地会出现一些低水平重复建设和无序发展现象。

二、面临的机遇与挑战

1. 挺进深海，是国家战略层面的重大需求

“海洋强国建设”和“一带一路”建设是挺进深海的直接驱动力。习近平总书记在2016年全国科技创新大会上的讲话中指出：“深海蕴藏着地球上远未

认知和开发的宝藏，但要得到这些宝藏，就必须在深海进入、深海探测、深海开发方面掌握关键技术。”可以说，深海运载技术与装备将是实现“深海三部曲”战略的重要手段。2015 年颁布的《中华人民共和国国家安全法》将深海纳入战略新疆域。“十三五”规划建议提出：“积极参与网络、深海、极地、空天等新领域国际规则制定。”另外，十二届全国人大常委会第十九次会议表决通过了《深海法》，对深海科技发展及公共平台建设进行了要求和约定，《深海法》的颁布也对保护深海海洋环境和深海资源可持续利用，具有深远的意义和作用，是我国深度参与深海治理的重要举措。由此可见，挺近深海在国家战略层面上具有重大需求。

2. 挺进深海，是勘查开发深海资源的需要

深海海底蕴含着丰富的锰结核、富钴结壳、多金属硫化物等矿产资源，以及深海生物基因资源，是未来重要的战略储备资源。勘查和开发深海资源，必须进入深海、认识深海。为了认识深海、开发深海，必须大力发展深海技术及装备是关键，聚焦国家重大深海战略，建设高水平的深海技术及装备公共服务平台，履行好国家重大深海装备的维护保障以及重大项目的组织实施是进入深海勘探开发深海资源的重要保障。

3. 挺进深海，仍面临诸多挑战

“蛟龙”号载人潜水器的研制、海试及试验性应用阶段所取得的丰硕成果，极大地提振了我国自主研发重大深海装备的信心和决心，加快了我国载人深潜装备系列化的发展步伐，带动了中国的海洋科技开始向深海进军。但我国的基础工业能力比较薄弱，在精密加工制造、深海浮力材料等方面相对较为落后，在一些关键核心技术方面仍然受制于西方发达国家。另外，对于深海装备研制过程中的第三方检验与质量控制、海上试验工作的充分性、研制及海试应用过程的每个环节能否实现环环相扣、能否实现深海装备研制完成后的集中管理与高效应用，都是制约装备未来可持续应用与发展的重要挑战，从而制约了我国挺进深海的步伐。

三、存在的问题

1. 自主研制的重大深海装备利用率低

由国家科技计划支持的重大深海装备在研制完成后，基本都分散在各研制单位。受制于海试作业船舶和项目经费有限等因素限制，研制完成后的深海装备无法进行充分的海上试验，装备的性能无法得到充分验证。由研制方管理深海装备，暴露出维护不及时、成本高，设备使用寿命缩短，利用率低下甚至重复投资等诸多弊端，导致深海装备难以得到实际应用，科研成果转化率低，经济效益不高。

2. 深海科研单位建设分散，各自为战

在挺进深海的大趋势下，国内的深海研究单位越来越多，在地域分布上较为分散，在学科发展方向上难以做到优势互补，部分新单位之间甚至存在功能重叠和竞争，导致了重大深海装备依然分散于不同部门和单位，国家耗费的巨大人力、财力却得不到最大限度地发挥作用。

3. 受制于职业化深潜技术支撑队伍建设

由于深海装备的高技术性和复杂性，我国现已研制成功的深海装备大多由研制人员负责操作使用，没有形成操作熟练的职业化支撑保障专业队伍。职业化支撑保障队伍依托于深海技术及装备公共服务平台建设，是一项长期而艰巨的工作，须经过严格的培训和考核，具备丰富的海上实际应用经验。如 7 000 米级“蛟龙”号载人潜水器潜航员，就像航天员一样，需要经过长期、专门的培训，方能胜任下潜作业任务。随着深海调查任务的增加，深海技术及装备公共服务平台往往还需实现深潜技术支撑队伍的备份。大多新建深海科研单位，尤其重大深海装备应用单位，缺少职业化支撑队伍，保障能力不足，无法实现国家投资重大装备的安全高效运行，无疑将会在很大程度上影响国家重大深海技术装备效能的发挥。

4. 公共平台的可持续发展受到限制

深海科考公共平台不同于一般的科研单位，建设区域一般远离市区，临海而建，院区较大，建有码头，在人员编制和基本运行费方面可能受到严重限

制，势必导致无法招募到骨干人才、无法维持平台正常运行等问题出现，将很大程度束缚和限制平台的作用和能力，平台的可持续发展将受到限制。

四、几点建议

为了挺进深海，加快我国深海事业的不断向前发展，有以下3点建议。

1. 积极开展深海运载装备体系规划建设

依托我国目前以建设的深潜装备技术体系。以“蛟龙”号应用与发展为牵引，推动与载人深潜器协同作业深海自治潜水器（AUV）、有缆深海遥控潜水器（ROV）的立项论证与研发工作，建造适应不同作业要求的系列无人潜水器，加快“蛟龙”、“潜龙”、“海龙”为代表的“三龙”体系潜水器的业务化运行步伐。完善“三龙”体系潜水器的运行维护保障设施，开展相关配套作业工具的研发。

2. 长远谋划科考船与调查装备公共平台建设

充分利用已建有的科考船泊靠码头、功能车间、试验检测水池、大型深海装备等优势科考资源，实现国家科考船舶的集中运行管理，靠泊保障条件共享。实现载人潜水器、无人潜水器等深海运载装备和大型深海调查装备的开放共享。为国家科考事业搭建开放共享的深海科考公共服务平台。

3. 着力打造职业化深海装备运营队伍和科学应用队伍

贯彻落实《深海法》，紧紧围绕国家深海科考公共平台建设和运行需要，深入开展专业人才队伍建设。建议主要包括3支职业化专业队伍：①以潜航员为主，包括机电、控制、声学等专业人才组成的专业技术保障队伍，对现有深潜装备进行诸如操作、维护、维修等技术保障和下潜管理，改变目前深海装备维护和操控人才严重匮乏的局面；②以地质、地球物理、生物化学等专业人才组成的专业深海调查保障队伍，主要承担海上常规调查设备的管理，以及常规调查任务的组织开展；③以船舶驾驶、轮机管理等专业人才组成的专业船舶运行管理队伍，主要负责科考船舶的调度指挥、运行管理与技术保障等工作。

参考文献

[1] 中华人民共和国深海海底区域资源勘探开发法.http://paper.people.com.cn/

[2] Rmrb/html/2016-03/21/nw.D110000renmrb201603212-08.htm.

[3] Kildow J T, Mcllgorm A. The importance of estimating the contribution of the oceans to national economies. Marine Policy, 2010, 34(3): 367-374.

[4] Fornari D J, Bowen A D, Foster D B. Visualizing the deep sea. Oceans, 1995, 38(1): 10-13.

[5] Kohnen W. Manned submersible technology to manage and understand the sea. Sea Technology, 2009, 50(8): 29-33.

[6] Committee on Future Needs in Deep Submersible Science. Future Needs in Deep SubMergence Science-Occupied and Unoccupied Vehicles in Basic Ocean Research. Washington DC: The National Academies Press. 2004.

[7] Kohnen W. Review of deep ocean manned submersible activity in 2013. Marine Technology Society Journal, 2013, 47(5): 56-68.

[8] Liu F. Jiaolong Manned Submersible: A Decade's retrospect from 2002 to 2012. Marine Technology Society Journal, 2014, 48(3): 7-16.

海洋数据共享的问题和对策

徐承德

（国家海洋局第一海洋研究所，山东 青岛 266061）

摘要： 真实、全面、准确的海洋数据是制定海洋领域国家战略、计划和方案，开展各项实际工作的基础。本文概要论述了我国海洋数据资源现状和海洋数据共享存在的主要问题，提出了加强海洋数据共享的建议和对策，以实现海洋数据资源科学管理和深入共享，保障“建设海洋强国”战略目标的实现。

关键词： 海洋数据，数据资源现状，数据共享，对策

中共十八大报告首次明确提出“建设海洋强国”，海洋已上升至前所未有的战略高度。海洋资源开发、发展海洋经济、海洋生态保护、维护海洋权益都需要大量的海洋基础数据支持。目前，我国在海洋数据的使用以及共享服务方面仍存在着一些机制、体系以及技术方面的问题，在一定程度上制约了我国海洋科技、海洋经济和海洋各领域的快速可持续发展，更是难以满足当前我国“海洋强国”战略目标建设实施的需求[1]。本文从我国海洋数据资源的现状出发，分析海洋数据共享中存在的问题和原因，提出推进海洋数据共享的建议和对策，旨在为海洋数据的共享服务提供参考，保障“建设海洋强国”战略目标的实现。

一、我国海洋数据资源现状

海洋数据的管理、应用与共享已成为衡量一个国家海洋科技水平和海洋管理能力的重要标志。我国充分认识到海洋数据的基础性地位和在推进各项工作中的重要影响，为海洋数据的获取投入了大量的资金，并着力推动海洋数据共

享服务。

几十年来，我国曾多次组织全国性的海洋专项调查，结合国家科技攻关项目、重大工程项目及专题调查，积累了大量的海洋资料和数据。目前国内海洋调查活动涉及多部门多行业，包括国家海洋局、海洋地质调查局、科技部、中国科学院、教育部、交通部门和渔业部门等下达任务、拨付经费，执行单位根据各自需要确定调查时间、测线及调查要素等。因为缺少沟通协调机制，也没有国家的海洋调查规划作为指导，各个海洋调查专项之间缺少衔接，有些重要海区的海洋基础性资料仍处于空白状态，部分专项设计的调查内容与其他专项出现简单重复，调查效率不高，造成了目前普遍存在的信息孤岛和重复建设现象。以黄河口为例，7 年间，不包含近岸海洋工程类调查和地方性调查，国家不同部门共开展调查 20 余次，重复调查现象较为严重[2]。

我国的海洋部门、水利部门、气象部门、交通部门等设立的沿海测站也积累了数十年的长期连续观测资料。然而由于缺乏统一的管理和规划，沿海测站都是由各个部门分别主导建设的，这些部门在建设测站时只是根据本部门需要，对与其他部门实现数据共享与协作考虑不足。再加上各个部门对测站数据资源的垄断，使数据资源共享需求与实际共享情况相差极大，不仅造成极大浪费，也成为阻碍测站数据资源应用的瓶颈。近年来，国家海洋局着力开展全球海洋立体观测网建设工作，通过这项重大工程的实施，使我国在全球范围内的海洋立体观测能力得到了有效提升。“全球海洋立体观测网”作为海洋领域重大工程已纳入《国民经济和社会发展第十三个五年规划纲要》。“全球海洋立体观测网”集合海洋空间、环境、生态、资源等各类数据，整合先进的海洋观测技术及手段，实现高密度、多要素、全天候、全自动的全球海洋立体观测。该观测网整体建成后，通过获取海量海洋观测数据，将全面提升我国海洋管辖海域、大洋和极地重点关注区域的业务化观（监）测能力和运行保障能力。

2015 年 2 月，国家海洋局、国家发改委、教育部、科技部、财政部、中国科学院、国家基金委七部门联合发布了《关于加强海洋调查工作的指导意见》。《关于加强海洋调查工作的指导意见》就海洋调查规划和法规建设、海洋调查活动规范、海洋调查资料管理和共享应用、海洋调查保障能力建设、组织实施等提出了明确要求[3]。由于条块分割，《关于加强海洋调查工作的指导意见》难以实行。承担调查任务有国家课题，还有横向课题，因为经费来源不一，资料汇交强制不了。内部之间难以流通，部门之间、单位之间的沟通和交流更加困难。比如：我国的海岸带研究机构已经积累了海量的科学数据，但由于缺乏完善的数据共享的技术标准，无法汇交形成可共享的数据资源，造成了资源浪费[4]。作为国家海洋局系统海洋调查数据的归口部门，国家海洋信息中心这些年一直在推动建立海洋调查资料共享制度，规定调查结束后的资料提交时限，不少单位没按时汇交[2]。

随着我国海洋专项调查、各种海洋科研项目和“全球海洋立体观测网”建设的不断深入，海洋数据资源将呈现指数式增长。解决海洋领域数据资源共享问题，提高海洋数据资源利用率，提供高效便捷的数据共享服务，实现各部门、各单位之间的协同与合作，建立海洋数据资源共享运行机制已成为实施“建设海洋强国”战略的迫切要求。

二、海洋数据共享存在的问题和原因

在国家的重视和大力支持下，开展海洋数据共享的政策环境和基础条件相比以往都有了很大的改善，但是由于缺乏统一规划与制度保障，数据资源不能有效整合、不能充分共享的问题依然存在，主要表现在以下几方面。

1. 海洋数据管理分散

我国海洋数据资源仍缺乏综合性的国家级管理部门，海洋数据资源分散于各部门、各系统，海洋数据的使用服务统一协调性差，跨部门、系统使用难以调用，使得国内海洋数据共享和国际交换均存在着一定的困难，国家急需的对海洋开发、海洋综合管理等起支撑作用的有效信息由于多部门管理也未被充分提取使用。大多数现有的海洋数据库系统仍处于原始的离散状态，系统的性能和功能难以满足海洋数据共享服务的需求。许多海洋科研人员不了解已有分散在各部门的数据共享平台的运行情况，不知从何查询相关历史数据，也存在实地调查、系统开发重复现象。我国海洋调查经费主要是各部门专项经费，尚未列入国家财政固定科目，数据库建设受项目驱动，一次性投入与长期维护运行相脱节。各部门由于缺乏稳定的资金保障，海洋调查无法实现常态化，不能满足海洋开发和环境保护对数据的持续需求。

2. 海洋数据规范标准不一致

尽管我国已制定了一些海洋数据相关的标准规范，但相当一部分标准不一致，且数据获取、存储、管理和交换不规范。统一的海洋数据规范与标准体系尚未建立，使得海洋数据兼容性弱、可比性差、可利用率低，完整性和权威性也难以得到保证，海洋数据用户面对的数据集和数据格式较为混乱。有的数据资料即使得到，由于数据格式、标准的不一致，转换困难且难以使用。各部门数据管理模式、标准不一，各建各的系统，一些项目支持下建设的专题数据库系统遍地开花，但专题系统独立性强，通用性差。

3. 海洋数据共享机制不完善

目前，我国政府部门和行业间的海洋数据共享管理与协调机制还没有建立，国家海洋数据管理体系还未形成，协调各部门的海洋数据管理与交换工作还不完善，有效的海洋数据汇集与共享流通渠道还没有打通。涉海行业部门对海洋数据共享必需的快速查询、检索、传输、下载等服务能力以及数据在线处理与更新能力不足，针对无偿/有偿、公开/涉密、在线/离线、浏览/下载等相结合的共享网络访问控制、信息灾难恢复等一些技术和手段还需进一步统一和提高[5]。有不少一线海洋调查人员也表示，提交数据积极性不高，一个重要原因是，信息共享机制没有建立起来，数据汇总到有关部门后，仿佛进入“黑洞”，要拿出来很难[2]。

4. 海洋数据共享意识欠缺

数据共享意识的欠缺，竞争项目的需要，加上地方和部门保护主义盛行，导致我国海洋数据共享日益困难。谈起数据共享，大家都控诉他人不共享，但往往又希望在拿到别人的数据时，自己的数据不被拿走，“大家有一种普遍心态，数据捂在自己口袋里是最安全的，而且不定什么时候就能成为竞争项目的重要砝码”。提供资料的人认为把自己辛苦调查得来的资料无偿提供给别人感觉“划不来”，使用资料的人处于种种考虑著书、写论文、出成果只管“拿来”，不标明资料来源。要么“不给”，要么“用了不提”，造成海洋信息资料共享的恶性循环[2]。此外，“共享”与“保密”之间的冲突造成海洋信息管理、积累和应用至今仍处于十分落后的状态[1]。

三、实现海洋数据深入共享的建议和对策

海洋数据是一种重要的战略性资源，是支持海洋领域长期可持续创新发展、建设海洋强国的重要信息保障，将海洋数据科学管理和共享上升和融合到国家战略中去，只有从建立健全政策法规、成立组织机构保障、完善标准规范和提高共享意识等各方面着力，才能系统安排、统筹规划，实现海洋数据高效深入共享。为此，提出以下建议和对策。

1. 建立健全海洋数据共享政策法规体系

近 30 年来，从国际组织到沿海发达国家先后通过国家的政策引导和投入，加强对海洋科学数据的收集、管理和服务工作[6]。国内外海洋资料管理制度和现状表明，必须由国家层面立法，建立海洋资料管理制度，才能实现海洋数据资源的科学管理和信息共享，使海洋资料的汇交与服务有法可依，形成良好的资料汇交、管理和服务长效运行机制[7-8]。

我国应有专门针对海洋数据信息的法律规范或规章来改善目前海洋数据信息获取和使用的混乱局面。建议国家人大对海洋信息数据共享方面的立法，切实做到有法可依，实施海洋信息数据的科学管理。在充分考虑国家、涉海部门和沿海地方现有的关于海洋数据的相关法律法规和规定的基础上，在不违背国家有关保密规定的前提下，开展海洋数据共享政策法规和立法理论的研究，从国家层面制定海洋数据共享管理办法/条例并推广实施。

修订《海洋工作中国家秘密及其密级具体范围的规定》。国家海洋局和国家保密局（1996 年）联合下发的《海洋工作中国家秘密及其密级具体范围的规定》已使用多年，然而随着海洋调查资料内容增加，类型不断更新，该规定已无法满足海洋资料管理工作的需求，给实际资料管理工作造成很大困难，影响到资料的使用和安全。该《规定》国家海洋局已组织进行修订，建议尽快颁布，对统一标准提供依据。

2. 成立海洋数据共享协调委员会

在立法的基础上，建议尽快成立国家级海洋数据共享协调委员会，审议、制定我国海洋数据资料管理与共享规划，对我国海洋数据管理和共享工作进行宏观调控、指导和监督。由海洋数据共享协调委员会推进建立国家和地方涉海

部门之间的海洋调查资料共建共享机制，明确共建共享的内容、方式和责任，统筹协调海洋数据采集分工、持续更新和共享服务等工作，保障海洋数据资料汇集渠道畅通。建立国家级的强制性机制，在国家层面上规范科学数据共享行为，是数据共享最关键的一步，“这项工作必须纳入政府工作中”[5]。

3. 完善海洋数据标准规范体系

针对多学科特点和不同来源的海洋数据，从数据收集、数据整理、数据质量检查等方面出发，完善海洋数据标准规范体系。由于海洋数据获取途径多样，获取手段、精度和内容存在差异，必须基于按统一标准规范进行质量控制，以保证各部门、各行业间数据处理与应用的无缝衔接。对于汇交的各种海洋数据和资料，海洋数据主管部门要进行分类、建立统一标准，建立完善的海洋资料整合处理标准规范，按照面向应用服务的数据组织模式，改造现有档案式管理模式的数据，建立以要素为索引的整合数据和信息产品[9]。对公益性、有偿性、保密性的海洋数据和资料要明确界定。

4. 建立海洋数据资源共享服务平台

利用先进的共享平台建设技术，把分散在各地区各部门的多个海洋数据共享平台整合统一，建立国家级海洋数据资源共享服务平台，充分发挥资源的作用与效能，增强部门协作，避免重复建设，浪费资金。按照国家七部委联合发布的《关于加强海洋调查工作的指导意见》建立健全资料共享与服务保障机制，搭建海洋调查资料和调查数据产品的共享服务平台，加快推进“数字海洋”建设，实现多样化、系列化和专题化的海洋信息产品服务。美国 NOAA（国家海洋与大气管理局）一直探索如何高效管理和提高海洋数据的利用程度[10]，其经验可为我国建立海洋数据共享服务平台建设提供借鉴和参考。

国家海洋信息中心的主要任务是组织协调全国海洋信息工作，负责各类海洋信息的搜集、处理、储存和服务，建设各类海洋数据库，提供统一的各类海洋信息产品和信息服务。因此，建议以国家海洋信息中心为基础建立国家级海洋数据资源共享服务平台。

5. 培养海洋数据共享意识

加大海洋数据共享教育宣传力度，培养部门、行业和个人的数据共享意识，并让数据共享各方实际得到数据共享的益处。首先要认识到海洋数据是国家的资源，目前各部门各行业获取的海洋数据都是建立在国家大量投入的基础上，无论单位或个人都要按照规定、标准和格式汇交相关资料和数据。其次，对数据共享要有双向流动的概念，任何单位或个人履行了把所掌握的全部或部分数据贡献出来作为社会发展之用的义务，就有权利获得其他人提供的数据或信息，只有在数据双向流动的情况下才能最大限度地满足数据共享各方的利益。对于数据获取方而言，要使用海洋调查资料和数据，需遵照相关的文件规定，按照程序提出申请，将用途填写清楚，经过技术审查、资料主管部门审批后，可以获得资料拷贝件。对于数据提供方，对目前没有获取的或者暂时不能提供的数据也要给用户做出充分说明。

四、结语

总之，整合我国分散的海洋数据资源，实现海洋数据的高效深入共享，需要国家、各部门和全社会的联合推动和长期努力。需要海洋主管部门建立健全政策法规、标准规范体系，成立高层协调机构，建立国家级服务平台等方面开展系统性的工作。同时，海洋数据共享需要人们转变观念，以合作共赢的态度看待海洋数据共享。通过实现海洋数据的高效深入共享，用大数据的理念，为海洋各行业行动部署提供真实、全面、准确和高度融合的实时信息，才能真正彰显和发挥海洋数据潜在价值，保障“建设海洋强国”战略目标的早日实现。

参考文献

[1] 常虹，于华明，鲍献文，等.我国海洋数据信息共享现状及立法建议.海洋开发与管理，2008，25(1)：134-138.

[2] 陈瑜.2015.如何唤醒沉睡的海洋调查资料？科技日报网站，http://digitalpaper.stdaily.com/http_www.kjrb.com/kjrb/html/2015-06/14/content_306442.htm？div=-1

[3] 黄如花，王斌，周志峰.促进我国科学数据共享的对策.图书馆，2014，2014(3)：7-13.

[4] 刘林，吴桑云，王文海，等.海岸线科学数据共享标准研究.海洋测绘，2008(1)：1-3.

[5] 杨锦坤，董明媚，武双全，等.推进我国海洋数据深入共享服务的总体考虑.海洋开发与管理，2015，32(3)：68-72.

[6] 宋转玲，刘海行，李新放，等.国内外海洋科学数据共享平台建设现状.科技资讯，2013(36)：20-23.

[7] 马云.2015.国家海洋局等七部门联合出台海洋调查工作指导意见——推动海洋调查资料与成果共享.国家海洋局网站,http://www.soa.gov.cn/xw/hyyw_90/201503/t20150310_36266.html.

[8] 刘志杰,殷汝广,相文玺,等.海洋资料管理制度研究.海洋信息技术,2010(1):5-7.

[9] 耿姗姗,刘振民,梁建峰,等.基于数字海洋框架的海洋资料整合与共享服务管理模式浅析.海洋开发与管理,2015,32(2):33-36.

[10] 樊妙,章任群,金继业.美国海洋测绘数据的共享和管理及对我国的启示.海洋通报,2013,32(3):246-250.

经略深海资源对我国未来发展的影响

曾志刚[1,2,3]
（1. 中国科学院海洋研究所海洋地质与环境重点实验室，山东 青岛 266071；2. 青岛海洋科学与技术国家实验室海洋矿产资源评价与探测技术功能实验室，山东 青岛 266061；3. 中国科学院大学，北京 100049）

摘要：深海资源一直是国际上关注的重要对象之一。我国的深海资源调查研究在近 10 年里也取得了骄人的成绩。面对国内外深海领域科学技术的发展现状，结合国家在深海领域的需求，从深海资源切入，以实现把握深海战略资源、维护深海权益及安全、保护深海环境和拥有深海科学技术制高点为目标，开展全球范围内长期、系统的深海资源调查研究工作，将在深海战略资源保障、深海产业创新和深海科技引领方面为我国未来深海事业发展提供有力支撑。

关键词：深海资源，深海技术，未来发展方向

随着深海的海底资源（简称“深海资源”）调查、基础研究与探测技术的发展，深海资源正在逐渐被人类所认知。目前已知的深海资源，例如，海底多金属结核、富钴结壳、深海沉积物中的稀土、多金属硫化物、深水油气、天然气水合物、深海生物基因资源等，均有望为人类未来社会经济的发展提供重要的资源支撑。基于此，了解国内外深海资源调查研究工作的发展历程，谋划、制定国家层面的深海资源发展规划及相关政策、措施，进而保障、促进深海资源各项工作的持续发展，符合未来我国经济社会发展的需要。

一、海底多金属结核

从 20 世纪 60 年代以来，国际上对海底多金属结核的分布、组成特征、成

因以及资源量等进行了多方面研究，分析了多金属结核的微观结构、形成及其与沉积物分布的关系（Kim et al.，2012；Manceau et al.，2014），评估了多金属结核开采的方法及其对环境的影响（Varshney et al.，2015），有关多金属结核区中生物多样性的研究已逐渐成为国际上的研究热点（Amon et al.，2016）。从1983年开始，海金联、苏联、日本、法国、中国、韩国、德国先后向联合国国际海底管理局申请成为先驱投资者，截至2013年年底，海底多金属结核矿区承包者数量已增至12个。

我国于20世纪70—80年代在太平洋北部开始了多金属结核调查。1991年3月5日，经国际海底管理局批准，中国在太平洋CC区（Clarion Clipperton Zone）获得15万平方千米的多金属结核开辟区。2001年，中国大洋协会与国际海底管理局签订《国际海底多金属结核资源勘探合同》，以法律形式明确了我国对7.5万平方千米的合同区内多金属结核具有勘探权和优先商业开采权。2015年7月20日，国际海底管理局通过决议，核准了中国五矿集团公司提出的多金属结核资源勘探矿区申请，使中国五矿集团公司获得位于CC区，面积为7.274万平方千米的多金属结核矿区专属勘探权和优先开采权。这是继中国大洋协会2001年、2011年和2013年先后获得太平洋多金属结核、西南印度洋脊多金属硫化物和西太平洋富钴结壳勘探矿区之后，中国在国际海底区域获得的第四块专属勘探矿区。由此，我国成为目前在国际海底区域拥有最多具有资源专属勘探权和优先采矿权的国家。不仅如此，国内学者也对多金属结核及其开采利用技术开展了多方面研究，包括探讨了多金属结核的矿物、元素和同位素组成及其成因机制（何高文等，2006，2011；张富元等，2001），开展了深海多金属结核采矿和选冶技术研究（蒋开喜等，2005）。

2016年，国际海底管理局已决定核准延长中国大洋协会与国际海底管理局多金属结核勘探合同的申请。随后，我国于2017年启动了国家重点研发计划项目“深海多金属结核采矿试验工程”，计划于2020年前在南海完成1 000米水深系统试验。未来，应进一步深化海底多金属结核基础研究，促进多金属结核采矿和利用技术的发展，尤其是多金属结核自主开采装备的研制，同时前瞻性的开展多金属结核选冶技术，尤其是生物选冶技术的研究，为将来海底多金属结核的开采与利用积累技术条件。

二、富钴结壳

1981 年，德国“太阳”号科考船率先对中太平洋富钴结壳开展了调查，拉开了大洋富钴结壳调查研究的序幕。在 1982—1984 年间，苏联和美国先后在大西洋、太平洋及马绍尔群岛等海域进行了详细的富钴结壳资源调查（Manheim，1986；Hein et al.，1988）。同时，国际上在富钴结壳的资源潜力评价及资源量估算方面也作了大量工作，开展了富钴结壳的采矿、选冶技术以及采矿环境影响分析评价研究（Narita et al.，2015），系统分析了富钴结壳的产状与厚度、组成、结构、构造、分布、生长速率和物质来源及其成因机制（Rajani et al.，2005），探讨了富钴结壳对古海洋演变的记录（Christensen et al.，1997）。

我国的富钴结壳调查起步相对较晚，始于 20 世纪 90 年代末期。1998 年，中国大洋协会开始在西太平洋进行富钴结壳调查研究工作。经过 15 年的工作积累，国际海底管理局 2014 年 7 月 19 日核准了中国大洋协会提出的西太平洋富钴结壳矿区勘探申请，在东北太平洋海山区域获得面积为 3 000 平方千米的富钴结壳合同区，使中国成为世界上首个就多金属结核、硫化物和富钴结壳 3 种主要国际海底矿产资源均拥有专属勘探矿区的国家。同时，我国学者对深海富钴结壳的分布及资源量进行了研究，探讨了太平洋富钴结壳的矿物组成、元素（Mn、Co、Ni、Pt、REE、铂族元素）和同位素（稀有气体和 Os）组成特征，分析了富钴结壳的成因及其控制因素，以及与基岩的关系等，并将富钴结壳应用于古海洋学和全球变化研究（潘家华和刘淑琴，1999；陈建林等，2004；初凤友等，2005；孙晓明等，2006；龙晓军等，2015）。2013 年，“蛟龙”号在西北太平洋航段采集了一块富钴结壳样品，进一步为我国未来深海运载技术的发展和海底矿产资源的调查研究及开采利用工作奠定了基础，也标志着我国在大洋富钴结壳探测、深潜及采样技术方面达到了国际先进水平，进入了“机器人时代”。

目前，有关富钴结壳的成因机制以及古海洋学和全球变化研究仍是海底科学最具吸引力的研究方向之一。随着现代分析测试技术的进步，以及对富钴结壳地质构造背景和成矿物质来源研究的不断深化，预计未来将会在富钴结壳的结构构造、矿物组合和地球化学特征研究方面取得进一步突破，特别是在富钴结壳的成因，尤其是富钴结壳的生物成因方面取得重要进展。

三、深海沉积物中稀土资源

深海沉积物（水深大于2 000米）中蕴含了多种有用元素，其中的稀土元素因具有光、电、磁、超导、催化活性等方面的优异性能，其在新能源、航天航空、电子信息等高端技术领域具广泛的应用前景，是不可替代的战略性资源。因此，各国高度重视对稀土资源的开发与竞争。随着陆地稀土资源无法满足未来人类社会发展的需求，开发海底沉积物中稀土资源已日益引起重视。海底沉积物中赋存的稀土元素，其主要来自陆源风化物质、海底火山岩的风化产物、火山灰沉降以及海底热液产物（Murray and Leinen，1993）。此外，深海沉积物中50%的稀土元素可能是通过浮游生物的吸附作用、氢氧化物共沉淀作用等方式从溶液中迁移出来进入深海沉积物中，且深海黏土中的稀土元素大多是以吸附态存在的（Fleet，1984）。

日本科学家Kato等（2011）率先将太平洋沉积物中稀土元素作为资源来研究，提出太平洋深海沉积物中赋存丰富的稀土元素，指出海底沉积物中的稀土元素可能是未来重要的矿产资源。初步研究表明，东南太平洋和中北太平洋深海黏土中具高含量的富钇稀土，其中东南太平洋深海黏土中，富钇稀土的平均含量为$1\ 054\times10^{-6}$，中北太平洋为625×10^{-6}，这两个区域被视为高潜力的稀土资源分布区（Kato et al.，2011）。据此估算，整个太平洋深海稀土资源总量与陆地探明的稀土资源量相当。

我国对深海沉积物中稀土元素的调查研究起步较晚。中国大洋协会，在2015—2017年间，使用“大洋一号”和“海洋二十二号”科考船先后执行了大洋34、39和42航次，在中印度洋海盆进行了富稀土沉积物调查，证实中印度洋海盆存在大面积富稀土沉积物的存在。目前，对深海沉积物中稀土元素的研究主要涉及稀土元素的含量、配分模式、赋存状态和物质来源等。结果表明，太平洋区域，沉积物中稀土元素分布存在明显差异，主要富集在东太平洋CC区，在西太平洋和东南太平洋区域，富含稀土元素的沉积物零星富集。沈华悌（1990）通过对中太平洋海盆中不同类型的深海沉积物中稀土元素的研究表明，稀土元素在沉积物中的赋存状态有两种，一种存在于矿物的晶格中；另一种则以吸附态存在，其稀土元素的吸附量与沉积物组成相关（沈华悌，

1990）。在深海沉积物的黏土组分中，磷灰石为主要的稀土元素赋存载体，在全岩组分中，稀土元素主要存在于粉砂级组分中。深海沉积物的稀土元素组成受控于沉积物类型，且硅质沉积物中的稀土元素含量高于钙质沉积物。

深海沉积物中的稀土元素作为一种重要的潜在深海资源，我国予以高度重视。目前，对于深海沉积物中稀土资源的开发技术尚不成熟，如何了解深海沉积物中稀土元素的资源潜力及其分布规律，发展开发、利用深海沉积物中稀土元素的相关技术，是各国竞相解决的海底稀土资源关键科学与技术问题之一。未来，只有率先充分了解深海沉积物中稀土元素的分布、赋存状态、形成机制等，重点分析深海沉积物中稀土元素的组成变化及其富集过程，加强不同深海地质环境沉积物中稀土元素富集成矿机制及其与海底热液活动关系研究，优先开展太平洋以及南海沉积物中稀土资源调查研究，才有助于了解稀土元素的来源、迁移、富集机制及其记录的古海洋环境信息，也可为深入研究稀土元素的时空分布以及沉积过程提供理论依据。同时，发展深海沉积物中稀土资源的勘探和开采技术，才有可能使深海沉积物中的稀土元素成为未来可利用的资源。

四、多金属硫化物

20 世纪 60 年代，在红海发现了高热卤水与 Atlantis Ⅱ 海渊的多金属软泥，揭开了现代海底热液活动及其多金属硫化物成矿研究的序幕。1978 年由法、美、墨西哥科学家组成的考察队利用法国“Cyana”号深潜器在东太平洋海隆 21°N 首次发现海底多金属硫化物（Francheteau et al.，1979；Hekinian et al.，1980），直接观察到了多金属硫化物丘状体。目前，科学家在全球发现的热液喷口区近 600 个（Beaulieu，2011），进行了全球或区域尺度的多金属硫化物资源量初步评估，提出洋中脊扩张速率与硫化物矿体规模存在耦合关系，探讨了洋中脊、岛弧和弧后盆地多金属硫化物成矿物质来源及其成因，并应用 AUV 等高新技术进行了海底多金属硫化物探测，前瞻性地分析评价了开采多金属硫化物资源对海底环境的影响。

我国海底多金属硫化物资源调查起步虽晚，但成果显著。2003 年之前，中国的海底多金属硫化物调查研究主要以国际合作为主。从 2003 年以来，我国在东太平洋海隆 13°N 附近的热液区采集了包括多金属硫化物在内的一批宝贵样品、数据和资料，使得我国的海底热液活动及其多金属硫化物调查研究迈出了可喜的一步。随后，通过环球航次，我国科学家先后在太平洋、大西洋和印度洋的热液活动区开展了调查研究工作，获得了三大洋包括热液硫化物在内的宝贵样品，积累了丰富的资料。2011 年 11 月 18 日，我国与国际海底管理局签订了《国际海底多金属硫化物矿区勘探合同》，在西南印度洋脊获得 10 000 平方千米的多金属硫化物合同区，标志着中国大洋协会继 2001 年在东北太平洋国际海底区域获得 7.5 万平方千米多金属结核勘探合同区后，获得了第二块具有专属勘探权和商业开采优先权的国际海底合同矿区。不仅如此，我国学者已从多金属硫化物的区域地质背景、元素（例如，稀土元素）和同位素（例如，S、Pb、Os、He-Ne-Ar、Fe-Cu-Zn，U 系）组成特征及其控矿因素等多方面，对硫化物的成矿物质来源及其成因进行了探讨（例如，吴世迎，1991；翟世奎等，2001；侯增谦等，2003；Zeng et al.，2001，2013，2014，2015a，2015b，2016，2017），预测了不同海区多金属硫化物的资源潜力进行，并在海底多金属硫化物探测方法上取得新的进展（曾志刚，2011）。

目前，国际上对全球洋中脊、岛弧和弧后盆地热液系统仍缺乏系统性的认识，对不同构造环境发育的海底多金属硫化物，如洋中脊、岛弧与弧后盆地，其多金属硫化物的形成机理尚不明确，还未建立相应的多金属硫化物成矿模型。同时，明确海底多金属硫化物的资源规模及其资源量一直是国内外急于突破的关键问题之一。为此，针对海底热液活动及其多金属硫化物资源，开展多波束、浅剖、摄像拖体、电磁法、近底磁力仪、浅钻、电视抓斗和 ROV 等作业，获得热液区精细的多波束地形地貌、浅地层剖面以及影像资料，分析洋中脊、岛弧和弧后盆地多金属硫化物成矿环境，探讨现代海底热液成矿过程与金属堆积的定位机制，研究多金属硫化物中有用元素的含量变化及其富集机制，开展非活动热液区/隐伏硫化物的调查，确定多金属硫化物矿体的规模与走向，查明多金属硫化物的分布规律及资源量，建立现代海底热液成矿系统的成矿过程及其成矿模型。同时，进行海底硫化物采矿技术研究，研发不同地质环境中硫化物的开采方法和工艺，研制海底硫化物采矿系统，为开展海底硫化物商业开采奠定技术基础，将是未来海底多金属硫化物调查研究及相关技术发展的重要内容及方向。

五、深水油气

据统计，目前从事海洋石油天然气勘探和开发的国家超过 100 个，海上油气田超过 2 200 个，全球海上油气田的产量和储量也在不断增加（白云程等，2008）。近年来，深水油气勘探开发发展尤为迅速，发展趋势呈现以下特点。

（1）由深水向超深水勘探发展，在不断发展的新技术支持下，深水钻探的水深不断被刷新，2004 年 Chevron Texac Toledo 公司在墨西哥湾打了第一口水深超过 3 050 米的探井，壳牌勘探开发公司创下了 2 308 米当年开采油田水深的最大记录（王理荣，2009）。

（2）深水盆地勘探方向的多样化，深水盆地勘探并不局限于集中在大西洋张裂型边缘盆地，正逐渐转向其他类型盆地，如转换边缘盆地，以及活动大陆边缘的褶皱冲断带和陆内盆地等多种类型盆地。

（3）勘探技术方法也在不断提高，例如高分辨率的三维和四维地震技术，水下生产技术等。世界深水油气勘探开发的热点区域主要集中在美国的墨西哥湾盆地、西非的尼日利亚、加蓬、安哥拉和刚果等海域的下刚果盆地和巴西的坎波斯盆地。近几年，亚太地区，尤其是中国的南海，也逐渐成为深水油气勘探的热点地区之一（Hubbard et al.，2008；牛华伟等，2012）。

中国海域深水区主要分布在南海北部陆坡区、南海西南海域以及东海冲绳海槽盆地。此外，西沙海槽陆坡区、莺歌海盆地深水区、南海东部深水区也是有利的深水油气勘探区。受制于资金和技术的限制，中国的深水油气勘探起步较晚，进展缓慢。我国深水勘探主要在南海进行，东海基本上未开展。据不完全统计，中国在东海和南海深水区完成地震调查约 10 万平方千米，钻探主要在南海北部陆坡区，分布在珠江口盆地和琼东南盆地（牛华伟等，2012）。其中，在我国南海珠江口盆地的 LW3-1-1 井，作业水深 1 480 米，是我国成功打出的第一口超千米深水井（任克忍等，2008）。

中国不断增长的能源需求加快了南海海域油气勘探和开发的步伐。近年来，在南海北部陆坡深水区开展的一系列油气勘探活动中获得了天然气勘探的重大突破，发现了番禺 30-1、番禺 34-1、番禺 35-1 和流花 19-1 等气田和含气构造。中国海洋石油有限公司与美国丹文公司签订了珠江口盆地白云凹陷近 7 000平方千米深水区块的油气勘探合同，与英国天然气集团公司签订了琼东南盆地南部及珠江口盆地白云凹陷25 800平方千米3个深水区块的油气勘探与物探作业合同，且在其与加拿大哈斯基公司合作勘探区块里的荔湾3-1构造上，发现首个深水气田——荔湾3-1，探明油气储量1 000亿~1 500亿立方米，年产量可望达到50亿~80亿立方米（林闻和周金应，2009）。

南海与8个周边国家毗邻，一些国家在本属中国的海域与西方石油公司合作，已经发现了100余个油气田，每年的开采量达5 000万吨，天然气每年被采出300亿立方米，是西气东输量的2倍。在这些深水区域，中国没有打一口井（刘雅馨等，2013）。

目前，开发利用深水油气是世界石油工业发展的必然趋势，是我国实现能源可持续发展、推动社会经济持续发展的重要举措。我国应该从国家层面上制定深水油气资源开发战略，攻克深水油气田开发中的核心技术瓶颈，打破外国技术垄断，克服深水油气开发的高成本，并积极参与世界范围的海洋石油开发，如墨西哥海域、中东海湾地区、里海、西非海区等，持续积累深水油气开发的经验。未来，拥有多艘先进的深海钻探船，无疑将会对我国深水油气及天然气水合物的开发研究提供保障。

六、天然气水合物

1979年，国际深海钻探计划（DSDP）在大西洋和太平洋中直接发现了海底天然气水合物。此后，美国、苏联、日本、德国、加拿大、英国、挪威等国，以及DSDP和随后的大洋钻探计划（ODP）、综合大洋钻探计划（IODP）和国际大洋发现计划（IODP）进行了大量调查研究，先后在世界各地直接或间接地发现了大批天然气水合物产地。目前，在全球先后发现了130多处天然气水合物成藏点，为人类不断探索和开发利用新型接替能源提供了新的希望，预计在2030—2050年前后有望实现海底天然气水合物的商业性开发及利用（张洪涛等，2007）。

中国在天然气水合物的海上调查方面起步较晚，南海是中国天然气水合物成矿条件和找矿前景最好的地区，也是调查研究程度最高的地区。1999年10月，广州海洋地质调查局“奋斗五号”调查船在西沙海槽开展了高分辨率多道地震调查，此后，又在南海东北部至菲律宾海盆进行了地震数据采集，通过数据处理在台湾西南地区发现有天然气水合物存在的拟海底反射层（BSR），并初步掌握了南海北部陆坡区天然气水合物的资源潜力及其分布状况（张洪涛等，2007）。2007 年 5 月 1 日，由中国地质调查局组织、广州海洋地质调查局实施在南海北部珠江口盆地南部的神狐海域成功钻获了天然气水合物实物样品，取得了找矿工作的重大突破（张洪涛等，2007）。2015 年，广州海洋地质调查局在神狐海域共实施了 23 口探井钻探，均发现天然气水合物，圈定矿藏面积 128 平方千米，控制资源量超过 1 500 亿立方米，这相当于海上超大型油气田的规模（中国地质调查局广州海洋地质调查局海域天然气水合物资源勘查团队，2016）。近期，2017 年 5 月 18 日，我国在南海神狐海域天然气水合物试采实现了连续 7 天 19 个小时的稳定产气，取得天然气水合物试开采的历史性突破，这表明我国进行的首次天然气水合物试采宣告成功。目前，我国天然气水合物的调查研究主要集中在南海北部海域，东海海域针对天然气水合物的调查程度较浅。从水深、海底温度、热流值、沉积厚度、沉积速率、有机碳含量等区域地质条件来看，冲绳海槽特别是其西南斜坡具有良好的天然气水合物形成条件（Sakai et al.，1990）。此外，迄今为止，中国还没有开展国际海底天然气水合物的调查工作（张洪涛等，2007）。

目前，在天然气水合物调查研究及相关技术发展方面，开发出能钻获并保持水合物样品原始状态的钻具及施工技术，是取得最终突破的重要技术环节之一。多年来，国外许多机构相继开展了天然气水合物钻探取样钻具的研究，但从实际应用的效果看，并不十分理想。在开采技术方面，传统的热激发开采法与减压开采法得到了不断完善，一些新的开采思路，如二氧化碳置换法与固体开采法正处于积极研究之中（吴传芝等，2008）。在解决技术可行性研究后，经济可行性是天然气水合物开采中的又一大难题，另外，一系列环境问题，如温室效应的加剧、海洋生态系统的变化以及海底滑塌事件等，也制约着深海天然气水合物的开发利用。

未来，强化针对技术、经济及环境方面的研究工作将会是天然气水合物发展的必然趋势。同时，天然气水合物的调查研究需要得到国家进一步重视，突破技术瓶颈，加强国际合作交流，不断提高海上地震资料采集、处理和解释技术，如地震层析成像技术的成熟，三维可视化技术在认识储层变化中的应用等，进行立体探测，重点对南海进行进一步综合勘探并向东海区域及全球发展，逐步实现从试开采阶段到商业性生产阶段的转变。

七、深海热液生物

对深海热液生物的研究，不仅有利于基础生物学的发展，可拓宽探索生命起源的路径，有助于揭示地球形成之初的环境，而且在生物基因工程，药物开发，特别是矿产资源的形成、开发和利用等领域也具有重大的价值，是近年来国内外科学家们研究的热点之一。

在1977—1979年间，美国、法国和墨西哥联合科研小组利用载人潜器“Alvin”号在加拉帕戈斯裂谷和东太平洋海隆21°N进行考察，第一次报道发现海底热液生物群落（Weiss et al.，1977；Corliss et al.，1979）。其后，随着深海钻探计划、大洋钻探计划、综合大洋钻探计划和国际大洋发现计划这4次钻探计划的先后开展和有序进行，国际上围绕深海热液生物方面的研究正在不断发展及深化。例如，早在20世纪80—90年代，国外学者就已发现热液生物在黑烟囱矿物沉淀和矿物淋滤过程中扮演了重要的角色（Rona et al.，1986；You and Bickle，1998；Zierenberg et al.，1998）。在高温、高压和酸性pH的极端条件下，一些细菌通过催化作用，控制和影响了矿物溶解或矿物生长的动力学过程；生物遗体分解所产生的有机质也能够吸附大量的金属元素，如Au，或与金属元素结合形成络阴离子，在海水环境中迁移并富集成矿。结合不同热液区喷口生物群落物种分布情况，发现很多喷口生物是深海热液环境独有的（Tunniclife and Fowler，1996），推测动物区系在热液喷口的分布与板块构造历史有关，迁移途径主要是沿着洋中脊迁移，并推测热液喷口的生物地理分布模式可能与洋中脊形成演化有关。进一步，通过对中印度洋脊Kairei和Edmond两个热液区的喷口群落优势物种对比分析（Dover et al.，2001），发现其优势种群差异主要受到区域环境性质的影响，并非是地理隔绝所引起的。此外，在现代大洋热液喷口的硫化物堆积体中，发现大量的蠕虫管发生明显的矿化（Cook and Stakes，1995），建立了深海管状蠕虫内硫化物的矿化模型，并认识到在海底喷口热液环境这个特殊的生态系统中，各级生物在依赖喷溢的热液获得能量的同时，对金属元素产生着不同的反应，在金属成矿的过程中起到了一定的作用。

虽然国内在深海热液生物方面的研究起步较晚，但仍取得了诸多成果。例如，近年来在热液生物成矿作用研究方面：①揭示了深海生命活动可以大量汇集海水中的金属元素，大量堆积的生物遗体中产生的大量腐殖酸提高了矿物颗粒的溶解速度，增强了成矿金属元素的溶解能力，有机酸导致的还原性沉积环境有利于沉积物对海洋中金属元素的充分吸附沉淀，与金属元素结合形成络阴离子，在海水环境中能长期稳定的存在和迁移，当外界环境发生改变后能释放金属元素并富集形成矿化；②鉴别了海底热液氧化物中的生物遗迹，深入分析了嗜中性铁氧化菌在热液氧化物形成过程中的促进作用，细菌作用下形成的疏松网状结构能够阻止热液流体与海水的大量混合，使得热液流体通过低温对流的方式降低温度，促使热液流体中的 Si 达到饱和，从而形成 Si 和 Si-Fe 氧化物；③建立了冲绳海槽伊平屋海洼热液区烟囱体中微生物矿化过程的模式。

未来，应进一步选择典型深海热液区，开展深海热液环境研究，构建深海热液环境物质组成时空框架，查明深海热液区的物质结构与控制要素，揭示深海热液环境的生物响应和沉积记录。加强全球深海热液生物环境适应性机制、生物多样性演替机制及其生态效应研究，以及热液生物及微生物原位培养，进行深海热液生物资源调查、获取、培养、保藏和开发技术体系建设，了解深海热液微生物物质及能量代谢途径，揭示构造环境和热液系统对热液生物种类及其地理分布的制约，并为热液生物在热液成矿中的作用提供依据。同时，系统开展深海热液生物基因资源应用评价研究，形成深海热液生物及其基因资源开发技术体系，建立深海热液区生物类群信息资源库，以及生物基因资源库，获得一批具有研究和可应用开发的热液生物与基因资源。

八、深海技术

20 世纪 60 年代以来，发达国家开始发展深海技术，向深海大洋进军（莫杰和肖菲，2012），并相继发起了一系列国际深海研究计划，如大洋钻探计划（DSDP，ODP，IODP，IODP）、国际大洋中脊计划（InterRidge）、Argo 计划等，此外，也开展了区域性深海研究与观测计划，如美国“海王星”海底观测计划、欧洲海底观测网等（高艳波等，2010）。与此同时，世界各海洋强国大力发展深海运载和作业技术，研发出先进的深海科考船、钻探船，如日本的“地球”号，以及深潜器，包括载人深潜器（HOV）、无人深潜器（ROV、AUV）等。目前，深海海洋环境监测技术正向原位实时、立体、长时序方向发展，新型深海运载和作业平台也不断涌现，并获得广泛应用。深海油气及天然气水合物勘探开发技术、大洋矿产资源勘探开发技术和深海生物资源开发技术，作为深海资源开发利用的关键支撑，已成为国际海洋高技术领域竞争的热点方向，相关技术正日趋成熟和完善，预示着深海资源开发的相关产业将逐步形成（高艳波等，2010）。

中国的深海技术虽然起步较晚，与发达国家相比还有较大差距，但仍然取得了许多重大突破（莫杰和肖菲，2012）。在深水油气勘探开发方面，自主设计建造了第六代深水 3 千米半潜式钻井平台“海洋石油 981”，掌握了 300 米水深的油气勘探开发成套技术体系，具备了 1.5 千米水深条件下的作业能力，正积极向 3 千米水深迈进。自主研发的中深层高分辨率地震勘探技术、海上多波地震勘探设备和成像测井系列仪器达到国际先进水平，打破了国际技术垄断，跻身世界前列。在海洋科考探测方面，自主设计建造了多艘先进的海洋综合科考船，如“科学”号、“海洋六号”、“嘉庚”号、“向阳红 01”号、“向阳红 03”号、“向阳红 10”号、“向阳红 18”号等，配备了先进的探测、定位、取样仪器装备，正在我国海洋科学调查研究中发挥越来越重要的作用。此外，中国已基本具备了研制各种深潜器的能力，其中自主研发的载人深潜器“蛟龙”号，下潜深度超过 7 000 米，创造了世界同类作业型潜水器的最大下潜深度纪录，首台万米级载人深潜器“彩虹鱼”号也正在研发和试验过程中。

未来，以深海极端环境及其资源调查研究和开发利用为目标，完善国内外合作平台建设，加强深海领域科技队伍培养及跨专业领域合作，积极发展先进的机电集成技术、传感器、通信技术、能源供应技术、海底布网技术，发展水下观测系统的供电、数据通信和组网技术，不断完善空间、水面、水下、海底多平台立体观测技术，建设我国自己的深海钻探船；在关键区域建设海底观测站、观测链、观测网等不同级别的海底观测平台，实现对海底系统的实时立体观测，建立健全大型装备的研发与运行管理机制；重点发展适于深海极端环境监测的传感器或仪器、移动或固定平台，加强深潜器自主研发工作，重点突破关键核心技术，增加深潜器的作业深度，提高在不良海况条件下的作业能力，提高原位探测传感器的灵敏度和精度，提高原位样品的采集能力，进行海底硫化物等深海资源的定位机制及其采矿系统与装备开发，开展深海极端环境研究与生物资源应用评价。

深海作为海洋科学的前沿研究领域，以其特殊的海底环境和丰富的矿产资源，日益成为世界各国关注的重要战略区域。许多国家为占有国际海底科学研究高地及其深海资源，发展、构建国家后备战略资源基地，加快了深海极端环境及其资源调查研究和开采、利用的步伐，深海海底资源竞争的国际形势愈加紧迫。我国作为资源消耗大国正饱受资源日益枯竭的困扰，加强深海资源的调查研究和开采、利用工作已经迫在眉睫。因此，经略深海资源，是海洋科学弯道超越的重中之重，是我国未来海洋经济新的增长点，走向深海、经略深海资源必定是海洋强国发展的必由之路。

致谢：

本工作得到了国家重点基础研究发展计划（973 计划）（编号：2013CB429700），国家自然科学基金项目（编号：41325021），泰山学者工程专项（编号：ts201511061），青岛海洋科学与技术国家实验室鳌山人才计划项目（编号：2015ASTP-0S17），创新人才推进计划（编号：2012RA2191）和青岛海洋科学与技术国家实验室鳌山科技创新计划项目（编号：2015ASKJ03，2016ASKJ13）资助。

参考文献

白云程，周晓惠，万群，等.2008.世界深水油气勘探现状及面临的挑战.特种油气藏，15（2）：7-10.

陈建林，马维林，武光海，等.2004.中太平洋海山富钴结壳与基岩关系的研究.海洋学报，26（4）：71-79.

初凤友，孙国胜，李晓敏，等.2005.中太平洋海山富钴结壳生长习性及控制因素.吉林大学学报（地球科学版），35（3）：320-325.

高艳波，李慧青，柴玉萍，等.2010.深海高技术发展现状及趋势.海洋技术，29（3）：119-124.

何高文，孙晓明，杨胜雄，等.2006.东太平洋 CC 区多金属结核铂族元素（PGE）地球化学及其意义.矿床地质，25（2）：164-174.

何高文，孙晓明，杨胜雄，等.2011.太平洋多金属结核和富钴结壳稀土元素地球化学对比及其地质意义.中国地质，38（2）：462-472.

侯增谦，韩发，夏林圻.2003.现代与古代海底热水成矿作用.北京：地质出版社.

蒋开喜，蒋训雄，汪胜东，等.2005.大洋多金属结核还原氨浸工艺研究.有色金属，57（4）：54-58.

林闻,周金应.2009.世界深水油气勘探新进展与南海北部深水油气勘探.石油物探,48(6):601-605.

刘雅馨,钱基,熊利平,等.2013.我国深水油气开发所面临的机遇与挑战.资源与产业,15(3):24-28.

龙晓军,赵广涛,杨胜雄,等.2015.西太平洋麦哲伦海山富钴结壳成分特征及古环境记录.海洋地质与第四纪地质,35(5):47-55.

莫杰,肖菲.2012.世界深海技术的发展.海洋地质前沿,28(6):65-70.

牛华伟,郑军,曾广东.2012.深水油气勘探开发—进展及启示.海洋石油,32(4):1-6.

潘家华,刘淑琴.1999.西太平洋富钴结壳的分布、组分及元素地球化学.地球学报,20(1):47-54.

任克忍,王定亚,周天明,等.2008.海洋石油水下装备现状及发展趋势.石油机械,36(9):151-153.

沈华悌.1990.深海沉积物中的稀土元素.地球化学,(4):340-348.

孙晓明,薛婷,何高文,等.2006.太平洋海山富钴结壳铂族元素(PGE)和 Os 同位素地球化学及其成因意义.岩石学报,22(12):3014-3026.

王理荣.2015.深水油气勘探现状和发展趋势.化工管理,(2):102.

吴传芝,赵克斌,孙长青,等.2008.天然气水合物开采研究现状.地质科技情报,27(1):47-52.

吴世迎.1991.马里亚纳海槽海底热液烟囱物和菲律宾海沉积物.北京:海洋出版社.

曾志刚.2011.海底热液地质学.北京:科学出版社.

翟世奎,陈丽蓉,张海启.2001.冲绳海槽的岩浆作用与海底热液活动.北京:海洋出版社.

张富元,杨群慧,殷汝广,等.2011.东太平洋 CC 区多金属结核物质来源和分布规律.地质学报,75(4):537-547.

张洪涛,张海启,祝有海.2007.中国天然气水合物调查研究现状及其进展.中国地质,34(6):953-961.

中国地质调查局广州海洋地质调查局海域天然气水合物资源勘查团队.2016.2015 年地质科技十大进展有哪些国土资源,(1):15-17.

Amon D J,Ziegler A F,Dahlgren T G,et al.2016.Insights into the abundance and diversity of abyssal megafauna in a polymetallic-nodule region in the eastern Clarion-Clipperton Zone.Scientific Reports,6:30492.

Beaulieu S E.2011.InterRidge Global Database of Active Submarine Hydrothermal Vent Fields, Version 2.0[2011-07].http://www.interridge.org/irvents.

Christensen J N,Halliday A N,Godfley L V,et al.1997.Climate and ocean dynamics and the lead isotopic records in Pacific ferromanganese crusts.Science,277:913–918.

Cook T L,Stakes D S.1995.Biogeological Mineralization in Deep–Sea Hydrothermal Deposits.Science,267:1975–1979.

Corliss J B,Dymond J,Gordon L I,et al.1979.Submarine Thermal Sprirngs on the Galápagos Rift. Science,203:1073–1083.

Fleet A J.1984.Aqueous and sedimentary geochemistry of the rare earth elements.Developments in Geochemistry,2:343–373.

Francheteau J,Needham H D,Choukroune P,et al.1979.Massive deep–sea sulphide ore deposits discovered on the East Pacific Rise.Nature,277:523–528.

Hein J R,Schwab W C,Davis A.1988.Cobalt-and platinum-rich ferromanganese crusts and associated substrate rocks from the Marshall Islands.Marine Geology,78:255–283.

Hekinian R,Fevrier M,Bischoff J L,et al.1980.Sulfide Deposits from the East Pacific Rise Near 21°N.Science,207:1433–1444.

Hubbard S M,Romans B W,Graham S A.2008.Deep–water foreland basin deposits of the Cerro Toro Formation,Magallanes basin,Chile:architectural elements of a sinuous basin axial channel belt.Sedimentology,55:1333–1359.

Kato Y,Fujinaga K,Nakamura K,et al.2011.Deep-sea mud in the Pacific Ocean as a potential resource for rare-earth elements.Nature Geoscience,4:535–539.

Kim J,Hyeong K,Lee H B,et al.2012.Relationship between polymetallic nodule genesis and sediment distribution in the KODOS(Korea Deep Ocean Study) Area, Northeastern Pacific. Ocean Science Journal,47(3):197–207.

Manceau A,Lanson M,Takahashi Y.2014.Mineralogy and crystal chemistry of Mn,Fe,Co,Ni,and Cu in a deep-sea Pacific polymetallic nodule.American Mineralogist,99:2068–2083.

Manheim F T.1986.Marine cobalt resources.Science,232:600–608.

Murray R W, Leinen M. 1993. Chemical transport to the seafloor of the equatorial Pacific Ocean across a latitudinal transect at 135°W:Tracking sedimentary major,trace,and rare earth element fluxes at the equator and the Intertropical Convergence Zone.Geochimica et Cosmochimica Acta, 57:4141–4163.

Narita T,Oshika J,Okamoto N.2015.The summary of environmental baseline survey for mining the cobalt–rich ferromanganese crust on deep seamount in Japan's License Area.Indian Journal of Ophthalmology,58(4):345–345.

Rajani R P, Banakar V K, Parthiban G, et al. 2005. Compositional variation and genesis of ferromanganese crusts of the Afanasiy-Nikitin Seamount, Equatorial Indian Ocean. Journal of Earth System Science, 114(1): 51-61.

Rona P A, Klinkhammer G, Nelsen T A, et al. 1986. Black smokers, massive sulphides and vent biota at the Mid-Atlantic Ridge. Nature, 321: 33-37.

Sakai H, Gamo T, Kim E S, et al. 1990. Venting of carbon dioxide-rich fluid and hydrate formation in Mid-Okinawa Trough backarc basin. Science, 248: 1093-1096.

Tunniclife V, Fowler C M R. 1996. Influence of sea-floor spreading on the global hydrothermal vent fauna. Nature, 379: 531-533.

Van Dover C L, Humphris S E, Fornari D, et al. 2001. Biogeography and Ecological Setting of Indian Ocean Hydrothermal Vents. Science, 294: 818-823.

Varshney N, Rajesh S, Aarthi A P, et al. 2015. Estimation of Reliability of Underwater Polymetallic Nodule Mining Machine. Marine Technology Society Journal, 49(1): 131-147.

Weiss R F, Lonsdale P, Lupton J E, et al. 1977. Hydrothermal plumes in the Galapagos Rift. Nature, 267: 600-603.

You C F, Bickle M J. 1998. Evolution of an active sea-floor massive sulphide deposit. Nature, 394: 668-671.

Zeng Z G, Chen S, Selby D, et al. 2014. Rhenium-osmium abundance and isotopic compositions of massive sulfides from modern deep-sea hydrothermal systems: Implications for vent associated ore forming processes. Earth and Planetary Science Letters, 396: 223-234.

Zeng Z G, Ma Y, Chen S, et al. 2017. Sulfur and lead isotopic compositions of massive sulfides from deep-sea hydrothermal systems: Implications for ore genesis and fluid circulation. Ore Geology Reviews, 87: 155-171.

Zeng Z G, Ma Y, Wang X Y, et al. 2016. Elemental compositions of crab and snail shells from the Kueishantao hydrothermal field in the southwestern Okinawa Trough. Journal of Marine Systems, http://dx.doi.org/10.1016/j.jmarsys.2016.08.012.

Zeng Z G, Ma Y, Yin X B, et al. 2015. Factors affecting the rare earth element compositions in massive sulfides from deep-sea hydrothermal systems. Geochemistry Geophysics Geosystems, 16: 2679-2693.

Zeng Z G, Niedermann S, Chen S, et al. 2015. Noble gases in sulfide deposits of modern deep-sea hydrothermal systems: Implications for heat fluxes and hydrothermal fluid processes. Chemical Geology, 409: 1-11.

Zeng Z G, Qin Y S, Zhai S K. 2001. He, Ne and Ar isotope compositions of fluid inclusions in hydrothermal sulfides from the TAG hydrothermal field, Mid-Atlantic Ridge. Science in China (Series D), 3(44): 221-227.

Zeng Z G, Wang X Y, Chen C-T A, et al. 2013. Boron isotope compositions of fluids and plumes from the Kueishantao hydrothermal field off northeastern Taiwan: Implications for fluid origin and hydrothermal processes. Marine Chemistry, 157: 59-66.

Zierenberg R A, Fouquet Y, Miller D J, et al. 1998. The deep structure of a sea-floor hydrothermal deposit. Nature, 392: 485-488.

我国海洋能源发展战略研究

徐兴永
（国家海洋局第一海洋研究所，山东 青岛 266061）

摘要：发展海洋可再生能源是实现我国经济结构调整和温室气体减排目标的重要途径，可为我国海洋经济发展、海洋开发和国家海洋权益维护提供重要的物质基础，对培育发展海洋战略性新兴产业具有重要意义。海洋能巨大的储量而备受关注，主要包括波浪能、潮流能、潮汐能、温差能、海底沉积物能和盐差能等。波浪能、潮流能、温差能及海底沉积物能成为我国海洋能开发的主流。我国的海洋能发展过程与世界整体趋势基本同步，波浪能与潮流能的开发利用成为当前发展的重点与热点，温差能与海底沉积物能亦有所突破。

关键词：海洋能源，新兴产业，海洋经济，发展战略

习近平总书记在中共中央政治局第八次集体学习时强调，进一步关心海洋、认识海洋、经略海洋，推动海洋强国建设不断取得新成就。同时，发展海洋可再生能源是实现我国经济结构调整和温室气体减排目标的重要途径，可为我国海洋经济发展、海洋开发和国家海洋权益维护提供重要物质基础，对培育发展海洋战略性新兴产业具有重要意义。

海洋能，在可再生能源领域中虽发展较晚，但由于其巨大的储量而备受关注。目前海洋能的定义中包括波浪能、潮流能、潮汐能、温差能、海底沉积物能和盐差能等。波浪能、潮流能、温差能及海底沉积物能成为我国海洋能开发的主流。我国的海洋能发展过程与世界整体趋势基本同步，波浪能与潮流能的开发利用成为当前发展的重点与热点，温差能与海底沉积物能亦有所突破。

国家海洋局就发展可再生能源提出 4 点建议：一是加强海洋可再生能源技

术创新研究，为产业发展提供技术支撑；二是加强海洋可再生能源技术的示范应用，加快海洋可再生能源产业化进程；三是积极探索适合海洋可再生能源产业发展的管理模式，规范海洋可再生能源产业发展；四是构建海洋可再生能源技术和产业信息交流平台，服务于海洋可再生能源产业发展。

一、国际海洋能开发利用现状

1. 潮汐能

国外从 19 世纪开始潮汐电站的开发。1912 年德国建成了世界上第一座潮汐电站。1967 年世界上第一座大型潮汐电站——朗斯潮汐电站在法国投入商业运行。1984 年加拿大建成芬迪湾安纳波利斯中间实验潮汐电站，容量为 2 万千瓦，是目前世界上单机容量最大的潮汐发电机组。1980 年中国江厦潮汐试验电站第一台机组建成发电，电站总装机 3 200 千瓦，其装机规模目前排名世界第三。

2. 潮流能

截至 2008 年年底，已有超过 25 个国家参与到潮流能开发利用中，其中英国、加拿大、爱尔兰、美国等国家已走在了世界的前列。目前国际上潮流能开发利用技术较为成熟，已经开始进入工程示范阶段；在装机容量上一般都在数百千瓦级、兆瓦级，趋向规模化和商业化发展。

3. 波浪能

目前，波浪能转换形式与装置日趋多样化，波浪能电站向大型化、实用化及商业化发展，世界各国近 20 年建造的波浪能示范与实用装置在 30 个以上，大型化趋势主要表现在欧洲波浪能技术发展上。商业化世界各国均在努力进行波浪能电站的商业化开发。英国 LIMPET 是世界上第一座商业化电站，已并入英国国家电网。PELAMIS 是迄今世界上最大的商业化漂浮式波能装置。

4. 海上风能

1991 年，世界上最早的海上风电在丹麦的 Vindeby 建成并投入使用，经过了 20 多年的时间，世界海上风力发电有了巨大的发展。据丹麦科技大学的统计资料，根据各国海上风电场的计划，海上风电场的总装机容量更是以年平均

62%的增速发展。2012年，我国已取代美国成为世界第一风电大国，国家电网成为全球风电规模最大、发展最快的电网，运行大风电的能力处于世界领先水平。

5. 温差能/盐差能

1881年，法国德尔松瓦首次提出了海洋温差发电的构想，1930年古巴建成了第一座开式温差能发电装置。1964年美国安德森提出利用闭式循环，美国、日本、西欧、北欧诸国的研究工作几乎全部集中在闭式循环发电系统。1979年美国在夏威夷州成功运转了一艘闭式发电机组。1981年，日本在瑙鲁建成了世界上第一座功率为100千瓦的岸式试验系统。2003年，佐贺大学建成了伊万里附属设施，正在利用30千瓦的发电装置进行实证性实验。2012年，中国第一台温差能发电机组在青岛成功发电，我国成为继美国、日本之后，第3个独立掌握海洋温差能发电技术的国家。

随着国外潮流能开发利用技术规模化发展，出现了如英国奥克尼郡的海洋能源开发利用中心——欧洲海洋能源中心，已有多家海洋能开发机构在此进行海上实验研究，发挥了重要作用。欧洲海洋能源中心可以提供潮流能、波浪能能量转化系统海上实验多功能平台、专门装置和海上测试装置。提供装置能量转化能力、结构性能和可靠性的评价；实时环境条件的监控；电网连接等服务。

二、我国发展建设海洋能源的战略意义

（一）我国能源可持续发展需求

1. 我国能源需求高速增长

经济高速增长带动能源需求的快速增长，我国已是世界第一大煤炭生产国、第二大能源生产与消费国、第二大石油消费国，OECD之外最大的石油进口国。随着工业的新一轮增长及城市化进程的加速，经济与社会发展对能源的依赖度将不断增大，能源已成为制约经济社会发展、人民生活水平提高的瓶颈问题。

2. 化石能源供应形势严峻

我国的化石能源储量在世界上属于中等水平，但人均化石能源拥有量远低

于世界平均水平。煤炭、石油、天然气人均剩余可开采储量分别只有世界平均水平的58.6%、7.69%及7.05%。我国经济社会发展所依赖的能源资源储量、生产能力和保障程度都面临日益严峻的形势。

3. 环境压力日益增大

化石能源的消耗特别是煤炭的使用产生的二氧化硫、氮氧化物和烟尘排放，是造成大气环境污染的主要来源。其次，我国在减少二氧化碳排放方面受到较大的国际压力。虽然我国人均二氧化碳排放量低，接近世界水平，但仍是排放大国，总排放量居发展中国家之首。

(二) 建设资源节约型社会的需求

我国的能源资源与国际相比有两大特点：一是能源资源总量少，人均占有量低；二是优质资源少，保证程度低。我国经济社会发展与能源供应之间的矛盾十分突出，除大力提高能源效率，充分利用现有常规能源外，加快利用蕴藏量丰富的可再生能源是重要的战略选择，也是实现科学发展观、建设资源节约型社会的基本要求。

(三) 改善能源结构与保障能源安全、国防安全的需要

我国是一个以煤炭资源为主的能源生产消费大国，煤炭资源的开采与消费已成为环境污染的重要原因。中国应该着眼未来，开发富有潜力的海洋能源。海洋能源是清洁、可再生的能源，是解决全球能源问题的关键。中国作为海洋资源大国，在利用开发海洋能源方面具有先天优势，应加快对这一领域的研究，以改善能源结构，保障能源安全，保护环境，实现经济社会的可持续发展。

(四) 建设和谐社会的时代要求

中国的面积达500平方米以上的岛屿为6 536个，总面积72 800余平方千米，岛屿岸线长14 217.8千米。其中有人居住的岛屿为450个。中国岛屿小岛多、大岛少，无人岛多、有人岛少，缺水岛多、有水岛少。有居民岛上居民多以渔业与农业为生，由于缺乏淡水与能源，导致生活困难，远离现代文明。加强海洋可再生能源的开发，可以充分利用海岛农村周围的优势资源，因地制宜解决生活用能与用水及电力供应问题。

（五）促进国民经济发展的需要

约占地球表面71%的海洋中蕴藏着丰富的石油、天然气、天然水合物、矿产、生物及其他资源。走向深水，开发更多的油气资源、天然水合物、多金属核等深海矿产，将是我国海洋石油和矿产的发展方向。进行大规模、持久的海洋资源特别是深海资源开发，需进行相应的海洋平台、大型离岸人工岛等辅助建筑物的建设，平台等建筑物上的生产生活同样对淡水和供电提出新的需求。海洋可再生能源分布广泛，受地域限制较小，开发相应的漂浮式或半漂浮式海洋能转换装置，即可为以上海洋资源开发活动持续提供能源。

（六）开拓新的经济增长点的需要

在经济迅猛发展、能源需求不断扩大的今天，向海洋进军已成为世界各国的共识。作为海洋产业的重要组成部分，海洋可再生能源产业将成为高新技术和新兴产业及新的经济增长点，增加社会就业机会，并可有效拉动相关产业，对调整产业结构，促进经济增长方式转变，推进经济和社会的可持续发展意义重大。

三、我国发展海洋能源的机遇与挑战

1. 中国与国外的差距

（1）缺乏海洋能源开发利用中心。很多从事海洋能开发的科研人员都苦于寻找海试场地，实验装置，以及检测机构。

（2）海洋能资源分布状况调查有待完善。目前，我国进行海洋能统计分析与推算的调查资料已较为陈旧且不够详尽，难以为国家与地方政府的海洋能开发规划及相关海洋能电站选址提供有力的数据保障。

（3）能量转换形式较为集中，技术创新较为落后。目前，我国在海洋能转换技术方面的研发较为单一，缺乏针对我国波能分布状况与能流密度特征的具有自主知识产权的转换装置与技术的研究。

（4）海洋能转换机理与理论研究差距较大。我国海洋能转换技术与装置的研究主要偏重于工程实践与利用，缺乏对各类能量转换技术基本理论的系统研究。由于难以准确客观地揭示其转换机理，因此在提高转换效率、优化系统设计等方面便会受到较大限制。

（5）海洋能装置研发在实用化开发方面尚处起步阶段。海洋能的实用化开发是低成本大规模利用该类可再生能源的重要途径，海洋能装置转换技术的实用化开发程度将决定其应用前景。虽然目前提出了多种转换方式，但多数均处在理论设计与实验室开发阶段。

（6）海洋能开发研究力量较为薄弱。目前我国海洋能利用的研究力量较为薄弱，仅有少数几家单位常年保持其研究队伍，难以形成集团力量与优势，不利于海洋能利用及其关键技术的攻关与研发。

四、我国海洋能源发展建议

1. 制定我国中长期海洋能源发展战略

树立和落实全面、协调和可持续发展的科学发展观，积极贯彻《国家中长期科学与技术发展规划纲要》及《中国新能源和可再生能源发展纲要》，在“自主创新、重点突破、协调发展”方针指导下，要坚持科技进步与创新，以实现经济持续发展、社会全面进步、环境不断改善为目标，紧紧围绕开发海洋可再生能源的战略需求，统筹规划海洋能的科学研究、高技术研发及支撑平台建设，将发展具有自主知识产权的开发技术与装备、推动海洋能实用化、产业化进程作为工作重点，制定我国中长期海洋能源发展战略。

2. 建立国家海洋能源研究中心

建设国家海洋能源研究中心要围绕国家海洋可再生能源战略需求，创建多能互补、综合利用海洋资源的新模式，开展多能互补智能化独立能源系统的示范，各种新型海洋能利用装置的试验与测试，海洋能的技术转化及产业孵化，科技普及与旅游开发，为海上新能源产业化开发做技术准备。

发展海洋能是确保国家能源安全、实施节能减排的客观要求，是提升国际竞争力的重要举措，是解决我国沿海和海岛能源短缺的主要途径，也是培育我国海洋新兴产业的现实需要。海洋可再生能源业是海洋新兴产业，具有较长的产业链。它的发展将促进和带动设备制造、安装、材料、海洋工程及设计等一批产业和技术的进步，拉动经济发展。大力发展海洋能，对于促进我国经济发展方式的转变，实现可持续发展具有重要的推动作用。

海岛开发建设中的关键问题思考

杨树桐
（中国海洋大学工程学院土木工程系，山东 青岛 266100）

摘要：海岛开发建设具有重大的经济意义和战略意义。本文对海岛开发建设的应用研究现状进行了总结，探讨了我国海岛建设过程中所取得的进步和遇到的有关难题。对海岛开发的基础设施建设问题和关键工程技术进行了研究，尝试提出可行的对策和解决方案，并对海岛开发建设的未来前景进行了展望。

关键词：海岛开发，基础设施，FRP 组合结构，海水海砂混凝土

一、海岛开发研究背景和意义

21 世纪是海洋世纪。随着陆地人均占有耕地资源的锐减，人类走向海洋是必然。自 20 世纪 80 年代开始，世界各国逐步进入大规模开发利用海洋的最佳时期，全球海洋经济持续快速发展，如今已成为未来经济发展的趋势。在我国，发展海洋经济，建设海洋强国，是中国人民新时期的伟大目标和伟大梦想。

我国是世界上海岛最多的国家之一，海岛资源极为丰富，面积在 500 平方米上的海岛共 6 900 余个（未包括台湾省、香港及澳门的海岛）。岛屿岸线长于 14 000 千米，有常住居民的岛屿 460 个，人口近 4 000 万人。

海岛在维护国家权益、国防安全、生态安全及经济与社会发展中具有重要的战略地位；从社会经济发展角度来看，海岛是对外开放的门户，是建设深水港口和物流园区、开发海上资源、从事渔业和旅游发展等重要基地。

海岛建设将成为我国海洋事业发展中的一项重要而艰巨的任务。位于我国

海南岛东面和南海海域，自北向南依次分布着东沙群岛、西沙群岛、中沙群岛和南沙群岛等岛屿。随着党中央“一带一路”倡议的提出与实施，“海上丝绸之路”局面的全面展开，尤其是对南海诸海岛的建设将具有重要的政治和经济意义，对于维护国家海洋权益关系重大。

二、海岛开发建设现状和遇到的问题

基础设施（infrastructure）是指为社会生产和居民生活提供公共服务的物质工程设施，是用于保证国家或地区社会经济活动正常进行的公共服务系统，是社会赖以生存发展的一般物质条件。海岛基础设施主要包括供水设施、交通运输网络、供电设施、污水和垃圾处理设施等方面。

供水、供电是海岛生活和生产活动开展的先决条件，交通运输是海岛对外联系的重要手段，是海岛联系大陆的窗口、门户和桥梁。同时，海岛大多生态脆弱，环境容量小，纳污能力有限，废水、废物的排放对海岛及其周边海域生态系统影响很大。因此，海岛基础设施是海岛赖以生存和发展的重要组成部分。加强基础设施建设，改善海岛的生活和生产环境，提高海岛地区居民的生活水平，也是开发利用海岛迫切需要解决的。

1. 交通不便

大多数海岛与外界的交通联系方式比较单一，一般只能靠船只海运人员和物资，交通受天气状况影响较大，便捷度相比大陆尚有很大的差距。同时，运输配套的海岛码头建设情况也不尽如人意，大多数海岛所建码头都相当简易，有的海岛仅仅依靠堤岸、礁石或沙滩停靠船只，岛民生产、出行相当不便，也存在一定的安全隐患。海岛内部的交通也同样存在着简单落后的局面，岛上道路狭窄，通达度低，路面硬质化覆盖率低，难于行走的路段较多，给生活生产带来了极大的不便。海岛交通基础设施建设有待进一步加强。

2. 供水、供电设施薄弱

我国海岛淡水资源匮乏，海岛对水资源需求往往超出其自身的淡水总量，水资源短缺严重制约了海岛经济社会的发展。海岛淡水资源匮乏的现象在广东省内海岛中也十分显著。

由于海岛自身的淡水资源量不足以满足海岛生产生活用水需求，因此，引外来水供给海岛的情况较为多见。山东省青岛市就提出“引黄济青”工程，从根本上解决青岛缺水问题。珠海市在东澳岛上设立了东澳水厂，建设水库蓄水，在岛上铺设供水管网，解决岛上村民和旅游区的用水，遇到枯水期，还有运水船运水至码头后，连接输水管网给海岛供水。

海岛生活用水主要来自大陆供给和地下水、雨水收集等。仅仅靠近大陆距离较近的几个海岛修建了输水管道，从大陆引水供海岛上的生产生活使用，但成本相对较高；多数海岛距离大陆较远，一般通过修建蓄水池、水库等蓄积雨水来解决海岛淡水供应，但是由于海岛集水面积小，储水量有限，淡水资源也颇为短缺，且水质安全也难以保障。

目前海岛供电方式以岛外引电为主，自主发电为辅，部分海岛采取两种方式相结合综合供电方式。连陆海岛多依靠陆堤或跨海桥梁铺设电缆，岛内建设变电站，将电配送至各家各户；离陆较近的海岛采用海底电缆向岛上输电，另有一些海岛采用海上架杆方式输送电源；还有一些相对偏远、人口数量较少的海岛仍然依靠柴油发电；仅有个别海岛采用了太阳能、海洋能、风能等可再生能源发电，以供给岛上生产生活使用，如在珠海市的东澳岛上，中国科学院广州能源研究所和中国（珠海）兴业太阳能技术控股有限公司合作，针对东澳岛电力供应问题，因地制宜开展以太阳能、风能和海洋能等多种可再生能源发电为主，燃油发电备用、蓄能等构成的分布式发电智能微电网建设，目前已在东澳岛建设并运行了我国首个海岛兆瓦级多能互补分布式发电智能微电网系统。

即使这样也仍然存在供电不足、电费高昂等问题。海岛大部分远离大陆，陆地电网无法覆盖距离大陆较远的海岛，常规供电方式投资巨大；柴油发电不仅消耗不可再生的传统能源，发电机产生的噪音和排放问题对海岛环境也会产生不利影响；风力、光伏和海洋能等可再生能源发电虽然已在个别海岛上建设运营，但大多还处于试验阶段，尚未能大规模地投入使用。海岛的电力基础设施建设相对滞后，电力供应尚不能完全满足海岛的用电需求，用电条件有待改善。

3. 污水和垃圾处理设施落后

海岛的开发利用都要求建有垃圾和污水处理设施，但大部分海岛此类基础设施建设相对简单，全国仅少数建制等级高的有居民海岛建有污水和垃圾处理厂。多数海岛没有设立专门的污水处理设施，仅仅在海岛上开挖简易的排水沟渠，以家庭为单位将污水排入地下或直接排至周边海域，生产污水一般直接排海。少数离岸较近的海岛通过垃圾处理厂将垃圾压缩打包外运至陆域处理，离陆较远的海岛通过简单填埋或焚烧的方式处理生活垃圾。

三、海岛开发建设的关键工程技术

随着国家海洋工程、海岛建设大力推进，海水海砂混凝土、海水珊瑚骨料混凝土等新型混凝土以其“取之于海、用之于海”的特点，逐渐引起混凝土结构领域学者们的关注。随着国家对南海海岛建设的全面推进，建造大量军用和民用建筑、码头是必然趋势。这些结构中必然涉及配筋混凝土结构，且必须采用耐腐蚀筋材提高海岛环境下结构的耐久性。此外，由于海岛环境与陆地环境大不相同，陆地土木工程中的设计规范和施工技术标准不能完全被用于海岛工程建设。鉴于此，非常有必要对海岛开发建设的关键工程技术进行总结研究。

1. 海岛工程结构与岩土

在海岛上进行军用与民用土木工程建设、修建建筑物和构筑物，是海岛工程建设中一项极其重要的工作。目前的建筑物与构筑物多以混凝土结构为主，使得混凝土成为土木工程中消耗最多、应用最为普遍的建筑材料。而混凝土主要由水泥、天然河砂、普通碎石、掺合料及高效减水剂等原材料通过淡水拌合而成。然而在海岛上进行混凝土结构建设，一些极其特殊的特点，制约其发展。其中最突出的问题就是交通运输。由于海岛上缺乏配制混凝土用的常规砂、石，淡水资源也十分匮乏，因此混凝土所有原材料均需从陆地运送至海岛。但大多数海岛距离陆地长达上千千米，海上交通运输一般只能由船舶运输解决，运费高达数千元每吨。因而，如果所有原材料均从陆地运输至海岛，不仅使得建筑成本极其昂贵，而且浪费过多的人力和物力，经济性差，且工期难以保证。如果能够就地取材，利用海砂或珊瑚砂替代天然河砂，破碎岛礁作为粗骨料替代普通碎石，并采用海水拌合混凝土，以此可以有效解决远海运输的困难。考虑到传统钢筋在该新型混凝土中易被腐蚀的问题，采用纤维增强复合材料筋或耐腐蚀筋材完全替代传统钢筋作为配筋材料，解决了钢筋锈蚀问题，可以大大提高海岛混凝土结构的耐久性。此外，海岛上土质与陆地土质存在很大的差异，基础工程与地基处理必须考虑海岛土质的特殊性。基于此在该方向上应当重点研究的关键工程技术如下：研究海水拌养岛礁骨料混凝土材料物理力学性能，制定海水拌养岛礁骨料混凝土应用技术规范；纤维增强复合材料（FRP）性能提升关键技术的研发；耐腐蚀筋材制备工艺研发；FRP 筋或耐腐蚀筋材海水拌养岛礁骨料混凝土结构力学性能研究、设计方法与关键技术研发；FRP 型材与海水拌养岛礁骨料混凝土组合结构力学性能、设计方法与关键技术研发；海岛挤压土石桩与 FRP 管桩动静力特性研究与关键技术研发；海岛工程结构检测、鉴定、加固新技术研发。

2. 海岛市政工程

市政工程作为土木工程的一个二级学科点，在海岛工程中也占据极其重要的地位。

（1）海岛大都远离大陆，海岛与大陆之间的交通问题十分突出。且海岛与大陆之间通常会经过深海海域，环境极为恶劣。传统的跨海大桥和海底隧道很难满足这种长距离且跨越深海海域的要求。因而，急需提出一种新型的海陆交通型式。悬浮隧道将成为攻克这一难关的最佳选择。悬浮隧道，又称阿基米德桥，它是一个在水底浮动的管状隧道，依靠浮力支撑隧道重量。为避免影响水上交通及被天气影响，隧道常建于水下 20～50 米，并以钢索及浮台固定。隧道横截面可以为椭圆形或圆形，长度可达几千米，宽度可达几十米，可通行汽车，也可建成多通道，同时通行汽车和火车。但由于技术上的一些难题没有解决，并且没有相应的设计和建设标准，目前世界上还没有一座真正的悬浮隧道。但近期挪威将斥资 250 亿美元，建设世界首个“水下悬浮隧道”，并计划在 2035 年完工。

（2）海岛工程基础设施建设中油气资源的输送必不可少。从陆地向海岛输送油气资源，超长距离的海底管线成为重要的媒介。对应这种柔性管状结构，既要考虑结构的非线性，还要考虑结构与流体的耦合作用，其力学性能十分复杂。因此，研究该海洋工程结构在设计建造中的关键技术将具有广阔的发展前景。

（3）海岛居民日常生活必然离不开电，海洋能发电技术可以解决海岛工程建设中的供电难题。不同形式海洋能发电的选择、功效评估及独立电站的选址决策需做深入的研究。

综上所述，该方向聚焦于海绵海岛、绿色海岛，关键内容包括：①悬浮隧道动力响应分析、设计方法及关键技术研发；②超长海底管线动力响应分析、设计方法及关键技术研发；③新型海岛筑路材料研发及功能提升关键技术；④海岛海洋能多能互补独立电站选址决策方法研究及关键技术。

3. 海岛规划开发与灾害管理信息化

我国有丰厚的海岛资源，发展海洋经济已是国家战略。研究解决海岛规划开发与管理中的科学问题和培养大批管理人才，既是当务之急也具有战略意义。应当重点研究海岛规划开发建设的管理科学方法，用于解决海岛开发建设管理的实际问题；培养既具备海洋科学与工程知识背景，又有管理能力的从事海岛开发建设的管理者和决策者。

主要研究内容有：利用海岛环境、资源、经济的动态变化统计数据，研究海岛功能分区和工程设施优化配置方法，以及海岛发展的合理结构模式；构建海岛开发工程的立项、建设、运行全过程管理方法和政策措施；对海岛开发与灾害管理政策进行评估，寻求资源、环境和海岛开发相互协调的可持续发展的综合管理政策；基于动态系统建模与智能算法以及系统的优化设计方法和WebGIS、BIM技术，研制海岛开发管理智能决策支持系统。

四、对策和建议

为解决海岛开发建设面临的问题，应当遵循以下原则。

1. 采用环保建筑材料

在海岛建设中大力提倡珊瑚混凝土、海水海砂混凝土等新型建筑材料，既能节约运输成本、降低总造价，又能有效减少对海岛周边海域环境的污染，缓解海岛淡水资源短缺的问题。FRP具有轻质高强、耐腐蚀、便于运输等诸多优点，非常适合应用在海岛工程建设中。FRP在海洋工程、桥梁、风力发电塔，灯塔等结构方面具有良好的应用前景。此外，FRP材料可以和珊瑚混凝土、海水海砂混凝土很好地结合起来，形成FRP–珊瑚混凝土、FRP–海水海砂混凝土组合结构，在海岛工程结构加固和新建结构中都可以发挥重要作用。

2. 海岛生态环境保护与修复

尽量利用天然地质条件和水文条件，合理利用地理位置开发海洋资源、整治海域。海洋岛屿的开发，应当与相关的陆域城市功能相协调，与陆域的城市整体系统相统一（城市路网、管网、电网、通信网、水网）等。海岛工程建设，要从地理地貌、海洋动力、工程地质等几个方面，对由于工程建设引起的海域自然环境（如潮流场、海床、波流场）的变化以及海岸的演变做出科学的预测，并做出相应的工程对策。根据建设项目的需求，工程建设要选择合理的结构型式。

《中华人民共和国海岛保护法》中要求确定需要重点修复的海岛，国家安排海岛保护专项资金用于海岛的保护和生态修复。各地根据要求也开展了海岛整治修复工程，内容中也包括改善海岛基础设施建设工程，通过近年来整治修复工程的开展，海岛生态环境遭到破坏的局面有所遏制，海岛人居环境、淡水供应得到有效改善，垃圾得到了妥善处置。2017 年国家海洋局印发了《全国海岛保护“十三五”规划》，其中对海岛整治修复工作提出了“加强海岛地区环境整治，提高垃圾污水处理能力”的新要求，因此，应进一步加强海岛整治修复工程的组织实施，根据新的要求借助海岛生态系统的修复工作，加强海岛地区环境整治，提高垃圾污水处理能力，推进海岛基础设施的提升和完善。

3. 完善法律法规，规范海岛基础设施建设

完善海岛开发利用过程中海岛基础设施建设相关的法律、规范，借鉴城市基础设施建设的模式，科学编制基础设施建设专项规划，并采取措施强化基础设施专项规划的实施。立足海岛资源特点，加快交通、能源、水利等基础设施建设，努力构筑布局合理、结构优化、设施先进的海岛基础设施体系，使得海岛基础设施得到有效改善。

加快交通设施建设，根据海岛开发利用和经济社会发展的需要，加快推进海岛码头建设，在条件适宜的海岛建设跨海桥梁，改变海岛与大陆之间的交通障碍；完善海岛公路网，做好海岛对外交通和内部公路的衔接。切实提高出行便捷性和物资运输能力。

加快海岛能源设施建设，合理布局与海岛用电需求相匹配的供电网络，切实提

高海岛的供电安全性、可靠性。充分利用海岛丰富的风能、海洋能、太阳能等可再生资源，利用新技术将可再生能源转化成电力，有效缓解海岛电紧张状况。

完善海岛供水设施建设，构筑岛内水源、岛外引水、海水淡化“三位一体”的供水安全保障体系。对于有地表径流的海岛，可通过兴建水库工程开发当地水资源；建造蓄水池、水窖，利用建筑物屋面作为集雨场来接引雨水。开展陆岛、岛际引调水工程，针对靠近大陆且人口多的海岛，采取架设管线或者船舶运输等方式，增加海岛淡水总量。结合海岛自身条件设立海水淡化装置、采取中水回用技术，保障海岛供水需求。

4. 加快可再生能源等新兴基础设施建设步伐

我国海岛风能、太阳能、海洋能丰富，利用可再生能源的先天条件好。目前可再生能源的开发利用也取得了迅猛的发展，风电场建设已从陆地向海上发展，潮汐发电、波浪发电和洋流发电等海洋能的开发利用也取得了较大进展。《中华人民共和国可再生能源法》规定，国家财政设立可再生能源发展专项资金，支持偏远地区和海岛可再生能源开发利用。

独立电力系统建设。积极推进海岛清洁能源和可再生能源开发利用，更新改造提升原有输配电线路，加快能源设施建设。充分利用海岛丰富的风能资源，推进风电建设，有效缓解海岛、沿海地区用电紧张状况，同时为主力电网提供有力补充。推动太阳能光伏发电发展，积极推进海岛光伏发电项目建设。我国太阳能光伏发电在解决电网覆盖不到的偏远地区，特别是海岛地区居民的用电上发挥了重要作用。

五、结语

为促进海岛开发利用，系统完善的海岛基础设施建设将得到加强，包括：完善岛屿交通基础设施，构架岛屿与大陆及岛际间的现代化立体交通网络改善岛屿陆上交通条件，建设配套的接线公路，构建岛内路网结构；加强电网、水网建设，从而形成现代海岛生产和生活基础设施网络。

我国海岛开发建设正面临着前所未有的历史机遇，有良好的前景。海岛开发建设工作是一项长期的系统工程，科学开发海岛要因地制宜，采用合适的工程技术措施。

基于组合预测模型的中国海洋经济发展预测研究

李彬[1]，王健[1,2]
（1. 青岛国家海洋科学研究中心，山东 青岛 266071；
2. 中国海洋大学，山东 青岛 266003）

摘要：伴随着21世纪新一轮海洋开发浪潮的兴起，海洋经济已成为全球各沿海发达国家的重要经济支柱。中国作为海洋大国，在党的十八大报告中明确提出了“提高海洋资源开发能力，发展海洋经济，保护海洋生态环境，坚决维护国家海洋权益，建设海洋强国”的海洋强国战略，进入新世纪以来，我国海洋开发事业蓬勃发展，海洋产业进入了发展快车道，全国海洋生产总值从2001年的9 518.4亿元，增长到2016年的70 507亿元，保持了连续多年增长的良好势头。随着海洋经济在国民经济中的地位不断提高，较全面地掌握我国海洋经济的发展趋势，对制定国家宏观经济政策，实施海洋强国战略等都具有非常重要的意义。

一、研究综述

对于经济规模等时间序列的预测是经济学研究的重要领域，随着技术方法的不断进步，对于时间序列的预测方法得到了很大的发展，多种预测方法在实践中得到了很好的应用。在具体的预测实践中，通常对于同一预测问题有很多种预测方法可以使用，由于建模机制和考虑问题的出发点不同，不同的预测方法根据相同的信息，往往能提供不同的结果，在综合考虑下通常很难选出最优的方法，而如果把这些不同的预测方法通过适当的方式进行有机融合，从而大限度地利用各种预测样本信息，可以比单项预测模型考虑问题更系统、更全面，有效地减少单个预测模型受随机因素的影响，极大地提高预测的精度和稳定性[1]。目前，已经有很多学者使用组合预测的方法开展了不同领域的预测研究，主要包括：地区 GDP 总量[2]、人均 GDP[3]、电力负荷[4]、能源需求[5]、物流需求[6]等，通过研究成果的不断丰富，使得组合预测模型的预测方法作为时间序列预测研究的主要方法已成为共识，对于组合预测模型的研究也得到了进一步的完善。

同时，在近年来有众多学者开展了海洋经济预测的相关研究，主要可以分为单项预测模型和组合预测模型两种方法。在应用单项预测模型方面，朱念[7]使用灰色模型对广西海洋经济的增加值进行了研究，殷克东和张雪娜[8]使用可 BP 神经网络对我国 2010 年海洋生产总值进行了预测，黄萍和徐爱武[9]则通过构建 ARIMA 模型对江苏海洋经济的发展进行了预测，殷克东等[10]使用了混频 MF-VAR 模型对我国海洋经济的发展进行了预测，“中国海洋经济发展趋势与展望”课题组[11]则使用了多元线性回归、灰色系统和 BP 神经网络 3 种方法，而乔俊果[12]则使用了 ARIMA 模型、灰色系统和 3 次指数平滑法 3 种方法对我国的海洋经济与主要海洋产业进行了分别预测，并比较了不同方法的优劣，这些研究对本研究的开展提供了很好的基础。在应用组合预测模型方面，赵昕和徐琪鑫[13]，徐磊和刘明[14]，郑莉等[15]学者均通过使用不同的单项预测方法构建组合预测模型，对我国的海洋经济以及海洋产业进行了预测。上述这些研究显示，组合预测模型相对于单项预测方法具有更高的预测精度，尤其是可以较好地解决海洋经济统计资料不足的制约；同时，在构建组合预测模型时，应保证单项预测方法的多样性，而且不同单项预测方法的选择对预测结果的准确性有着较大影响，通过借鉴之前学者的研究成果，本文选择了基于具有较高预测精度的 ARIMA 模型、BP 神经网络和灰色模型构建组合预测模型，对我国海洋经济的发展进行预测。

二、组合预测模型的构建

组合预测模型是把多种预测方法所得到的预测结果进行综合的预测方法，其最大的优势就是有利于综合利用各种单一预测方法提供的信息，提高模型预测的精度，使预测效果优于单一的预测方法。

（一）加权平均组合预测模型

1969 年，Bates 和 Granger 对组合预测方法进行了比较系统的研究，首次提出组合预测概念时建议的组合预测方法，即在均方预测误差指标下的加权平均组合预测（B–G 模型），此后几十年中，随着各种单一预测方法的改进，组合预测模型的理论和方法也得到了改进和完善，逐渐成为了预测研究中的一种重要方法。

加权平均组合预测模型的基本思想是：假设对于同一预测问题，有 k（$k \geq 2$）种预测方法，记第 t 期实际观测值、第 i 种方法的预测值和预测误差分别为 y_t，f_{it}，e_{it}，（$e_{it} = y_t - f_{it}$，$t = 1, 2, \cdots, n$；$i = 1, 2, \cdots, k$），第 i 种预测方法在组合预测中的权重（或组合加权系数）为 w_i，（$i = 1, 2, \cdots, k$，$\sum_{i=1}^{k} w_i = 1$），第 t 期组合预测方法的预测值和预测误差分别为 f_{ct}，e_{ct}，则 $f_{ct} = \sum_{i=1}^{k} w_i f_{it}$，$e_{ct} = \sum_{i=1}^{k} w_i e_{it} = y_t - f_{ct}$，加权平均组合预测一般可以表示为如下的数学规划问题：

$$\max(\min) = (w_i)$$

$$s.t. \begin{cases} \sum_{i=1}^{k} w_i = 1 \\ w_i \geq 0, \ i = 1, 2, \cdots, k \end{cases}$$

在目标函数的设定中，除了最小方差法之外，还包括最小绝对预测误差和、最大预测误差绝对值达到最小等方法，其中最小方差法是使用较为普遍，预测精度较高的方法。在本研究中，目标函数设定的选择就是最小方差法，则线性规划问题就可以表示为：

$$\min e_c^2 = \sum_{t=1}^{n} e_{ct}{}^2 = \sum_{t=1}^{n} \left(\sum_{i=1}^{k} w_i e_{it} \right)^2$$

$$s.t. \begin{cases} \sum_{i=1}^{k} w_i = 1 \\ w_i \geq 0, \ i = 1, 2, \cdots, k \end{cases} \tag{1}$$

根据各种单项预测方法的误差，通过求解线性规划就可以计算出最有效的权重向量，再乘以单项预测值，最终就可以得到组合预测的结果了。

（二）单项预测方法的选择

为保证组合预测模型的构造可以尽可能多地保留时间序列的信息，根据对其他学者研究成果的分析，研究中选择了 ARIMA 模型、BP 神经网络预测模型和 GM（1，1）灰色系统预测模型 3 种较为成熟、预测效果较好且建模机制完全不同的单项预测方法进行预测。

1. ARIMA 模型

ARIMA 模型是对于能够通过 d 次差分将非平稳序列转化为平稳序列的时间序列 y_t，即y_t 为 d 阶单整序列，$y_t \sim I(d)$，对其 d 阶差分后的序列 w_t（$w_t \sim I(0)$，$w_t = \Delta^d y_t$），建立 p 阶自回归和 q 阶移动平均的 ARMA（p，q）模型：

$$w_t = c + \varphi_1 w_{t-1} + \cdots + \varphi_p w_{t-p} + \varepsilon_t + \theta_1 \varepsilon_{t-1} + \cdots + \theta_q \varepsilon_{t-q}，t = 1，2，\cdots，T$$

式中：参数 c 为常数，φ_p 与 θ_q 为 ARMA 模型系数，ε_t 是均值为 0，方差为 σ^2 的白噪声序列。时间序列 y_t 通过 d 次差分构建的 ARMA（p，q）模型就被称为 ARIMA（p，d，q）模型。

2. BP 神经网络模型

人工神经网络（Artificial Neural Network，ANN）是在人类对其大脑神经网络认识理解的基础上人工构造的能够实现某种功能的神经网络。它是理论化的人脑神经网络的数学模型，是基于模仿大脑神经网络结构和功能而建立的一种信息处理系统，由大量简单的元件相互连接而形成复杂网络，具有高度的非线性，能够进行复杂的逻辑操作和非线性关系实现的系统[16]。

BP 神经网络模型是在人工神经网络的发展过程中，通过对多层网络连接权值修正方法的研究，形成了一种误差逆传播算法（Error Back Propagation Training），它具有 R 个输入，每个输入都通过一个适当的权值 w 和下层相连，网络输出可表示为：$a=f（wp+b）$，f 就是表示输入/输出关系的传递函数，在 BP 网络中隐层神经元的传递函数通常使用 log-sigmoid 型函数 logsig、tan-sigmoid 型函数 tansig 以及纯线性函数 purelin。

3. 灰色系统预测模型 GM（1，1）

灰色理论建模（Grey Modeling）是允许少数据建模，即使只有 4 个数据，也可以建立一个常用的 GM（1，1）模型。建立灰色模型的基本原理有灰因白果律、差异信息原理以及平射原理，灰色预测模型是在有限时间序列的基础上，建立具有部分差分，部分微分性质的模型。灰色模型的建模思想是：从时间序列的角度分析一般的微分方程，并对大致上满足这个微分方程的时间序列建立信息不完全的微分方程模型。

GM（1，1）是最常用、最简单的一种灰色模型，模型由一个只包含一阶单变量的微分方程构成。

GM（1，1）预测模型的建模过程和机理如下：

记原始数据序列 X（0）为非负序列

$$X^{(0)} = \{x^{(0)}(1),\ x^{(0)}(2),\ x^{(0)}(3),\ \cdots,\ x^{(0)}(n)\}$$

其中，$x^{(0)}(k) \geqslant 0$，$k = 1, 2, 3, \cdots, n$。

其相应生成序列为 $X^{(1)}$

$$X^{(1)} = \{x^{(1)}(1),\ x^{(1)}(2),\ x^{(1)}(3),\ \cdots,\ x^{(1)}(n)\}$$

其中，$x^{(1)}(k) = \sum_{i=1}^{k} x^{(0)}(i)$，$k = 1, 2, 3, \cdots, n$。

$Z^{(1)}$ 为 $X^{(1)}$ 的紧邻均值生成序列

$$Z^{(1)} = \{z^{(1)}(1),\ z^{(1)}(2),\ z^{(1)}(3),\ \cdots,\ z^{(1)}(n)\}$$

其中，$z^{(1)}(k) = 0.5x^{(1)}(k) + 0.5x^{(1)}(k-1)$，$k = 1, 2, 3, \cdots, n$。　　则 GM（1，1）模型为

$$x^{(0)}(k) + az^{(1)}(k) = b \tag{2}$$

其中 a，b 是需要通过建模求解的参数，$\hat{a} = (a,\ b)^{\mathrm{T}}$ 为参数列，$Y = \begin{bmatrix} x^{(0)}(2) \\ x^{(0)}(3) \\ \vdots \\ x^{(0)}(n) \end{bmatrix}$，

$$B = \begin{bmatrix} -z^{(1)}(2) & 1 \\ -z^{(1)}(3) & 1 \\ \vdots & \vdots \\ -z^{(1)}(n) & 1 \end{bmatrix}$$

则利用最小二乘法求解可得 $\hat{a} = (B^{\mathrm{T}}B)^{-1}B^{\mathrm{T}}Y$。

将所得参数 $\hat{a}$ 代入式（2），然后求解微分方程，可得灰色 GM（1，1）内

涵型的表达式为：

$$\hat{x}^{(0)}(k) = u^{k-2} \cdot v \tag{3}$$

其中，$u = \dfrac{1 - 0.5a}{1 + 0.5a}$，$v = \dfrac{b - a \cdot x^{(0)}(1)}{1 + 0.5a}$。

三、我国海洋经济发展水平预测

根据上述研究思路，将通过 ARIMA 模型、BP 神经网络预测模型和灰色 GM（1，1）预测模型分别对我国海洋经济发展水平进行预测，并在此基础上借助组合预测的方法对各单项模型的预测结果进行加权组合，得到最终的预测结果。

（一）数据的选择与处理

海洋 GDP 是反映区域海洋经济发展最重要的指标，是海洋经济发展水平的参考标准，因此本研究通过对 2001—2016 年我国海洋 GDP 的分析来预测我国海洋经济发展水平的未来趋势。研究首先对 2001—2016 年我国海洋 GDP 的时间序列进行处理，根据全国 GDP 价格指数，计算 1980 年可比价格下的 2001—2016 年我国海洋 GDP，最终结果如图 1 所示。

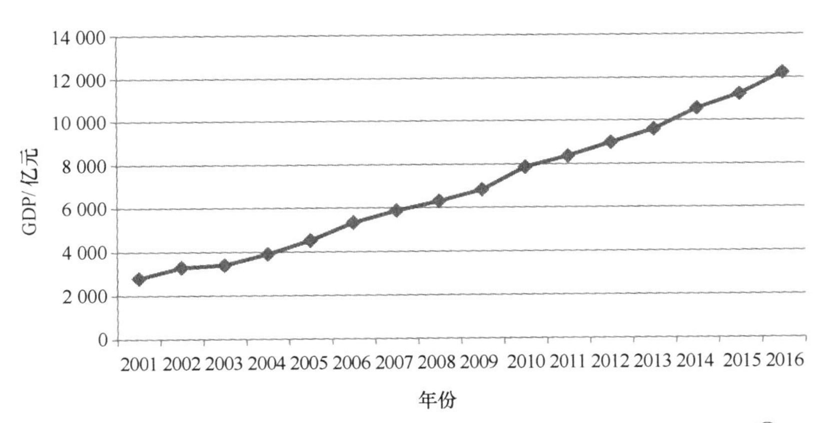

图 1　2001—2016 年我国海洋 GDP（按 1980 年可比价格）[①]

① 根据 2002—2016 年《中国海洋统计年鉴》、《中国统计年鉴》、《中国海洋经济公报》计算.

（二）单项模型预测结果

1. ARIMA 模型预测

研究使用 EViews7 软件构建我国海洋 GDP 的 ARIMA 模型，首先要对 2001—2016 年我国海洋 GDP 时间序列的平稳性进行检验，通过对变量进行单位根检验，EViews7.0 单位根检验结果显示原序列为非平稳序列，而在一阶差分下为平稳序列，我国海洋 GDP 序列为 I（1）序列，对一阶差分后的序列可以进一步构建 ARMA 模型。

在明确变量序列为 1 阶单整序列后，进一步需要明确 ARMA 模型的自回归阶数 p 和移动平均阶数 q，使用的方法是对变量的一阶差分序列计算其自相关系数和偏自相关系数，计算结果显示，原变量一阶差分后的序列其自相关系数和偏自相关系数都在一阶截尾，则可以确定模型的阶数 $p=1$，$q=1$，从而可以确定建立 ARIMA（1，1，1）模型。模型的估计结果见图 2[①]。

Variable	Coefficient	Std. Error	t-Statistic	Prob.
C	679.562 6	14.769 18	46.012 19	0.000 0
AR（1）	0.429 269	0.189 308	2.267 563	0.046 8
MA（1）	-0.999 715	0.246 439	-4.056 639	0.002 3
R-squared	0.595 343	Mean dependent var		611.239 2
Adjusted R-squared	0.514 412	S. D. dependent var		234.621 3
S. E. of regression	163.493 9	Akaike info criterion		13.230 60
Sum squared resid	267 302.6	Schwarz criterion		13.360 98
Log likelihood	-82.998 92	Hannan-Quinn criter.		13.203 81
F-statistic	17.356 14	Durbin-Watson stat		2.881 479
Prob（F-statistic）	0.010 850			
Inverted AR Roots	0.43			
Inverted MA Roots	0 .97			

图 2　ARIMA 模型估计结果

由图 2 可知，模型估计参数显著性较高，结果中特征根分别为 1/0.43 和

① 由 Eviews7.0 软件计算生成

1/0.97，均大于1，满足平稳性要求；对模型进一步进行 Q 统计量的检验，检验结果显示，右侧一列概率值都大于0.05，说明所有 Q 值都小于检验水平为0.05的 χ^2 分布临界值，因此表明模型的随机误差项是一个白噪声序列。检验结果表明我国海洋GDP构建的ARIMA（1，1，1）模型质量较好。根据该模型得到了对我国海洋GDP的预测结果（表1）。

2. BP神经网络预测模型

我国海洋GDP数据是一维的时间序列，而BP神经网络需要用多维数据输入来训练网络，且数据输入的范围一般要求在［0，1］之间，所以要对样本数据 $x(t)$ 进行预处理，令 $y(t)=x(t)/10^n$，$n=5$，为原变量序列中最大值的整数位数。

BP神经网络输入层节点数主要由人为确定，输入层的节点数过多或过少，都不利于网络的学习，研究经过了反复的试验，把输入层的节点数确定为5个，输出层的节点数为1个，由于输出向量的元素均为［0，1］之间，因此输出层神经元的传递函数可选用S型对数函数logsig。

隐含层数目的增加可以提高BP神经网络的非线性映射能力，但是隐含层数目超过一定值，网络性能反而会降低，而单隐层的BP神经网络可以逼近一个任意的连续非线性函数，因此研究中采用的是单隐层的BP网络。隐含层的神经元个数直接影响着网络的非线性预测性能，节点数过多会出现所谓的“过渡吻合”的问题，若节点数过少，就会使网络获取信息的能力变差，所以隐层节点数往往需要经验和多次试验来确定。确定隐层节点数常用的一个方法是试凑法，先设置较少的节点数对网络进行训练，再逐渐增加节点数，确定网络误差最小时的隐层节点数，最终设定网络的隐含层神经元个数为3，按照一般的设计原则，隐含层神经元的传递函数为S型正切函数tansig。

网络结构确定后，需要利用样本数据通过一定的学习规则进行训练，提高网络的适应能力。学习速率是训练过程的重要因子，它决定每一次循环中的权值变化量，在一般情况下，倾向于选择较小的学习速率保证学习的稳定性，研究中取学习速率为0.000 1。

把经过预处理的数据序列 $y(t)$ 根据网络结构划分为训练样本和检验样本，网络的输入样本集为 $y=[y(t-5), y(t-4), y(t-3), y(t-2),$

y（t−1）]，输出样本集为 z=［y（t）］。通过使用 Matlab 编程，得到了我国海洋 GDP 的预测结果（表 1）。

3. 灰色 GM（1，1）预测模型

首先，根据灰色 GM（1，1）预测模型，将原始序列进行处理，并生成相应的序列，从而构建如式（2）的 GM（1，1）模型；然后使用 Matlab 编程，对式（2）中的参数 a，b 进行建模求解；最终将所得参数 $\hat{a}$ 代入到式（2），然后求解微分方程，从而得到了如式（3）的预测值序列。通过 Matlab 编程利用灰色系统预测模型进行分析，最终预测的结果（表 1）。

同时，进一步对预测模型的预测精度进行检验，研究主要选择相对误差的方法，使用 2009—2016 年的原始数据与预测数据对模型精度进行检验。其中，令 $\varepsilon(k)$ 为残差，$\varepsilon(k)=x^{(0)}(k)-\hat{x}^{(0)}(k)$，则相对误差为 $\Delta_k=\left|\frac{\varepsilon(k)}{x^{(0)}(k)}\right|$，则平均模拟相对误差为 $\bar{\Delta}=\frac{1}{n}\sum_{k=1}^{n}\left|\frac{\varepsilon(k)}{x^{(0)}(k)}\right|$。

通过与原始数据对照，可以发现 3 种单项模型的预测效果较好。

表 1　单项模型预测结果

年份	原始数据	ARIMA 模型		BP 神经网络模型		灰色 GM（1，1）模型	
		预测数据	相对误差	预测数据	相对误差	预测数据	相对误差
2009	6 827.56	7 164.04	4.93%	7 272.99	6.52%	6 765.78	0.90%
2010	7 864.51	7 842.24	0.28%	8 110.87	3.13%	7 411.95	5.75%
2011	8 365.83	8 521.22	1.86%	8 752.69	4.62%	8 119.84	2.94%
2012	8 993.56	9 200.53	2.30%	9 030.51	0.41%	8 895.33	1.09%
2013	9 594.83	9 879.98	2.97%	10 135.81	5.64%	9 744.89	1.56%
2014	10 556.11	10 559.50	0.03%	10 770.82	2.03%	10 675.59	1.13%
2015	11 237.51	11 239.04	0.01%	11 617.16	3.38%	11 695.17	4.07%
2016	12 240.80	11 918.60	2.63%	12 545.55	2.49%	12 812.13	4.67%

（三）组合预测模型预测结果

在 3 个单项模型预测结果的基础上，为了有效地利用各种单一预测模型的

优点，根据最小方差法构建组合预测模型，由这3种单一模型的预测结果计算出各个模型的误差平方和，解出权值的线性规划式（1），计算出各单项模型ARIMA模型、BP神经网络预测模型和灰色GM（1，1）预测模型在组合预测模型中的权值分别为0.711 199 461，0.017 080 818，0.271 719 715。

根据$f_{ct}=\sum_{i=1}^{k}w_i f_{it}$最终可以得到组合预测模型对我国海洋GDP的预测结果（表2）。

表2　组合预测模型预测结果

年份	原始数据	预测数据	相对误差/%
2009	6 827.56	7 057.68	3.37
2010	7 864.51	7 729.91	1.71
2011	8 365.83	8 416.11	0.60
2012	8 993.56	9 114.70	1.35
2013	9 594.83	9 847.65	2.63
2014	10 556.11	10 594.65	0.37
2015	11 237.51	11 369.44	1.17
2016	12 240.80	12 172.10	0.56

模拟结果的平均相对误差分别为：$\bar{\Delta}_{ARIMA}=1.88\%$，$\bar{\Delta}_{BP神经网络}=3.53\%$，$\bar{\Delta}_{GM(1,1)}=2.77\%$，而组合模型的平均相对误差为1.47%，通过表2可以发现，组合模型的预测效果比各单项模型的预测效果有了进一步的提高，在此基础上进一步可以预测出“十三五”期间我国海洋人均GDP的规模（表3）。

表3　“十三五”期间我国海洋GDP预测结果　　亿元

年份	预测结果	预计增长速度/%
2017	13 013.27	6.91
2018	13 883.46	6.69
2019	14 807.17	6.65
2020	15 781.77	6.58

四、结论

通过对我国“十三五”期间海洋人均 GDP 的预测，发现“十三五”期间，我国海洋人均 GDP 规模将达到约 2 000 美元（按 1980 年可比价格）的水平，参照产业结构标准的赛尔奎因和钱纳里模式，人均 GDP 达到 2000 美元时经济进入到工业化中后期，产业结构的合理化水平应为 15.4∶43.4∶41.2；同时参考世界银行 WDI 数据库公布的数据，2011 年全球中等收入国家人均 GDP 规模为 4 575 美元左右，与我国“十三五”期间海洋人均 GDP 预测达到的规模基本相符（按照 2011 年可比价格），即“十三五”期间我国海洋经济发展将达到中等收入国家的经济发展水平，而根据世界银行 WDI 数据库统计，2011 年全球中等收入国家的产业结构水平为 9.7∶34.7∶55.6，该产业结构水平体现了中等收入国家经济发展水平下产业结构的普遍状况。

根据上述分析，研究认为到“十三五”期间，我国海洋产业结构的合理化区间应该为海洋第二产业所占比重降低到 35%左右，海洋第三产业所占比重达到 55%左右。这与目前我国海洋产业结构情况存在着一定的差距，因此，在现有发展水平下，我国海洋产业发展的合理区间需要进一步向增大第三产业比重的方向升级，这就需要发挥好创新驱动的作用，对海洋产业结构调整进行积极有效的引导与推动。

参考文献

[1] 王淑花.基于时间序列模型的组合预测模型研究.秦皇岛:燕山大学,2011.

[2] 王莎莎,陈安,苏静,等.组合预测模型在中国 GDP 预测中的应用.山东大学学报(理学版),2009,44:56-59.

[3] 张志朝.组合预测模型在安徽省人均 GDP 预测中的应用. 广西财经学院学报,2009,22(5):32-35.

[4] 李彩虹.两类组合预测方法的研究及应用.兰州:兰州大学,2012.

[5] 孙亮,刘庆玉,高连兴.基于组合预测模型的辽阳地区能源需求预测. 沈阳农业大学学报,2014,45(1):109-112.

[6] 徐兴华.基于组合预测方法的物流需求研究.重庆:重庆工商大学,2013.

[7] 朱念.基于灰色模型的广西海洋经济增加值预测研究.数学的实践与认识,2016,46

(1):102-109.
[8] 殷克东,张雪娜.基于 BP 网络的海洋生产总值预测.海洋开发与管理,2011(11):88-92.
[9] 黄萍,徐爱武.基于 ARIMA 模型的江苏海洋经济发展预测分析.江苏农业科学,2010(5):505-507.
[10] 殷克东,金雪,李雪梅,等.基于混频 MF-VAR 模型的中国海洋经济增长研究.资源科学,2016,38(10):1821-1831.
[11] “中国海洋经济发展趋势与展望”课题组.中国海洋经济预测研究.统计与决策,2005,12:43-46.
[12] 乔俊果.三种数学模型在海洋经济预测中的应用.广东海洋大学学报,2008,28(2):16-19.
[13] 赵昕,鲁琪鑫.海洋经济预测模型的创新研究.统计与决策,2013(2):31-33.
[14] 徐磊,刘明.中国海洋经济预测研究.生态经济,2012,248(1):62-65.
[15] 郑莉,张玉洁,李琳琳.基于 IOWA 的中国海洋生物医药业组合预测模型的应用研究.海洋经济,2016,6(1):38-45.
[16] 张德丰.MATLAB 神经网络编程.北京:化学工业出版社,2011:72.

第二篇　海洋科技进步

立足自主创新，实现海洋装备国产化

李乃胜

摘要：海洋装备是探索海洋、利用海洋、保护海洋的基础，建设海洋强国、构建21世纪海上丝绸之路必须装备先行。我国国防军工装备相对落后；海洋科研装备严重依赖进口；海洋产业装备严重缺位，成为当前急需解决的“瓶颈短板”。依靠海洋科技自主创新，提升海洋共性技术，突破装备关键技术，优先突破军工、观测、产业装备瓶颈，实现海洋装备国产化，是建设海洋强国的必由之路。

关键词：海洋装备，智能观测，军民融合

21世纪是联合国范围内公认的“海洋世纪”。在新世纪的开端，以海洋航运商贸为代表的“蓝色商业文明”正悄悄地转向以海洋战略性资源开发为主体的“蓝色工业文明”。如果说蓝色商业文明的主体是“港口航运”，那么蓝色工业文明的核心则是“海上机器”，因此海洋装备的发展水平决定了蓝色文明的进程。今天站在蓝色工业文明的起跑线上，不得不深入思考海洋装备的发展问题。

一、工欲善其事，必先利其器——深刻领悟发展海洋装备的时代意义

进入海洋世纪以来，蓝色国土空间拓展、海床矿产资源勘探、海洋天然产物开发、涉海土木建筑工程，特别是海洋军工产业呈现出如火如荼的发展态势。由此在世界范围内引发了愈演愈烈的新一轮海洋竞争，突出表现为新一轮“蓝色圈地”、新一轮“资源勘察”、新一轮“科技竞赛”。这一切归根结底是一个国家海洋实力的竞争，首当其冲的是海洋认知能力的比拼，而最根本的是海洋装备的较量。

1. 大国崛起、耕海探洋、装备先行

自1492年哥伦布发现新大陆以来，从当年的“地理大发现”到今天的“下五洋捉鳖”，500多年“大国崛起”的历史告诉人们：“谁控制了海洋，谁就控制了一切。”今天的海洋强国已不再满足于“渔盐之利、舟楫之便”，而是瞄准了国际公共海底的未来战略性资源。深海石油天然气、洋底多金属结核、热液硫化物矿床、深海极端环境生物基因、海底“可燃冰”，等等。其分布之广、品位之高、储量之大，远远超出当今人类的需求。前不久刚刚封井的中国南海“可燃冰”开采，拉开了“由勘探转向开发”的序幕，也从另一个侧面证明，今天的茫茫大海确实已展露出“工业文明”的曙光，预示着一个海洋新时代的到来。而“走向深海”必须装备先行，作为问鼎深海的大国利器，国产化、系列化、智能化的海洋装备承担着“先行官”的特殊使命。

党的十八大明确提出“建设海洋强国”，雄踞太平洋西岸的中华民族正在努力实现从海洋大国到海洋强国的历史性转变，标志着我国进入了一个蓝色跨越、和平崛起的新时期。其中维护国家海洋权益，建设“和平海洋”是基础，但这依赖于国防军工装备的更新；提高海洋认知能力，建设“透明海洋”是关键，但科学认知程度取决于海洋探测装备的水平；开发海洋资源，建设“经济海洋”是目标，但蓝色经济的转型取决于海洋产业装备的升级。

2. 海上丝路、设施互通、装备支撑

2013年习近平总书记提出了建设“21世纪海上丝绸之路”的宏伟构想。依靠现代化海洋装备，推动“海上丝路”建设，是实现中华民族伟大复兴的必然路径。“向海而兴，背海而衰；禁海几亡，开海则强”，世界历史变迁和中国历史兴衰已经充分验证了这条亘古不变的历史规律。

“海上丝路”不仅是民族振兴的战略构想，更是沿线各国的共同事业，无论是“东出海”还是“西挺进”，都将使我国与周边国家形成真正意义上的“互联互通”。但海洋设施互联互通需要现代化装备支撑；智慧港口需要智能化的临港机械；大船经济需要巨型运载工具；航道拓展需要探测工程设备。

“海上丝路”建设，需要海洋科技“走出去”，发挥“和平使者”的职能。但海洋科技“走出去”，必须是中国的海洋科学考察船走出去，中国的海洋科学家走出去，中国的新型海洋探测装备走出去。

“海上丝路”建设，不仅是打开经济合作通道，更重要的是围绕海洋资源的开发利用，开展蓝色经济合作。必须围绕产业转型和优化升级，瞄准战略性新兴产业，推动各国间优势互补、技术交流和合作共享，促进丝路沿线国家的海洋经济发展。这一切都必须以产业装备为支撑。

3. 动能转换、创新引领、装备保障

我国是海洋人口大国、海洋经济大国。在沿海 200 千米范围内集中了全国 50%的大城市；70%的 GDP 产值；80%的外资和 90%的出口总额。这充分表明海洋产业的发展事关国家核心利益，蓝色经济正逐步成为支柱产业。当前，我国海洋经济发展正面临着从数量规模型向质量效益型的转变；海洋资源开发正面临着从“浅近海”向“深远海”的转变；海洋生产方式正面临着从劳动力密集型手工操作向自动化生产线的转变；海洋产品结构正面临着从食品原料型向高端安全型的转变。这“四大转变”，集中到一点就是蓝色经济的新旧动能转换。海洋科技创新是新旧动能转换的根本动力，海洋产业装备更新换代是新旧动能转换的核心。拓展新的蓝色经济空间，科学开发海洋资源，实现海洋产业的转型升级都依赖于海洋产业装备水平的提升。

二、装备掣肘、大而不强——深入思考海洋装备的“瓶颈”制约问题

我国是一个海洋大国，拥有 1.8 万千米余的大陆海岸线；我们的港口航运在全世界名列前茅；我国的海洋水产品总量稳居世界第一；我们的海洋科学家总数和海洋产业就业人数在全世界绝对第一，但我们还不是海洋强国。因为我们对深海远洋的控制能力明显不足；我们对深海矿产资源的开发能力不能满足需求；我们对世界大洋的科学认知能力存在较大差距；我们对海洋生态环境的保护修复能力远远不够。这说明我们与世界海洋强国的差距，不是差在“人”上，也不是差在“钱”上，而是差在“装备”上。

目前，伴随着海洋科技的突飞猛进，长期积累的问题逐渐浮出水面，最明显的“瓶颈”是海洋装备。这就是为什么我们还不是海洋强国的重要原因，也是我们建设海洋强国进程中必须首先要补齐的“短板”。

1. 海洋科研装备严重依赖进口，难以取得重大科学发现

我国海洋科技领域，从陆上的实验室到海上的调查船，其大型科研观测装

备主要依赖进口，起码超过80%。甚至就连考察船上通用的万米绞车的钢丝绳都是“舶来品”。但花大价钱买了产品并没有买来技术，甚至造成了终身依赖。因为外方卖给我们的并不是“一流的”顶尖产品，但价钱可能是一流的。而且其软件不断升级换代，使你不得不连续购买他的软件，成为逃不掉的“永久客户”。

其次是，我国近年来一系列新型科学考察船不断问世，船体越造越大，航海能力越来越强，但观测仪器配备不到位，不成套、不先进，使得调查勘探能力不强。形成了“好看不好用”的怪圈。

第三是，我国海洋调查在观测精度、探测深度、研究尺度上与海洋科技大国的地位不相称，我国海底观测网络装备产业化方面几乎是空白，远远落后于欧美、日本等国家。

总之。我们对海洋的认知程度还非常低，探测能力还非常弱。还没有建立起真正自主知识产权的综合性、系统性、国产化的海洋科研装备研发和产业化体系。

2. 军工装备相对落后，缺少对深海远洋的控制能力

海洋军工装备是海洋力量的重要载体。历史上的海洋强国无一不是靠发展先进海洋运载工具和海洋武器装备而实现大国崛起、从而争夺海洋霸权的。

美国经过两次世界大战催生了发达的舰船制造业，带动了整个海洋军工装备的崛起。美国拥有世界领先的海洋军工装备生产体系，形成了以世界领先水平的舰队体系、舰船性能、舰载装备为特色的联合舰队。目前已制造出“福特级”核动力航母、“朱姆沃尔特级”驱逐舰等国际最高水平的舰船装备。同时还发展了新型舰载火炮、舰载导弹、舰载区域防空系统、电磁弹射系统、反潜系统、电子对抗系统、隐形舰载机、舰载无人机、智能鱼雷、智能水雷、水下滑翔机、水下机器人等先进的舰载武器装备。正因为如此，美国的军舰才有恃无恐地敢在中国邻近海域肆意横行，动辄挑起事端摩擦。

我国业已经建立了比较完备的海洋军工装备研发体系和产业体系，特别是近年来实现了超常规发展。但由于受多种条件制约，我国在海洋军工新材料、新工艺的研发相对滞后，核心部件与尖端装备严重依赖进口，军工产业的关键技术还摆脱不了受制于人的尴尬局面，由此导致我们对海洋的控制能力明显不

够。首先是对海域划界的支撑防卫能力不够。我国海域，除渤海无疆界争端外，黄海、东海、南海划界矛盾错综复杂，而且愈演愈烈。东海的钓鱼岛、南海的黄岩礁，以及整个南沙海域划界问题日益突出，黄海的渔业资源摩擦也不断升级。其次是缺少对国际公共海域的实际控制能力。占海洋面积70%以上的国际公共海底，“蓝色圈地”达到“白热化”程度。“外大陆架”问题，北冰洋航道问题，北极海区油气资源问题，国际海底矿区划分问题，等等，占世界人口五分之一以上的中华民族岂能坐视西方国家肆意瓜分全人类的公共财产？但我们又能做什么？我们缺少话语权，缺少海洋实力。一句话，缺少控制海洋的能力，说到底是受制于海洋军工装备的“瓶颈”短板。

3. 产业装备严重缺位，低端产品占据市场

我国是海洋产业大国，就业人数超过3 000万，相当于西方一个中等国家的总人口。但海洋产业结构不合理。总体上传统产业一统天下，科技含量高的新兴产业规模很小，而且低水平重复。因此，亟须优化产业布局，实现产业转型升级。其次是产品结构不合理。以劳动力密集型的粗浅加工为主体，以现代自动化生产线为主的精深加工非常欠缺。由此带来的是食品型、原料型、中间品型的产品出口上市，缺少高端、终端、高附加值的产品。缺少有竞争力的，特别是国际市场竞争力的名牌产品。第三是近海资源消耗型企业居多，造成了近岸生态环境恶化，特别是近岸河口、海湾、港池污染比较严重。

产生这些问题的最主要原因是海洋产业装备落后，甚至严重缺位。大多数涉海企业，特别是水产企业还基本上都是手工操作，几乎没有现代化的智能装备。由于自动化程度低下，使产品的指标很难达到国际标准，也很难创出中国的海洋产品名牌。

三、以后来居上之势，聚焦海洋装备国产化——科学凝练海洋装备的发展目标

聚焦海洋装备国产化，核心是坚持中国特色的自主创新道路，研发中国特色的系列海洋装备。具体地说，就是立足国际海洋装备技术前沿，瞄准中国的海情、国情，以自主创新为主线，以集成创新为依托，以协同创新为手段，突破军工装备、科研装备和产业装备的关键技术，打造自主知识产权的国产装备

系统。军工装备领域，从航空母舰到水下探测浮标；科研装备领域，从远洋考察船到实验仪器仪表；产业装备领域，从特种海洋工程平台到自动化生产线；海洋公性技术领域，从耐压密封材料到定位信号传输系统，都是未来发展的目标，也都伴随着一系列亟待攻克的核心技术和关键技术。

1. 以"智慧海洋"为导向，提升海洋认知能力，实现智能观测装备国产化

世界海洋强国无不高度重视深海资源勘探与科学认知。美国在深海测控技术、水声通信技术、自动采矿技术、海洋材料技术等方面具有领先优势，布设了太平洋底50 000余平方千米的海底观测网络、研发了作业深度达9 000米的缆控作业型深潜系统、推出了可在7 000米水深作业的海底机器人、创造了可深达海床之下5 000米的岩心机以及远距离声源传播的高精度实时传输技术和水下成像系统。

我国在海洋自然环境调查能力及深海技术方面，有着巨大的发展空间和良好机遇，完全有能力、有条件实现"后来居上"。

就技术创新集成来说，以信息化、数字化、智能化为基础，以建设"数字海洋"、"透明海洋"、"智慧海洋"为目标，整合深海测控技术、水声通信技术、深海矿产勘探技术、海洋特种材料技术；突破极端环境条件下的传感技术、海底信息传输技术；集成发展深海洋底多参数快速探测技术；实现对海底地球物理、地球化学、生物化学等特征的多参量同步勘测和实时传输；突破大深度水下运载技术、生命维持系统技术、高比能量动力装置技术、高保真采样技术；发展深海空间站技术和海底网络建设技术，推动深海战略性资源勘探，提高海洋科学认知能力。

就发展方向来说，应突出"宽、深、精"3个特点。所谓"宽"是指进一步拓宽装备视野，拓展应用范围和工作海区。一是不仅致力于海洋声学设备研发，而且依据"声、光、电、磁、重、热"各自然场的原理全面开发各显其能的装备。二是不仅是聚焦海洋探测装备，而是连同海洋实验观测装备、海洋检测分析装备一并研发。三是推进纵向"立体化"、横向"网络化"发展模式。从高空卫星遥感、低空飞机航测、水面探测仪器集群、水下锚泊体系、到海底观测设备，形成立体化纵向阵列；横向上发展以海底观测网络为代表的、

实时的、连续的、数字化的、多学科的观测装备系统。所谓“深”是指瞄准“深海、深潜、深钻”，以增加作业深度为突破口，发展适合深海极端环境的特种海洋科研装备。所谓“精”就是突出精确定位、精准探测、精密分析，以提高观测“精度”为前提，微观放大，宏观缩小，发展独具特色的精密海洋科研装备。

就具体仪器设备来说，主要包括如下几个方面。

（1）海上调查专用甲板机械装备。攻克甲板装备特种材料、精密控制电气设备等国外封锁技术。发展可视化绞车、液压伸缩臂等专用甲板机械装备；开展高精度机械制造工艺攻关，提升海洋调查专用甲板机械的耐用性和精确度。

（2）高精度海洋生化分析仪器。研发海洋极端环境模拟装置技术，强化遗传分析仪、实时定量 PCR、高倍显微镜、低温离心机等海洋高端仪器；研制“温盐深”采集系统、无机碳分析系统等海洋环境专用仪器，实现海洋环境、化学、生物、地质等专业分析仪器的国产化。

（3）高端海洋地质、物理探测装备。研制高精度多道数字地震系统、水下多波束探测系统、深海拖曳系统等重要探测装备；开发高精度多普勒海流剖面仪、多要素连续自动测定系统；推出海洋调查装备专用传感器、深水控缆，信号模拟转换、数字电路等关键核心部件。

（4）综合性多用途海洋科研装备。重点研发高水平深海空间站、深潜器、水下自主机器人等综合性多用途海洋科研装备；引进消化集成电路、传感器、特种材料、高精密度机械加工制造等技术，突破水下设备能源供给等共性技术，提升多用途海洋科研装备部件的配套化水平。

2. 以军民融合为纽带，突破关键技术，发展适合中国国情、海情的军工装备

海洋军工装备是海洋力量的重要载体，而通过军民融合、技术集成、优势互补，是发展海洋军工装备的重要途径。①通过军民融合发展海洋军工装备产业，建立海洋运载工具和海洋武器装备研发系统；②通过军民共建海洋综合观测体系，满足维护国家海洋权益的需求，增强对海洋军事环境的立体探测能力；③通过军民联合实施大型深海远洋调查，发展应急控制指挥系统，将海洋

控制能力从领海、专属经济区、大陆架拓展到国际公共海底和两极海区。

就海洋军工装备技术创新来说，集成定位技术、水声通信技术、水下导航技术、水中人工噪音捕捉技术、水下目标识别技术、舰艇共形阵列技术、线谱检测技术和拖曳列阵技术，发展多功能综合性海洋军工装备技术体系。

就海上军事环境应急观测来说，整合水声通信与定位技术、海底通信技术、多波束海底探测技术、多传感器融合技术、雷达技术、声呐技术、浮标图像采集技术、无人机侦查技术和高空气象探测技术；依托海洋观测基站、岸基雷达、高空卫星、海上飞机、海洋调查船、水面浮标、水下潜标、海底机器人等海洋观测手段；构建空中、岸站、水面和水下四位一体的“海洋实时立体监测网”，实现对“目标海域”军事环境的全方位实时监测。

就海上应急指挥系统来说，整合海上无线电救援系统、区域性海洋污染立体在线综合监测与预警平台等“军转民”技术；集成海洋科研资源、激活海洋科学储备、依托观测系统开展沿海生态系统变化规律、海洋气候变化规律、近海海流变化规律的研究；研发沿海极端气象、特大海况、生态灾害、海洋溢油、环境污染和各类重大突发事件的监测预警装备，作为应急系统的功能组件，为应急处置和指挥提供科技支撑。

就具体海洋军工仪器设备来说，可以预见，随着军民融合深度发展，打破国外技术垄断、具有自主知识产权的、掌握核心技术的、高、精、尖的新型军工装备将层出不穷。

（1）现代军用舰艇装备。发展海洋装备智能制造技术，特别是海洋军工领域的船体建造技术、精度控制技术、模块化组装技术、仪器仪表配套技术、关键系统的安装调试技术；突破水工结构物防腐蚀、运动结构物防生物附着、舰艇舱室降噪、水下减振降噪等关键技术；研发具有可靠性、低油耗、低排放和易维护的动力装备和非常规动力装备；开发高强金属材料、新型海洋防污材料、深水高强度轻质耐压浮力材料、耐腐蚀合金材料、海洋新型复合材料。

（2）实时环境分析系统。建立军事防御实时环境信息与分析系统，攻克海洋探测激光雷达、卫星通信导航、舰载电子装备、实时智能立体海洋观测设备、海空天一体化通信装备等关键技术并制定相关装备的设计、制造和接口的国家标准。

（3）水下防务系统。解决水下防务所需的装备总体集成、水下控制等关键技术；重点研发声呐及水声对抗系统、水下机器人、水下滑翔机、水下工程设施、水下通信、水下焊接、水面无人舰艇、智能浮标、智能潜标、海洋移动观测平台等关键设备。

（4）海上无人机设计与制造。整合新材料技术、气动技术、轻型动力技术、通信技术、雷达技术、传感器技术、图像融合技术、智能控制技术、飞行控制技术等交叉领域技术，研制数据获取、处理、应用分析一体化的海上无人机系列产品。

（5）水下无人潜航器设计与制造。整合海洋新材料技术、大容量电池技术、水下推进技术、水声通信技术、水下导航技术、微机电系统技术、自动控制技术、传感器技术、声呐技术、深潜技术和隐身技术等交叉领域技术，研制续航能力强、智能化、多用途的水下无人潜航器。

（6）水下运载器设计与制造。整合计算机技术、水下通信技术、探测与传感器技术、自动化技术、任务管理与控制技术、海洋新材料技术、动力推进技术和环境感知技术等交叉领域技术，研制超远程、自导式、多功能水下运载器。

3. 以动能转化为目标，突出自动化、智能化，促进涉海产业转型升级

我国海洋产业装备必将围绕海洋强国和“海上丝路”建设，以打破垄断、满足需求、自主创造、拓展市场为目的，建立全新的产业体系，最终实现海洋产业装备从生产到“智造”的转变。

产业装备与经济发展密切关联，产业装备的先进性决定了海洋产业发展的进程。根据行业领域的不同需求，发展海洋产业装备应聚焦如下几个方面。

（1）海水淡化装备。重点研发反渗透海水淡化膜组件、高压泵、能量回收等关键部件；攻克大型反渗透海水淡化工艺集成、钠滤淡化工艺；探索正渗透海水淡化技术、基于石墨烯的新型海水淡化等关键技术；研发低温多效蒸馏海水淡化蒸汽喷射泵等核心设备、大型燃煤汽轮发电机组的大流量低品位蒸汽供汽与蒸馏淡化装置匹配运行控制工艺、大型宽调节范围的蒸汽喷射泵、高填充率蒸发器、耐蚀铝合金传热管、多效板式蒸馏淡化关键技术及装置。

（2）现代渔业设施装备。开展养殖工船、网箱设施和开放海域平台研究；研发千吨级和万吨级养殖工船设计，养殖工船提取冷海水、自动投饵、排污、

渔捞、锚泊系统；完善大型深海网箱水动力模型和深水网箱鱼类水下监控系统，海域养殖管理平台；研发工业化海水养殖系统以及海带自动收割、晾晒机械；开发浅海、池塘海参等海珍品主动采捕水下机器人。

（3）海洋矿产资源开发装备。攻克海上大型浮式结构物设计技术；研制超深水半潜式钻井平台、深水钻井船、多功能自升式平台，冰区深水半潜式钻井平台等关键设施；开展滨海矿产水上、水下开采装备研发；推出抓斗式和吸扬式挖泥船等功率大、效率高、回收率高的海上采矿设备；研发深海采矿系统、无人遥控潜水式开采系统、水下履带自行式采矿机器人；研制天然气水合物商业性开采装备。

（4）海洋新能源开发装备。重点攻克海洋可再生能源发电装置与配套设施关键技术、海洋可再生能源发电装置安全评估技术；建立海洋能-电能全过程系统装备和海洋能装置集成系统；发展水下集线设施，波浪与潮流能装置安全运行捕能装置、智能电源技术，智能化储能输变设施。

（5）海洋土木工程装备。海洋工程装备是我国海洋经济“走出去”的重要支柱，应面向国际海洋工程重大需求，加快提升海洋工程装备技术水平，为开拓蓝色经济空间、开发海洋新通道提工程保障。

①填海疏浚工程装备。发展海洋工程专用推土机、挖掘机、装载机；研发水下专用挖掘机、吹填系统等滨海土木工程装备；研发大型化、智能化、环保型疏浚装备；发展高性能、大功率的超大型自航绞吸式挖泥船、大舱容耙吸挖泥船、疏挖污染底泥的螺旋式挖泥装置、涡流增压吸泥泵船及密封旋转斗轮挖泥船。

②跨海桥隧工程装备。围绕跨海桥梁建设勘探、打桩、吊装、拆卸工程，研发地质钻探船、海上液压打桩船、大型运输安装船、大型起吊船、大型架桥机等海洋工程装备。围绕海底隧道工程，研发大直径自动导向型盾构机、硬岩掘进机等全断面隧道掘进成套设备。加快研制盾构刀具及海洋工程建筑专用搅拌站、喷射机组、混凝土浇灌及海底电缆铺设装备。

③拓展海洋空间大型装备。围绕跨海通道工程、海底光缆工程等重大工程建设；海上机场、海上卫星发射场、海底储藏基地、人工岛、海上娱乐场、大型海上公园等滨海建设工程，提升海洋工程勘察设计能力和研制相应施工装备。

④临港机械装备。围绕“智慧港口”建设，聚焦临港机械装备智能化、现代化，面向港口需求，重点发展大型起重机、堆料机、液体输送设备、客滚连接桥、卸车机、搬运设备等系列工程装备。

总之，装备是基础、装备是工具、装备是支撑。当前，以“智能机器人”为代表的新一轮“工业革命”在全世界范围内“山雨欲来”之际，以海洋装备转型升级为代表的新旧动能转换将在中国掀起一场波澜壮阔的“海洋工业革命”。伴随着13亿中国人“认识海洋、关心海洋，经略海洋”的不断推进，以“提升共性技术，掌握核心技术，突破关键技术”为特征的海洋装备发展高潮呼之欲出。必将大大推进海洋强国和“海上丝路”的建设进程。必将大大提升我国对深海远洋的认知能力、对海底资源的开发能力、对国家权益的维护能力、对生态环境的净化能力、对蓝色经济的支撑能力。

（原载于2017年8月9日《中国科学报》，略有删改）

我国海洋生态修复及其效果评估技术研究进展与应用分析

马绍赛，李秋芬
（中国水产科学研究院黄海水产研究所，山东 青岛 266071）

摘要：近年来，在我们国家政策保证和科研项目的支持下，广大的海洋科研工作者开展了以恢复海洋生态系统健康为目的，以提升海洋生态服务功能和生产效率为目标的科学研究与技术创新，取得了一些重要的科研成果。本文围绕着滨海湿地修复、近岸水体生态修复、海洋牧场建设、海洋生态健康评估技术等方面的研究进展进行了分析，旨在促进海洋生态修复成果的产业化或业务化，推动海洋生态修复学科的发展和海洋蓝色经济的发展。

关键词：海洋生态修复，研究进展，应用分析，海洋牧场

生态修复的概念早在 20 世纪 30 年代就由美国人提出，其理论体系于 70 年代中期至 80 年代在欧美发达国家逐步建立，1988 年国际生态恢复学会（SERI）成立，标志着生态恢复学学科形成，其后 20 年得到了迅速的发展。2004 年 SERI 将生态修复定义为："帮助已退化、损伤或彻底破坏的生态系统恢复的过程，是一个有目的的行动，旨在启动或促进一个生态系统恢复其健康、完整性和可持续性"①。然而，此间生态修复研究与应用主要涉及森林、农田、草原、荒漠、河流、湖泊以及废弃矿地等[1]。相比之下，海洋生态修复的研究起步较晚，但近年来，在国家政策保证和科研项目的支持下，广大的海洋科研工作者开展了以恢复海洋生态系统健康为目的，以提升海洋生态服务功

① 叶属峰. 海洋生态修复及环境影响评价. 上海交通大学海洋经济发展培训班，ppt，2013，百度文库。

能和生产效率为目标的科学研究与技术创新，取得了一些重要的科研成果。本文围绕着滨海湿地修复、近岸水体生态修复、海洋牧场建设、海洋生态健康评估技术等方面的研究进展进行分析，旨在推动海洋生态修复成果的产业化或业务化，促进海洋生态修复学科的发展和海洋蓝色经济的发展。

一、滨海湿地修复及其效果评估技术

滨海湿地与人类活动关系十分密切，在净化环境、防灾减灾、调节气候、保护生物多样性等方面发挥重要作用。但滨海湿地生态系统相对脆弱，却接纳了地球上已有的几乎所有类别的污染物。一方面对当地的生物产生直接的毒害作用，或通过生物富集和食物链传递对高营养层次的动物和人类构成危害；另一方面也导致营养物质和能量过剩，干扰了生态系统的正常物流和能流过程。国内外大量的研究和实践表明，湿地的水污染治理与生态修复，除了流域污染控制、截污、清淤、改善水文条件和物理自净能力等工程措施外，采用生物修复技术等生态治理手段是必不可少的。

超积累植物提取是目前治理湿地有机污染物实践中应用最多的修复手段。刘亚云等[2]研究证明滨海红树林湿地生态系统中的红树植物秋茄（*Kandelia candel*）对两种多氯联苯（PCB47、PCB155）均有较强的累积作用，其中根系是最主要的吸收部位，对两种 PCB 的生物富集系数为 0.6～1.2。栽种了秋茄的沉积物中 PCBs 的残留浓度下降了 5.28%～15.46%。滨海湿地环境中的无机污染物主要是水体、土壤中的重金属和过量营养盐，传统的工程治理措施需要耗费大量的人力和物力，而且还会对湿地的自然景观产生影响。利用具有特殊功能的植物进行湿地原位修复不仅方法简单易行、成本低廉，而且还能提升环境的景观效果。黄河口滨海湿地系新生湿地系统区，受河、海相互作用的影响，生态系统十分脆弱，且随着开发强度加大，区域环境问题更加突出[3]。高云芳等[4]研究发现，湿地系统中的几种盐沼植物，如芦苇、互花米草、香蒲可以不同程度地富集、转移湿地水体和土壤中的重金属（Cu、Zn、Cd、Cr、Pb、As、Hg）和营养盐（TN、TP），而通过收割这些植物就可以有效地去除湿地环境中的污染物。这一成果为滨海湿地的植物修复提供了良好范例。山东莱州湾滨海湿地原生植物碱蓬有良好的耐盐性和对 Cu、Zn、Cd、Pb 的耐受性，且能承受其双重胁迫，是在滨海与河口湿地植物修复的最佳材料之一。在国家

"863"计划的支持下，厦门大学海洋与环境学院黄凌风教授带领的科研团队经过3年的努力，攻克了"耐盐修复植物选育"和"耐海水柔性浮床"两项主要关键技术，开发出高效能、低成本的耐海水生态浮床，不但对富营养化、有机污染和重金属污染有良好的修复能力，对稳定水质、提高生物多样性具有重要的促进作用[5]。

滨海红树林湿地恢复遇到的最大问题是红树成活率低，而红树成活率又与栽培技术密切相关。中山大学湿地研究中心陈桂珠带领的研究团队长期致力于红树林和滨海湿地生态恢复的研究，他们在综合国内外滨海红树林湿地恢复研究进展的基础上，提出了种植红树林的4种方法，认为胚轴插植法是今后的主流造林方法，胚轴插植时株行距的选择十分重要，因为它决定着成林后的防风抗浪效果和林分质量[6]；并以耦合系统内的红树林生长适应性，以及水环境质量为研究对象，综合评价了基于红树林种植的滨海湿地恢复的效果，对红树林种植耦合系统的推广效果进行分析，为滨海湿地的恢复和利用提供新的模式和思路[7]。李娜等[8]认为国内外关于滨海红树林湿地修复的研究都停留在植被恢复的水平上，重点关注育苗技术和宜林地的选择，但是从未将生态系统功能恢复作为目标。他们认为滨海红树林湿地修复技术以后的研究重点应该以生态系统功能恢复作为目标，开展滨海红树林湿地结构和功能的保护和恢复研究。

二、近岸水体生态修复及其效果评估技术

近岸水体是联系陆地和海洋的纽带水域，是人类活动影响最重的区域。因其高生产力和生物多样性，是全球生态系统中最有价值的区域。近20年来，由于水域环境污染不断加剧以及对渔业资源的持续高强度开发，生态系统和生物资源遭到严重破坏，水域生态荒漠化现象日益突出，近海富营养化不断加剧，氮、磷等营养盐浓度严重超标。赤潮、海星、水母、绿潮等生态灾害频发；珍贵水生野生动植物资源急剧衰退，水生生物多样性受到严重威胁，病害问题严重，养殖损失每年上百亿元。监测的典型海湾生态系统多数呈亚健康状态。海湾生境修复和生物资源修复成为区域社会经济发展及生态建设的迫切需要。

2008年以来，由中国科学院海洋研究所杨红生研究员牵头，组织了中国海洋大学、国家海洋环境监测中心、国家海洋局第一海洋研究所、国家海洋局

第二海洋研究所、大连海洋大学、中国水产科学研究院黄海水产研究所和山东海洋生物研究院7家单位的专家，启动实施了海洋公益性行业科研专项经费项目“典型海湾生境与重要经济生物资源修复技术集成及示范”研究课题，期间调查和评估了辽东湾、荣成湾和象山湾等典型海湾的主要陆源污染物种类及其动态分布、重要生物资源及其数量分布；优化了相应水动力学模型，构建了环境容量模型。针对目标海湾生境特点，确定了相应的生物修复工具种和工程手段，构建了沙蚕-翅碱蓬-根系微生物、芦苇-根系微生物、贝-藻-鱼多元养殖、大叶藻（草）床、人工鱼（藻）礁、人工藻床、人工牡蛎床7种生境修复模式和技术体系，规模化示范应用效果明显。优化了沙蚕、刺参、鼠尾藻等10种经济生物苗种规模化繁育技术，构建了沙蚕、刺参、鼠尾藻等11种经济生物资源修复模式与技术体系，为海湾生物资源修复提供了种苗基础和技术支撑。采用遗传评估、现场监测等方法，构建了辽东湾、荣成湾和象山湾生境和资源修复效果评价技术，建立核心示范区8个，总面积3.9万亩，辐射推广应用31.4万亩，综合经济效益提高15%以上。

作为前述项目的延续，2013年国家海洋局批准立项了海洋公益性行业科研专项经费项目“典型海湾受损生境修复生态工程和效果评价技术集成与示范”研究课题，针对海洋环境保护和海洋生物资源可持续利用的需要，以典型半封闭海湾——辽东湾、荣成湾、象山湾和东山湾为研究海区，聚焦受损生境修复关键设施与技术、效果监测装备与技术、效果评价技术的研发，构建盐生植物、海草（藻）床和人工鱼礁、复合污染及集约化养殖修复生态工程区的修复动态模型，集成示范典型海湾受损生境修复生态工程和效果评价技术，实现设施和技术的标准化、系列化和产业化，建立典型海湾受损生境修复技术集成示范基地，示范和推广面积7万亩，经济效益提高15%以上。上述两个课题共发表学术论文200余篇，其中SCI、EI论文30篇[9-30]，申请国内专利46项，授权26项，编制行业和地方标准14项，颁布11项，获包括山东省技术发明奖一等奖等各类奖项6项。其中，中国科学院海洋研究所杨红生研究员的研究团队、中国海洋大学张秀梅的研究团队和山东海洋生物研究院刘洪军的研究团队针对荣成湾的生境和重要渔业资源修复进行了研究，构建了大叶藻（草）床、人工鱼（藻）礁、人工藻床、人工牡蛎床等修复技术；国家海洋环境监测中心袁秀堂研究员的研究团队针对辽东湾石油污染生境和生物资源修复进行了研究，在实验室以滤食性贝类生物沉积物和海藻粉的不同配比来模拟贝、藻筏式养殖系统不同来源和负荷的颗粒自污染物，研究了刺参对这些颗粒物中碳和氮生源要素的收支规律，探明了其生物清除潜力，为浅海筏式养殖环境生物修复实践提供了理论依据和技术支撑。中国水产科学研究院黄海水产研究所李秋芬和毛玉泽研究员的科研团队针对象山湾网箱养殖等引起的富营养化海域，开展了以大型藻类养殖为主的多品种立体轮养修复技术研究，在摸清了网箱养殖自身污染特征和物质输运规律的基础上，筛选了适合网箱养殖区生物修复的大型藻、贝类、海参和微生物等[16]，优化并建立了适合不同海区的网箱养殖环境多品种立体轮养生物修复技术和模式，提出并优化了网箱养殖环境评价指标体系，研发实验海区生物多样性和资源修复效果评价技术、构建了生物修复模式下养殖容量评估模型，创新了基于氮平衡的海藻生物修复策略并得以推广应用[27]。通过优化网箱养殖水体和沉积物环境评价指标体系，探明了象山湾主要养殖区域的生态环境现状，并通过对比邻近海域的营养盐和生物（微生物、浮游植物、浮游动物和底栖生物等）物种组成状况，利用多种统计手段（聚类分析，非度量多维度分析、相似性分析和 ABC 曲线等），评价了生境修复前、后环境状况的变化，据此评价了象山湾网箱养殖环境的修复效果[28]，为同类示范区的建设和效果评价提供了借鉴和相关技术标准。

三、海洋牧场建设

早在 20 世纪 60 年代初，著名的藻类学家朱树屏先生和曾呈奎先生就分别提出了“大力发展海洋农牧化”和“耕海牧渔”的创想，其目的主要是基于海洋生态学原理，充分利用自然生产力，在特定海域构建“牧场”，并通过增殖放流和科学管理等手段增加资源量，以满足人们对水产品的需求。20 世纪 70 年代末至 80 年代初，广西壮族自治区在钦州沿海投放了 26 座试验性小型单体人工鱼礁[29]。此后，人工鱼礁建设受到了各级政府的高度重视，农业部组织了黄海水产研究所等科研单位开展了人工鱼礁试验，共投放了 2.87 万件人工鱼礁，总计 8.9 万空方，构建了以鱼礁为载体，以藻类为基础的鱼、虾、贝、藻共生的生态系统。这标志着海洋牧场的内涵得到进一步的深化和拓展，在以增加资源量为目的的同时，更加凸显生态的综合效益。

进入 21 世纪，海洋牧场建设得到了进一步发展。2015 年，农业部组织开展了国家级海洋牧场示范区创建活动。按照“科学布局、突出特色、明确定位、理顺机制”的总体思路，在已有海洋牧场建设的基础上，依据《国家级海洋牧场示范区创建基本条件》创建一批国家级海洋牧场示范区，充分发挥典型示范和辐射带动作用，不断提升海洋牧场建设技术水平和管理水平。通过海洋牧场的建设养护海洋渔业资源，修复水域生态环境，带动增养殖业、休闲渔业及其相关产业发展，促进渔业结构调整、提质增效，实现渔业可持续发展和富渔、富民。并将天津大神堂海域，河北山海关海域、祥云湾海域、新开口海域，辽宁丹东海域、盘山县海域、大连獐子岛海域、海洋岛海域，山东芙蓉岛西部海域、荣成北部海域、牟平北部海域、爱莲湾海域、青岛石雀滩海域、崂山湾海域，江苏海州湾海域，浙江中街山列岛海域、马鞍列岛海域、宁波渔山列岛海域，广东万山海域和龟龄岛东海域等被列为首批国家级海洋牧场示范区[29]。农业部明确，到“十三五”期末，全国将建设100个左右的国家级海洋牧场示范区，推动以海洋牧场为主要形式的区域性渔业资源养护和综合开发。

四、海洋生态健康评估技术

生态系统健康的概念已经得到公众、学者和管理者的广泛关注，并成为生态系统管理的重要依据。一般认为，如果一个生态系统是稳定、持续和活跃的，能够维持其组织结构，受到干扰后能够在一段时间内自动得以恢复，则这个生态系统是健康的。目前，生态系统健康评价方法主要有8种，适用于海洋生态系统的有4种，分别为指示物种法、营养级分析法、生态过程速率法和指标体系法，但最常用的为指示物种法和指标体系法[31]。

郑耀辉、王树功等[32]在分析红树林湿地生态系统健康诊断方法及其应用前景的基础上，以压力-状态-响应模型为主线，构建了红树林湿地生态系统健康评价指标体系。安乐生等[30]选择现代黄河三角洲（陆域部分）作为典型研究区，以生态地质环境系统、生态系统健康理论为指导，建立了评价概念模型，结合黄河三角洲滨海湿地生态系统综合地质调查结果，通过分析、比较和筛选，建立了评价指标体系，借鉴生态地质环境质量评价中栅格化的思想，实现了分区评价，并对评价结果进行了优化整合，从而探讨了黄河三角洲滨海湿地健康的时空分布规律，为湿地健康的动态监测、湿地的保护利用及科学管理提供了依据。

蒲新明等[31]综合考虑了生态、社会和经济的因素，从系统性和动态性的角度出发，构建了基于指标体系法和层次分析法的典型海湾生态系统健康综合评价的方法与模式，并应用此方法对桑沟湾养殖生态系统的健康进行了综合评价，认为桑沟湾养殖生态系统健康勉强达到较好水平，控制养殖密度和规模等措施是改善桑沟湾生态系统健康的必要途径[33]。

五、结语

《国家中长期科学和技术发展规划纲要（2006—2020年）》的环境重点领域中海洋生态与环境保护优先主题明确提出了要“加强海洋生态与环境保护技术研究，发展近海海域生态与环境保护、修复技术”；《国务院关于促进海洋渔业持续健康发展的若干意见（2013年）》明确要求“发展海洋牧场，加强人工鱼礁投放”。可以看出，国家已把海洋生态修复、海洋牧场建设、人工鱼礁投放等海洋生态建设工程作为产业发展的战略方向摆到极其重要的地位。这对业内既是机遇又是挑战。尽管近年来，我国的海洋生态修复研究硕果累累，海洋牧场建设成就巨大，经济效益、生态效益和社会效益十分显著，但同时，必须看到我国的海洋生态修复研究成果还未能得到及时、充分和有效地转化和应用，海洋牧场建设也存在引导投入不足、整体规模偏小、基础研究薄弱、规范化水平低、精准评估手段落后、管理体制不健全、监管力度不够等问题，甚至存在借海洋牧场建设之名，圈海渔利的现象。对此，应引起有关方面的足够重视，并以积极的态度逐渐加以解决，保证生态修复效果和牧场建设健康发展，促进海洋生态服务功能恢复，提升海洋生态服务价值和海洋生态生产效率。

参考文献

[1] 姜欢欢，温国义，周艳荣，等.我国海洋生态修复现状、存在的问题及进展.海洋开发与管理，2013(01)：35-38.

[2] 刘亚云，孙红斌，陈桂珠，等. 红树植物秋茄对 PCBs 污染沉积物的修复. 生态学报，2009，29(11)：6002-6009.

[3] 窦勇，唐学玺，王悠.滨海湿地生态修复研究进展.海洋环境科学，2012，31(4)：

616-620.

[4] 高云芳,李秀启,董贯仓,等. 黄河口几种盐沼植物对滨海湿地净化作用的研究[J]. 安徽农业科学,2010,38(34):19499-19501.

[5] 吴海天.生态浮床技术:湿地水污染治理与生态修复的福音.中国科技纵横,2011(23):70-71.

[6] 彭逸生,周炎武,陈桂珠.红树林湿地恢复研究进展.生态学报,2008(2):786-797.

[7] 徐华林,彭逸生,葛仙梅,等.基于红树林种植的滨海湿地恢复效果研究.湿地科学与管理,2012,8(3):36-40.

[8] 李娜,陈丕茂,乔培培,等.滨海红树林湿地海洋生态效应及修复技术研究进展.广东农业科学,2013(20):157-160,167.

[9] Chen X,Zhou Y B,Yang D Z,et al.CYP4 mRNA expression in marine polychaete *Perinereis aibuhitensis* in response to petroleum hydrocarbon and deltamethrin.Mar Pollut Bull,2012,64:1782-1788.

[10] He J,Zhou Y B,et al.Effects of *Perinereis aibuhitensis* activities on biomass and absorption of heavy metals of *Suaedaheteropter akitagawa*.Trans Tech Publications,Switzerland,2012,347-353:2 207-2 214.

[11] Huang L,Pu X,Pan J F,et al.Heavy metal pollution status in surface sediments of Swan Lake lagoon and Rongcheng Bay in the northern Yellow Sea.Chemosphere,2013,93:1957-1964.

[12] Huang W,Zhu X Y,Zeng J N,et al.Responses in growth and succession of the phytoplankton community to different N/P ratios near Dongtou Island in the East China Sea.Journal of Experimental Marine Biology and Ecology,2012,434:102-109.

[13] Jiang Zengjie, Fang Jianguang, Wang Guanghua, et al. Identification of Aquaculture-Derived Organic Matter in the Sediment Associated with Coastal Fish Farming by Stable Carbon and Nitrogen Isotopes. Journal of Environmental Science and Engineering, 2012(2):142-149.

[14] Jiang Zhi-bing,Chen Quan-zhen,Zeng Jiang-ning,et al.Phytoplankton community distribution in relation to environmental parameters in three aquaculture systems in a Chinese subtropical eutrophic bay.Marine Ecology Progress Series,2012,446:73-89.

[15] Liu J, Zhang P D, Guo D, et al. Annual change in photosynthetic pigment contents of *Zostera marina* L.in Swan Lake.African Journal of Biotechnology,2011,10(79):18 194-18 199.

[16] Mao Yuze,Yang Hongsheng,Zhou Yi,et al.Potential of the seaweed *Gracilaria lemaneifor-*

mis for integrated multi-trophic aquaculture with scallop Chlamys farreri in North China. Journal of Applied Phycology,2009,21(6):649-656.

[17] Yuan X T, Meng L M, Yang H S, et al. Impacts of temperature on the scavenging efficiency by the deposit-feeding holothurian *Apostichopus japonicus* on a simulated organic pollutant in the bivalve-macroalage polyculture from the perspective of nutrient budgets. Aquaculture,2013,406(1-4):97-104.

[18] Yuan X T, Zhang M J, Liang Y B, et al. Self-pollutant loading from a suspension aquaculture system of Japanese scallop in the Changhai sea area, Northern Yellow Sea, China-Aquaculture,2010,304:79-87.

[19] Zhang A G, Yuan X T, Wang L L, et al., Carbon, nitrogen, and phosphorus budgets of the surf clam *Mactra veneriformis*(Reeve) based on a field study in the Shuangtaizi Estuary, Bohai Sea of China. Journal of Shellfish Research.

[20] 吴忠鑫,张磊,张秀梅,等.荣成俚岛人工鱼礁区游泳动物群落特征及其与主要环境因子的关系.生态学报,2012,32(21):6737-6746.

[21] 吴忠鑫,张秀梅,张磊,等.基于 Ecopath 模型的荣成俚岛人工鱼礁区生态系统结构和功能评价.应用生态学报,2012,23(10):2878-2886.

[22] 吴忠鑫,张秀梅,张磊,等.基于线性食物网模型估算荣成俚岛人工鱼礁区刺参和皱纹盘鲍的生态容纳量.中国水产科学,2013,20(2):327-337.

[23] 张磊,张秀梅,吴忠鑫,等.荣成俚岛人工鱼礁区大型底栖藻类群落及其与环境因子的关系.中国水产科学,2012,19(1):116-125.

[24] 刘静,管洪在,张素萍,等.荣成天鹅湖大叶藻(*Zostera marina*)间 2 种小型腹足类的分类学研究.海洋与湖沼,2013,44(1):226-234.

[25] 刘晶晶,曾江宁,陈全震,等.象山港网箱养殖区水体和沉积物的细菌生态分布.生态学报,2010,30(2):377-388.

[26] 袁秀堂,王丽丽,杨红生,等.刺参对筏式贝藻养殖系统不同碳、氮负荷自污染物的生物清除.生态学杂志,2012,31(2):374-380.

[27] 蒋增杰,方建光,毛玉泽,等.宁波南沙港网箱养殖水域营养状况评价及生物修复策略.环境科学与管理,2010,35(11):162-167.

[28] 李秋芬,有小娟,张艳,等.象山港中部养殖区细菌群落结构的特征及其在生境修复过程中的变化.中国水产科学,2013,20(6):1234-1246.

[29] 杨红生,我国海洋牧场建设回顾与展望.水产学报,2016,40(7):1133-1138.

[30] 安乐生 ,刘贯群 ,叶思源 ,等.黄河三角洲滨海湿地健康条件评价.吉林大学学报(自

然科学版),2011,41(4):1157-1165.

[31] 蒲新明,傅明珠,王宗灵,等. 海水养殖生态系统健康综合评价:方法与模式. 生态学报,2012,32(19):6210-6222.

[32] 郑耀辉,王树功,陈桂珠.滨海红树林湿地生态系统健康的诊断方法和评价指标.生态学杂志,2010,29(1):111-116.

[33] 傅明珠,蒲新明,王宗灵,等. 桑沟湾养殖生态系统健康综合评价. 生态学报,2013,33(1):238-248.

戍边海岛的热力发电机组余热驱动的冷量/淡水联供的研究

梅宁，袁瀚
（中国海洋大学工程学院轮机工程专业，山东 青岛 266100）

摘要：本文提出了一种海岛柴油发电机组余热驱动的冷量/淡水联供系统，对该系统的原理可行性进行了理论分析。建立了该系统的理论模型，对海岛柴油发电机组余热驱动的冷量/淡水联供系统进行了理论计算，其结果表明，该系统利用发动机余热驱动的制冷系统具有较好的制冷效果，通过对产生的海冰进行处理后，还可以获得淡水，是一种较为合理的海岛能源综合利用系统。

关键词：海岛，冷量/淡水联供，余热驱动，吸收式制冷

随着我国海洋权益保护的开展，戍边海岛/岛礁的持续性问题已经成为21世纪海洋事业的热点。需要长期驻守的海岛开发建设和海岛居民的日常生活，可靠的能源动力保障是基本条件。戍边海岛/岛礁远离大陆，其生产、生活的用电需求无法并入大陆电网。而岛屿与岛礁分布零散，由于海岛地理位置、自然环境等方面的独特性，使得海岛的能源问题异常复杂。尽管我国许多海岛所处位置的日照条件好、风能和海洋能资源丰富，但多数岛屿和岩礁屿长期面临台风等自然灾害的威胁，使可再生能源在海岛的规模发展和长期运行，仍需时日，目前使用柴油发电机组进行分布式发电是较为实用的解决方案[1]。然而，海岛的能源需求不仅仅是电力，生活生产的能源及其相关需求还涉及了制冷空调、淡水等。我国面积500平方米以上的海岛近7 000座，而岛礁有上万个。岛屿分布范围广，条件差异大。航运受季节及地理性因素影响较大。主要依靠大陆补给的常规化能源受到极大的使用限制。另外，目前国内国际关注的南海

戍边海岛/岛礁地处热带，阳光充沛，终年高温，虽无酷热，但由于高湿度，体感温度依然较高，具有空调制冷需求。而海岛的生活物资供应不便，实现物资的长期储存需要兴建低温冷库。不管是空调制冷还是冷库制冷，均需要消耗昂贵的电力，对能源的针对性供应提出了更高的要求。而现实情况是柴电的发电成本较高，为并网电力成本的 2~3 倍。因此，降低柴电成本，综合利用余热资源，对于海岛地区生产生活的长期运行具有重要意义。

除电力供应问题之外，戍边海岛/岛礁的淡水供应同样存在成本问题。传统的海水淡化方式有蒸馏法、电渗析法、碳酸铵离子交换法和反渗透膜法，主流海水淡化技术采用蒸馏法和反渗透膜法，需通过大规模应用方可将淡化成本降低至 5 元/吨。海水冷冻法是一种成本较低的海水淡化方法。由于水的凝固潜热为 334.4 kJ/kg，仅为蒸发汽化潜热的 1/7，采用冷冻法制取淡水相对更为节能[2]。然而，海水的盐-水相平衡决定了海水冷冻法需要较低的制冷温度(-7℃左右)，直接利用制冷设备制取海冰耗费依然较高。

因此，戍边海岛/岛礁的地理环境决定了岛上高昂的供电、供水成本[3]。开展戍边海岛/岛礁上热能资源的综合利用，不仅有助于降低戍边海岛/岛礁生产、生活用能成本[4]，同时对岛屿能源短缺情况下的长期自持具有重要的现实意义。

一、海岛柴油机发电机组余热利用的多热源联供的方案

本文提出的基于海岛柴油机发电机组余热利用的系统，其实质是一种冷量-淡水联供系统。利用柴油发电机组尾气余热与太阳能集热，驱动氨水吸收式制冷循环子系统完成热量向冷量的转化，同时利用冰蓄冷子系统进行冷量的储存与海水的淡化。

冷-电-淡水联供系统原理如图 1 所示。该系统采用氨水二元溶液作为驱动制冷循环的循环工质，海水首先作为冷却工质泵入制冷子系统，随后流入冰蓄冷子系统完成蓄冷与海水淡化。氨水吸收式制冷循环可以利用低至 80~120℃的液体热源和 200℃的气体热源完成制冷，在现有技术上太阳能集热温度可达 160℃，符合氨水吸收式制冷循环的热源温度要求，为联供系统提供了有效的热源补充。

该系统的优势在于，通过利用柴电机组尾气余热与太阳能驱动制冷循环获

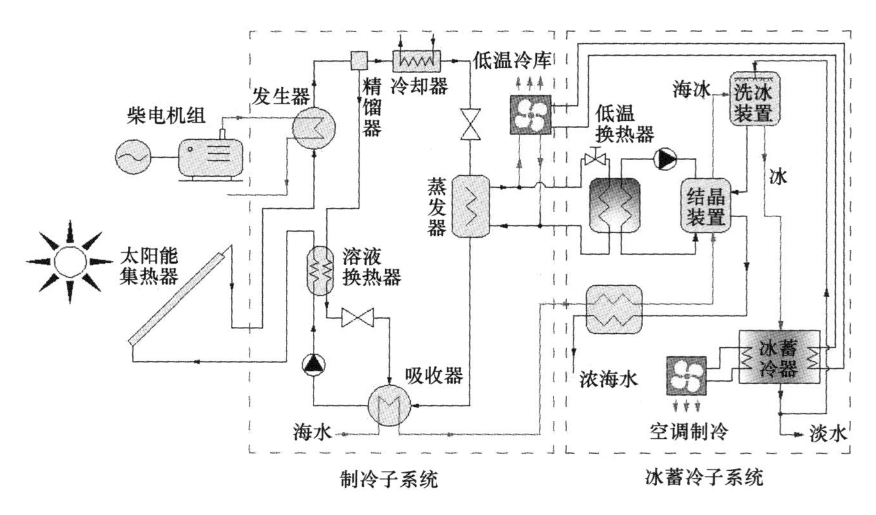

图 1 基于低品位热能转化的海水淡化系统原理

得冷量，可提高柴电机组热能综合利用效率。同时，该系统采用冰蓄冷技术，不仅可以平顺太阳能集热系统热能供应时异性所导致的冷量波动，更可在释放冷量的同时实现海水淡化。另外，冰蓄冷器在热能供应高峰产生的多余冷量还可通过空调制冷的形式进行输出，以此满足海岛用户的空调制冷需求。

海水冷冻结晶过程中的相平衡原理如图 2 所示。其中，横坐标代表液体浓度，纵坐标代表液体温度。$D-A-B$ 为海水冷冻曲线，E 为海水共晶点。当海

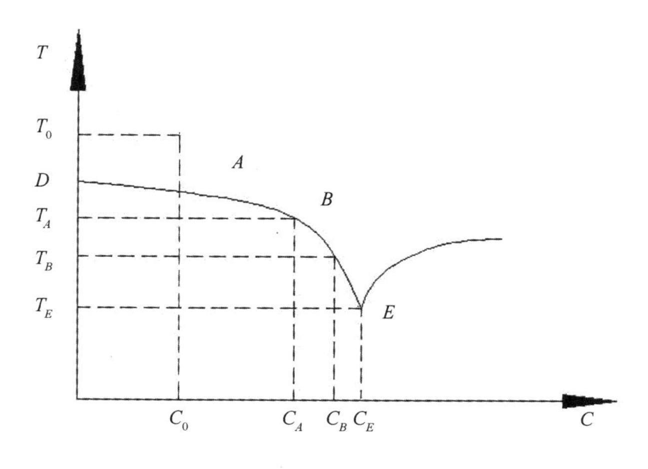

图 2 海水相平衡原理

水由初始温度 T_0、初始浓度 C_0 开始降温，则温度降至 T_A 时海水处于过冷状态，在无外部干扰、不存在晶核的情况下继续降温至 T_B，此时海水处于过冷状态，结晶并释放结晶热，同时盐分不断析出，海水浓度逐渐增大为 C_B。当海水结晶温度低于共晶点温度 T_E 时，海水中冰晶与盐分方会同时析出。因此，保证海水结晶温度高于共晶点温度，即可保证纯水的不断析出与结晶。理论上海水冷冻淡化处理的冰晶为100%纯净水，虽然冰晶表面黏附的少量浓海水会导致融化后的淡水含有少量盐分，但可以经过进一步处理而并不影响淡化水的饮用。

二、海岛柴油机发电机组余热利用的多热源联供的理论分析

海岛柴油机发电机组余热利用冷量-淡水联供热力系统如图 3 所示，可分成制冷系统和淡水系统两部分。

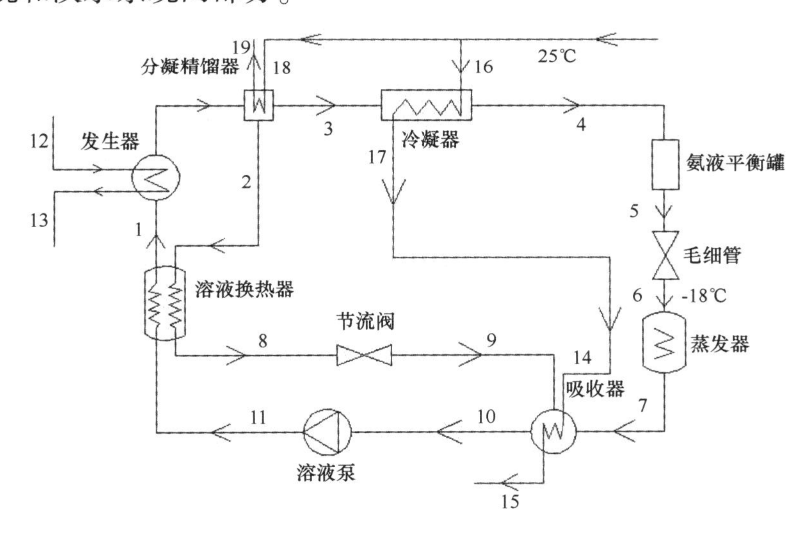

图 3　利用烟气余热的单级氨水吸收式制冷系统示意图

制冷系统为柴油机余热驱动的氨水吸收式制冷系统，其理论模型如下：①循环系统中的各部件均处于稳态；②忽略循环系统中的各部件的压力损失；③溶液在节流阀内的膨胀过程为等熵过程；④吸收器出口溶液和精馏塔出口的氨水/氨气均为饱和状态。

上述氨水吸收式制冷系统如图 4 所示。

单级氨水吸收式制冷系统的稳态数学模型基于热力学第一定律与第二定律

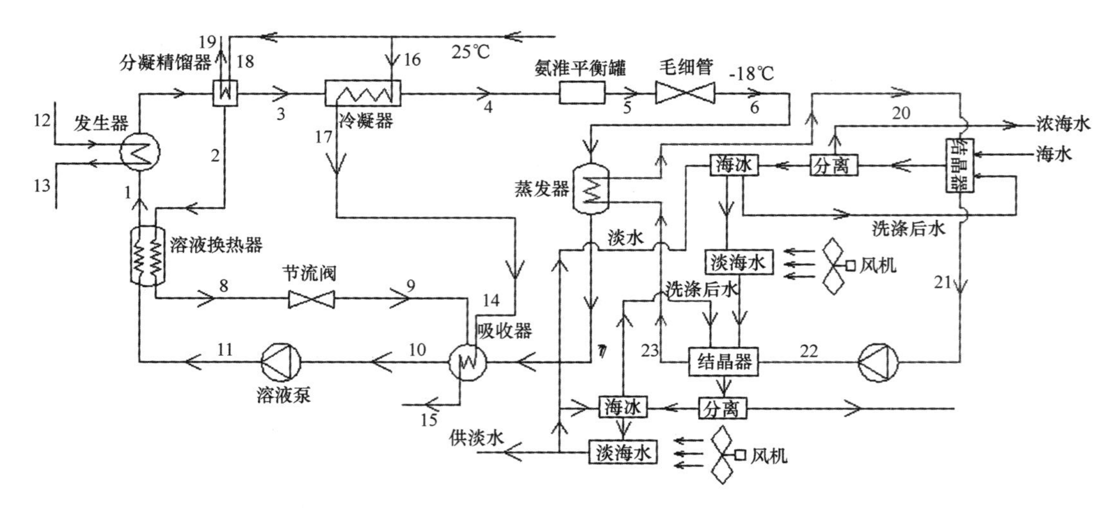

图 4　利用烟气余热的单级氨水吸收式制冷-淡化混合循环示意图

建立。

对单级氨水吸收式制冷系统的工质质量守恒方程为：

$$\Delta_{\text{out}}^{\text{in}} \sum m_i = 0 \tag{1}$$

$$\Delta_{\text{out}}^{\text{in}} \sum X_i \cdot m_i = 0 \tag{2}$$

对单级氨水吸收式制冷系统的热平衡计算：

回流比

$$R = \frac{m_2}{m_3} \tag{3}$$

放气范围

$$\triangle X = X_r - X_a \tag{4}$$

循环倍率

$$a = \frac{X_3 - X_a}{X_r - X_a} \tag{5}$$

回流冷凝器单位热负荷（精馏热）

$$q_R = h''_1 - h_3 + R(h''_1 - h_1) \tag{6}$$

式中，h''_1 为与点 1 平衡的气相状态比焓

发生器单位热负荷（发生热）

$$q_d = h_3 - h_2 + a(h_2 - h_1) + q_R \tag{7}$$

吸收器单位热负荷（吸收热）

$$q_a = h_7 - h_9 + a(h_9 - h_{10}) \tag{8}$$

冷凝器单位热负荷（冷凝热）

$$q_c = h_3 - h_4 \tag{9}$$

溶液换热器单位热负荷

$$q_T = 0.95(a - 1)(h_2 - h_9) \tag{10}$$

热损失为

$$\triangle q_T = 0.05(a - 1)(h_2 - h_9) \tag{11}$$

蒸发器单位热负荷（单位制冷量）

$$q_e = h_7 - h_5 \tag{12}$$

热力系数

$$\xi = \frac{q_e}{q_d} \tag{13}$$

系统热平衡

$$q_e + q_d = q_c + q_R + q_a + \triangle q_T \tag{14}$$

取柴油机较为常见的运行工况（50%～75%额定负荷）排烟平均温度350℃进入余热利用冷量-淡水联供热力系统运行时的循环计算结果如表1所示。

表1　单级氨水吸收式制冷系统理论计算结果

350℃	浓度 X /（kg/kg）	压力 P /MPa	温度 T /℃	比焓 h /（kJ/kg）	质量流量 m /（g/s）
1：00	0.29	1	104	350	41.41
2：00	0.12	1	145	570	33.41
3：00	1.00	1	25	1 482	8.0
4：00	1.00	1	4.6	222	8.0
5：00	1.00	1	4.6	222	8.0
6：00	1.00	0.1	-18	118	8.0
7：00	1.00	0.1	-16.6	1 599	8.0

续表

350℃	浓度 X / (kg/kg)	压力 P /MPa	温度 T /℃	比焓 h / (kJ/kg)	质量流量 m / (g/s)
8：00	0.53	0.7	44	135	33.41
9：00	0.21	0.10	44	105	33.41
10：00	0.28	0.10	32	25	41.41
11：00		1.3		34.3	41.41
	温度/℃		流量/ (m^3/h)		
12：00（烟气）	350.00		920		
13：00（烟气）	216.00		920		
14：00（冷却水）	30.00		5.64		
15：00（冷却水）	32.00		5.64		
16：00（冷却水）	25.00		5.64		
17：00（冷却水）	30.00		5.64		
18：00（冷却水）	25.00		0.317		
19：00（冷却水）	51.00		0.317		
回流比 R	4.2		放气范围 ΔX		0.16
循环倍率 a	5.50		与1：00平衡的气相比焓 h_1''		1 925
单位精馏热 q_R	7 020.59		单位发生热 q_d		9 142.59
单位吸收热 q_a	1 934.00		单位冷凝热 q_c		1 260.00
溶液换热器单位热负荷 q_T	1 987.88		溶液换热器热损失 Δq_T		104.63
蒸发器单位热负荷 q_e	1 377.00		实际制冷量/kW		11.02
热力系数 ξ	0.11		溶液泵耗电量/kW		1.24
热平衡误差 w	0.02		制冷耗电比		8.88

烟气进口温度为350℃时，将运行的能量和质量对时间求微分，则每消耗1 kW电驱动氨水吸收式制冷系统的辅助设备获得的制冷量高于11 kW。

氨水吸收式制冷系统制冷循环产生的冷量传递给淡化循环的载冷剂，载冷剂再将冷量分配给一次结晶器和二次结晶器。海水经过一次结晶器后，形成冰水混合物，将海冰分离，将未结冰的浓海水排除，用淡水对海冰进行洗涤，洗涤后的淡海冰融化后进入二次结晶器，融化过程中产生的冷量进行回收，洗涤后水排入一次结晶器再次利用。进入二次结晶器的一次结晶冰融水，经由结晶—分离—洗涤—融化的相同流程后，形成产品淡水。每次洗涤海冰的淡水均由产品淡水提供（图 4）。

海水淡化流程热力计算如下：

载冷剂选取 66.7% 丙三醇，冰点为-46.5℃。

按 350℃ 热源温度情况计算，6：00 温度-18℃，7：00 温度-16.6℃，实际制冷量 11.02 kW。

理论情况不考虑洗涤时冰融化，若考虑可乘以一个融化系数。

（1）不往结晶器中加洗涤后水（取洗涤水：海冰=0.3：1）

一次结晶海水进口温度 26℃，出口温度 0℃，冰的质量分数取为 30%，若海水流量为 1 t/d，则所需冷量

$$Q_1 = cm_1\Delta T = \frac{4.2 \times 1\,000 \times 26 + 300 \times 334}{24 \times 3\,600} = 2.4\ \text{kW} \tag{15}$$

取蒸发器冷端换热温差 3℃，热端换热温差 3.6℃，则 20：00 温度-15℃，23：00 温度-13℃，取载冷剂丙三醇进出一次结晶器温差 $\Delta T=1$℃，则 21：00 温度为-14℃，载冷剂流量

$$M_1 = \frac{Q_1}{c\Delta T} = \frac{2.4}{2.4 \times 1} = 1.0\ \text{kg/s} \tag{16}$$

二次结晶淡海水进口温度 0℃，出口温度 0℃，冰的质量分数取为 80%，则二次结晶冷量

$$Q_2 = m_2 q_{潜} = \frac{240 \times 334}{24 \times 3\,600} = 0.93\ \text{kW} \tag{17}$$

二次结晶载冷剂流量

$$M_2 = \frac{Q_2}{c\Delta T} = \frac{0.93}{2.4 \times 1} = 0.39\ \text{kg/s} \tag{18}$$

一次冷量：二次冷量 = 2.4：0.93≈2.5：1，所以，将 11.02 kW 实际制冷量分配为 2.5：1，即 7.85 kW：3.14 kW。

根据冷量反推每天可淡化海水的流量，即

$$Q_1 = cm_1\Delta T = \frac{4.2 \times m \times 26 + 0.3 \times m \times 334}{24 \times 3\ 600} = 7.85\ \text{kW} \tag{19}$$

得 $m_1 = 3\ 239$ kg，即进入一次结晶器的海水为 3.239 t/d。

$$Q_2 = m_2 q_{潜} = \frac{3\ 239 \times 0.3 \times 0.8 \times 334}{24 \times 3\ 600} = 3.0\ \text{kW} \tag{20}$$

7.85：3.0≈2.6：1，7.85+3.0=10.85≤11.02，符合情况。

计算最终获得的淡水量：

一次结晶冰质量=3 239×0.3=971.7 kg

一次结晶消耗洗涤水（淡水）质量=3 239×0.3×0.3=291.51 kg

二次结晶冰质量=971.7×0.8=777.36 kg（总共获得的淡水质量）

二次结晶消耗洗涤水（淡水）质量=971.7×0.8×0.3=233.208 kg

最终实际获得的淡水质量=777.36−291.51−233.208=252.642 kg

淡水产出率=252.642/3 239×100%=7.8%

（2）往结晶器中加入洗涤后水（假设洗涤后水与初始海水混合后变成与初始海水相同温度）：

一次结晶海水进口温度26℃，出口温度0℃，冰的质量分数取为30%。若海水流量为1 t/d，则所需冷量

$$Q_1 = cm_1\Delta T$$

$$= \frac{4.2 \times (1\ 000 + 1\ 000 \times 0.3 \times 0.3) \times 26 + 1\ 090 \times 0.3 \times 334}{24 \times 3\ 600} = 2.64\ \text{kW} \tag{21}$$

一次载冷剂流量

$$M_1 = \frac{Q_1}{c\Delta T} = \frac{2.64}{2.4 \times 1} = 1.1\ \text{kg/s} \tag{22}$$

二次结晶冷量

$$Q_2 = m_2 q_{潜} = \frac{(1\ 090 \times 0.3 + 1\ 090 \times 0.3 \times 0.8 \times 0.3) \times 0.8 \times 334}{24 \times 3\ 600} = 1.25\ \text{kW}$$

二次结晶载冷剂流量

$$M_2 = \frac{Q_2}{c\Delta T} = \frac{1.25}{2.4 \times 1} = 0.52\ \text{kg/s} \tag{23}$$

一次冷量：二次冷量=2.64：1.25≈2.1：1，所以，将11.02 kW实际制冷量分配为2.1：1，即7.455 kW：3.55 kW。

根据冷量反推每天可淡化海水的流量，即

$$Q_1 = cm_1\Delta T$$

$$= \frac{4.2 \times (m_1 + m_1 \times 0.3 \times 0.3) \times 26 + 0.3 \times 1.09m_1 \times 334}{24 \times 3\ 600} = 7.455\ \text{kW} \tag{24}$$

得 m_1=2 822 kg，即进入一次结晶器的海水为2.822 t/d。

$$M_1 = \frac{Q_1}{c\Delta T} = \frac{7.455}{2.4 \times 1} = 3.1\ \text{kg/s} \tag{25}$$

$$Q_2 = m_2 q_{潜} = \frac{(922.794 + 922.794 \times 0.8 \times 0.3) \times 0.8 \times 334}{24 \times 3\ 600} = 3.5\ \text{kW} \tag{26}$$

式中，922.794=（2 822+2 822×0.3×0.3）×0.3。

$$M_2 = \frac{Q_2}{c\Delta T} = \frac{3.5}{2.4 \times 1} = 1.458\ \text{kg/s} \tag{27}$$

一次冷量：二次冷量=7.455：3.5≈2.1：1且7.455+3.5=10.955≤11.02，符合情况。

计算最终获得的淡水量：

一次结晶冰质量=（2 822+2 822×0.3×0.3）×0.3=922.794 kg

一次结晶消耗洗涤水（淡水）质量=（2 822+2 822×0.3×0.3）×0.3×0.3=276.838 kg

二次结晶冰质量=（922.794+922.794×0.24）×0.8=915.412 kg（总共获得的淡水质量）

二次结晶消耗洗涤水（淡水）质量=（922.794+922.794×0.24）×0.8×0.3=274.624 kg

最终实际获得的淡水质量=915.412-276.838-274.624=363.95 kg

淡水产出率=363.95/2 822×100%=12.9%

上述理论计算表明，利用海岛柴油发电机组余热可以获得电力的同时，还可以额外得到冷库的制冷量和淡水，是一种能源子能够和利用的有效途径。

与大陆能源利用环境相比较，海岛能源利用环境更加复杂，条件限制更加明显。这就要求海岛能源的选择和使用从理论上给出合理的分析以指导给出实践，结合每个海岛的特殊情况。为保证海岛能源的持续供应，针对海岛周边各类可再生能源分布不够均匀，规律性和持续性较差的现实，建议我国的海岛能源开发采用多种能源供给方式，如风能/柴油、风能太阳能、风能/太阳能/柴油等混合能源供给方式。如太阳能照明系统，已有企业改装成适用范围更广的风／光照明系统，既充分利用风能资源，又减少硅材料的使用，从而降低了成本。今后，应进一步开展混合能源方面的研究和推广，达到充分利用能源，节约能源的目的。基于当前可再生能源成本高，收益低，缺乏市场认可的现实，政府必须对可再生能源发展的相关政策予以引导和扶持，出台相关税收优惠政策。同样，对海岛居民生产生活影响较大的可再生能源项目，可以采用部分财政补贴，部分居民自筹的方式进行建设，而收益由当地居民共享。

三、结论

本文对一种单级氨水吸收式制冷-淡化混合循环进行了探索分析，该循环利用烟气余热作为循环的热源，可以兼顾海水淡化与制冷的需求。基于热力学第一定律与第二定律，对循环进行了热力学分析；同时通过参数分析，对影响循环性能的关键热力学参数进行了分析研究，得到了以下结论：①该循环有效地利用了烟气余热，其为产能循环，而非耗能循环；②发生压力提高会导致循环单位发生热提高，制冷量、淡水产量与回收冷量降低；③发生温度提高会导致循环单位发生热降低，制冷量、淡水产量与回收冷量提高；④循环初始溶液浓度越高，则循环单位发生热越低，制冷量、淡水产量与回收冷量越高；⑤一次结晶制冷量与二次结晶制冷量的冷量分配比随着总制冷量的提高而降低。

致谢：

该论文由中国“侨联屯鱼戍边战略体系研究”、“海洋调查船的统筹应用与发展战略”项目资助。

参考文献

[1] 马洪涛，丁小川，童航.分布式供能系统在海岛能源供应中的应用.发电与空调，2012，

33(5):1-4.

[2] 肖亚苏,俞永江,刘锡文,等.海岛适用的风光柴蓄一体化海水淡化装置研制.工业仪表与自动化装置 ,2014,(2):105-120.

[3] Fedorov A, Brierley C, Lawrence K, et al. Patterns and mechanisms of early Pliocene warmth. Nature, 2013, 496:43-49.

[4] 邱永松.南海渔业资源与渔业管理.北京:海洋出版社,2008.

[5] Lemmon E W, Huber M L. Thermodynamic Properties of n-Dodecane, Energy & Fuels, 2004, 18:960-967.

[6] Alvarado A, Vedantam S, Goethals P, et al. A compartmental model to describe hydraulics in a full-scale waste stabilization pond. Water Research, 2012, 46:521-530.

深海环境的材料腐蚀与防护技术浅析

刘学庆

（青岛国家海洋科学研究中心，山东 青岛 266071）

摘要： 海水是强烈的腐蚀介质，开发利用深海资源必然要面对材料的腐蚀问题，材料的腐蚀防护技术是开发深海资源的重要保障。本文简要描述了金属材料在海水中的腐蚀原理，分析了海洋特别是深海中对材料腐蚀有重要影响的环境因素，在此基础上概括了常用的工程材料——碳钢、合金钢、铝合金和铜合金在深海中的腐蚀规律，最后介绍了腐蚀防护技术的原理和应用。

关键词： 深海环境，材料腐蚀，腐蚀防护技术

海洋拥有丰富的自然资源，除近海资源以外，大洋多金属结核、富钴结壳、海底热液硫化物矿床、深海生物资源等战略性海洋资源多分布在水深 1 000 m 以下的海底。开发、勘探深海资源是开发海洋资源的重要内容，是我国海洋强国战略的重要组成部分，也是我国社会经济发展的必然要求。

海洋资源的开发需要面对海洋腐蚀的问题。海水具有很强的腐蚀性，常用金属工程材料在海洋环境中使用时都会遭受不同程度的腐蚀破坏。近浅海的海洋工程设施采取涂层、阴极保护等腐蚀防护措施，可以有效防止腐蚀的发生，保证工程设施的使用寿命。与浅海相比，深海环境在温度、溶解氧、水压、盐度、微生物等方面明显不同，对试验条件的要求限制较多，工程材料的深海腐蚀规律及腐蚀防护技术研究工作起步不久，有待于进一步深入研究。

美国、苏联、日本等国家在 20 世纪 60 年代开始研究材料的深海腐蚀问题[1]。其中，美国海军各部门[2]联合于 1962 年开始的深海腐蚀挂片实验取得了丰硕的成果。实验材料包括不同型号的钢铁、铜合金、镍合金、不锈钢、铝

合金、钛合金，甚至包括稀有金属及合金、聚合物材料、塑料、橡胶、有机复合材料等；材料暴露环境为太平洋 700~2 000 m 深度的海水和海泥中，测试时间最长 1 064 d。英国在 20 世纪 70 年代、印度在 21 世纪初分别研究了不同铝合金在深海中的腐蚀状况[2]，印度还在 20 世纪 80 年代进行了不同类型不锈钢在深海中的腐蚀试验[3-4]。苏联于 1975 年在最深 5 500 m 处测试了包括碳钢、不锈钢、铝合金在内的 6 种金属的腐蚀速度[5]。此外，挪威、荷兰等国也进行过深海腐蚀实验。

进行深海腐蚀实验，要面对技术难度大、投入资金多、试验风险高等问题[6]。我国深海环境材料腐蚀规律研究工作开展较晚，2006 年 9 月，位于南海水深 1 300 m 处的深海环境腐蚀试验装置被顺利回收[7]，标志着我国深海腐蚀研究开始迈出关键性步伐。利用该深海实验装置，中国船舶重工集团公司第七二五研究所[4]、北京科技大学[8]等单位的科研人员进行了不锈钢、铜合金等材料的腐蚀挂片实验，取得了大量第一手珍贵数据。利用实验室模拟深海环境，中国海洋大学[9]、哈尔滨工程大学和中国科学院金属研究所[10]、江苏科技大学[11]等单位还对碳钢、纯镍和不锈钢等材料的深海腐蚀规律进行了研究。

深海资源的开发迫切需要提高相应的工程技术，工程材料的腐蚀防护是其中一项重要的内容。研究深海环境中的工程材料腐蚀规律，开发相应的腐蚀防护技术，具有重要的现实和战略意义。

一、深海环境中材料腐蚀的影响

（一）海洋环境中材料腐蚀的影响因素

金属材料在海水中的腐蚀是一种电化学反应。金属材料由于自身的物理、化学性质不均匀（比如钢材中存在的碳等元素），在海水中会表现出电化学性质的差异。以低碳钢为例：碳原子周围表现出较正的电化学电位，铁原子周围表现出较负的电化学电位，两者构成腐蚀原电池。在腐蚀原电池反应中，铁原子失去电子，以正二价铁的离子形态进入海水（即金属的腐蚀）；电子迁移到碳原子附近，与海水中的氧原子结合，生成 OH^-。

与自然界中其他环境介质相比，海水中氯离子含量很高（19.35 g/kg 海水）。氯离子的存在是海水具有强烈腐蚀性的最主要原因之一，它的破坏作用主要有[12]：①破坏氧化膜，氯离子对氧化膜的渗透破坏作用以及对胶状保护膜的节胶破坏作用；②吸附作用，氯离子比某些钝化剂更容易吸附；③电场效应，氯离子在金属表面或在薄的钝化膜上吸附，形成强电场，使金属离子易于溶出；④形成络合物，氯离子与金属可生成氯的络合物，加速金属溶解。以上这些作用都能减少阳极极化阻滞，造成海水对金属的高腐蚀性。

对材料腐蚀有影响的海水因素包括水温、溶解氧、pH 值、盐度、海水流速等。这些环境因素对材料腐蚀的影响大小不同，而且各因素之间存在着复杂的关系，导致定量研究海水环境因素对材料腐蚀的影响很困难。例如，水温升高和溶解氧含量增加都会导致材料腐蚀速度的加快，但是水温升高使溶解氧含量降低，定量研究两者联合对材料腐蚀速度的影响就很困难。针对这种情况，中国科学院海洋研究所[13-14]引入人工神经元网络、灰关联分析等数学工具，取得了较好的结果。与浅海相比，深海环境增加了水压的影响因素，材料的腐蚀规律必将更为复杂。

（二）深海环境的影响因素

深海环境除了水压以外，溶解氧、水温、盐度、pH 值、海水流速等都与浅海环境有差别。

1. 水压

水压是深海环境与浅海环境最明显的差别之一。随着海水深度的增加，材料需要承受的压力随之增加。按海水密度为 1.03 kg/m^3粗略估算，水深每增加 10 m，压强增加 1.03×10^5 Pa。刘斌等[10]模拟深海环境研究静水压力对纯镍的腐蚀影响，结果表明水压对纯镍钝化膜有重要影响，随着净水压力的增大，钝化膜溶解速度增大，钝化膜中载流子扩散系数变大，导致纯镍的耐腐蚀性变差，腐蚀速度增大。Beccaria 等[11]的研究表明，随水压力升高，Cl^-活性增加，更加容易渗入金属材料的钝化膜，使金属的氧化物转化为水溶性的氯氧化物，腐蚀更容易发生。

2. 溶解氧

溶解氧直接参与金属材料的腐蚀电化学反应，是腐蚀发生的重要影响因素。在不同环境条件下，海水氧含量会在较大范围内波动（0～8.5 mg/mL），主要受温度、盐度、植物光合作用及海水运动的影响[15]。在垂直方向上，大洋溶解氧分布可以分为4个区[16]：①表层水，溶解氧浓度均匀，为海-气界面氧交换平衡的饱和值。②光合带，由于海洋植物的光合作用产生氧而出现的含氧量浓度最大值。③光合带下深水层因有机物氧化等因素，溶解氧含量降低，出现溶解氧最小值。此处水深约700 m[15]。④极深海区，由于大洋底层潜流着极区下沉带来的巨大水团，此处溶解氧浓度经极小值后又上升。表层和近表层海水的含氧量通常接近或达到饱和，海水最低含氧量出现在700 m深处。

氧是金属电化学腐蚀过程中阴极反应的去极化剂[17]。对碳钢、低合金钢等在海水中不发生钝化的金属，海水中含氧量增加，会加速阴极去极化过程，使金属腐蚀速度增加；对那些依靠表面钝化膜提高耐蚀性的金属，如铝和不锈钢等，含氧量增加有利于钝化膜的形成和修补，使钝化膜的稳定性提高，点蚀和缝隙腐蚀的倾向性减小。Fink 和 Reinhart 等[18]的研究表明，深海环境下5000系列铝镁合金点蚀速率随氧含量增加递减，700 m深处海水溶解氧含量最低，点蚀速率是表层海水的3倍。

3. 水温

海水表层温度主要决定于太阳辐射的分布和大洋环流（极地海域也受结冰与融冰的影响），各海域的表层水温差异较大。随水深增加，各区域水温的差异逐渐变小，水深4 000 m时，温度分布逐渐均匀，此时整个大洋的水温差在3℃左右。底层水温主要受南极底层水的影响，其性质极为均匀，约0℃左右[19]。

温度的下降会降低阳极反应速度，减缓金属材料的腐蚀。但是，温度降低同时又会有利于溶解氧含量的升高，不利于金属材料表面生成钙镁沉积物，加快材料的腐蚀速度。因此，评价温度对腐蚀速度的影响必须考虑多方面因素。

4. 盐度

海水中含各种盐离子，盐度是海水中含盐量的一个标度。测定盐度的方法比较简单，将一定质量的溶液蒸发至干，称重剩余的盐。但是在实际的盐度测定时会碰到一些困难，比如一些无机成分（特别是氯化氢）的挥发性以及结晶水很难除去。实际应用的盐度测定方法多是通过测定海水氯度、密度及电导率等进行换算。这就导致测得的盐度与理论或者定义的盐度有一定误差[16]。大洋表层的海水盐度分布不均，赤道附近盐度最低，原因是大量降雨和风速减弱。深层海水盐度分布几近均匀，水深超过 2 000 m，大洋盐度差异只为 0.6。盐度的垂直分布比较复杂：赤道附近海域，表层是深度不大、盐度较低的均匀层，在其下 100~200 m，出现盐度的最大值，再向下盐度再次急剧降低，水深至 800~1 000 m 出现盐度最小值，然后缓慢升高，至 2 000 m 深，盐度基本不变；在副热带中低纬度海域，表层是 400~500 m 的高盐水层，再向下，盐度迅速减小，最小值出现在 600~1 000 m 水层中，继而又随深度增加而增大，直至 2 000 m 深变化很小；在高纬寒带海域，表层盐度很低，随深度增大而升高，至 2 000 m 深[19]。

盐度对材料腐蚀的影响主要在以下几个方面：①海水中的某些离子影响材料的耐蚀性能，如 Cl^- 对钝化膜的破坏，Ca^{2+}、Mg^{2+} 有助于在材料表面形成沉积物；②海水中可以自由迁移的阴阳离子增加海水的电导率，有利于材料腐蚀的发生；③盐度增加降低溶解氧含量，有利于减缓材料的腐蚀。

5. pH 值

大洋海水的 pH 值一般在 8.0~8.5。表层海水的 pH 值通常稳定 8.1±0.2 左右，中深层海水的 pH 值一般在 7.5~7.8 波动[16]。pH 值对材料腐蚀的影响主要表现在：①对于某些金属材料，如铝镁合金，当海水 pH 值由 8.2 降到 7.2 时，铝镁合金点蚀及缝隙腐蚀有加剧的趋势[20]；②pH 值降低，材料表面形成钙镁沉积物的趋势会降低，有利于材料腐蚀的发生[21]。

6. 海水流速

海洋中海流的形成原因主要有两种：一是海面上的风力驱动，形成风生海流，涉及的深度通常只有几百米；二是海水的温盐变化造成了海水密度的分布，而密度的分布又决定了海洋压力场的结构，在水平方向上产生了一种引起海水流动的力，导致海流的产生。海流形成后，在海水产生辐散或辐聚的地方，会导致升降流的形成[19]。

介质的流动必然会对腐蚀产生影响。从静止到有一定的流速，开始时，随流速增加，氧扩散加速，阴极过程受氧的扩散控制，腐蚀速度增大；随流速的进一步增加，供氧充分，阴极过程受氧的还原控制，腐蚀速度相对稳定；当流速超过某一临界流速时，金属表面的腐蚀产物膜被冲刷掉，腐蚀速度急剧增加。当海水中含有悬浮的固体颗粒时，高的海水流速还会造成腐蚀磨损[22]。

二、几种常用工程材料在深海环境中的腐蚀

（一）碳钢

碳素钢简称碳钢，指含碳量大于0.021 8%而小于2.11%，且冶炼时不特意加入合金元素的最基本的铁碳合金。碳钢含有少量硅、锰、硫、磷等杂质元素。工业用碳钢的含碳量一般为0.05%~1.35%，是近代工业中使用最早、用量最大的基本材料，在海洋开发中大量使用。

从腐蚀原理上进行分析，碳钢中含有碳、硫等杂质，杂质的电位比较正，发生吸氧反应（溶解氧反应生成OH^-），周围铁基体容易失去电子被腐蚀，在表面形成疏松的铁锈层。由于溶解氧含量有限，整个腐蚀反应的速度被溶解氧扩散到钢表面的速度所控制。在深海环境中，溶解氧含量比海洋表层低，因此碳钢的腐蚀速度会比较慢。这种分析与日本的研究结果相符[1,18]，即碳钢在深海环境中趋向于均匀腐蚀，腐蚀速度比浅海环境显著减小。但海洋环境的复杂性决定了碳钢在深海中的腐蚀规律很可能会有例外。北京科技大学在研究沉没海底84年的“济远”舰（清朝北洋水师舰队成员，1904年日俄战争时沉没）腐蚀情况时发现，碳钢制造的锚链表面存在沿锚链环的沟槽状腐蚀形态[23]。这似乎表明受力的碳钢设备腐蚀规律会有不同。中海油的技术人员[24]在渤海某油田的回注水管线中发现碳钢挂片发生点蚀（目前对碳钢发生点蚀的报道较少），经研究，微生物（主要为硫酸盐还原菌）在碳钢点蚀形成初期起重要作用。对深海微生物的研究正在进行，微生物对碳钢腐蚀的影响也需要重新进行评判。

（二）合金钢

向碳素钢里有目的的添加一种或多种元素，得到的钢材就是合金钢。合金钢具有比碳钢优良的强度、韧性、耐磨、耐腐蚀等特殊性能。按合金元素的含量分，合金元素总含量不大于5%的是低合金钢；合金元素总含量在5%~10%的是中合金钢；合金元素总含量不小于10%的是高合金钢。合金钢也是常用的海洋工程材料，不锈钢就属于合金钢。

合金钢由于添加的元素不同，在深海中的腐蚀也有所不同。中国海洋大学和中国船舶重工集团公司第七二五研究所模拟深海压力环境研究了两种低合金

钢的腐蚀行为[4]，发现深海压力均增加了两种低合金钢的阳极溶解速度；两种钢均由低压下的均匀腐蚀变为高压下的局部腐蚀，但腐蚀形貌有较大差异，一种钢表面出现明显的“浅碟状”腐蚀坑；另一种钢表面出现明显的隧道形腐蚀坑。不锈钢是目前深海观测使用最多的材料，深海浮标和潜标采用的主要零部件就是不锈钢材质的。同样的，不同牌号的不锈钢在深海中并非都耐蚀。高锰系不锈钢在水深 200 m 处 1 年发生溃疡状腐蚀；301 不锈钢在 1 615 m 的海底暴露 1 064 d 后，隧道腐蚀几乎横过试样；AISI304 不锈钢暴露在 5 300 m 深度 1 064 d 后没有发生隧道腐蚀[4]。

（三）铝合金和铜合金

铝合金具有密度低、比强度高、耐蚀性好、易加工成型等优点，在海洋环境中得到广泛应用。随着深海武器装备的发展，各国海军都在努力开发高性能铝合金材料并扩大其应用领域[25]。铝合金表面有致密的钝化膜，所以在近浅海中具有良好的耐腐蚀性能。但是在深海环境中，铝合金还要承受低温、低氧和高压等考验。

铝合金在深海环境下多发生较为严重的局部腐蚀。从现有研究看，不同型号铝合金在深海中腐蚀性能不同。1060 铝合金、2000 系铝合金随水深增加，腐蚀速率增大[25]；而对于 5000 系列铝镁合金，700 m 深海环境下点蚀速率最大，为表层海水的 3 倍；1 700 m 深处则降为 2 倍[26]。对于铝合金在深海中发生更为严重点蚀的原因，学者们倾向于认为是由于深海中氧含量较少，不利于铝合金表面钝化膜的形成和修复[25]。

铜合金是以纯铜为基体加入一种或几种其他元素所构成的合金。铜合金由于良好的耐海水腐蚀性能，广泛应用于船舶制造，如军舰和大部分大型商船的螺旋桨都是用铜合金制造的，引擎和锅炉房内也大量使用铜合金，船上的发动机、电动机、通信系统等几乎完全依靠铜和铜合金来工作。

日本学者研究认为，铜及铜合金在深海环境下不发生缝隙腐蚀，但全面腐蚀程度比浅海要严重[18]。印度学者研究了不同金属在 1 000~2 900 m 深处暴露 1 年的腐蚀情况，发现腐蚀速率顺序由快到慢依次为：低碳钢、铜镍合金、黄铜、铜、不锈钢[7]。我国北京科技大学李晓刚团队在南海 500~1 200 m 水深测试了黄铜、铝青铜和锡青铜的腐蚀行为[2]，试样暴露时间为 3 年。试验结果表明，黄铜的腐蚀速率随水深增加而降低；铝青铜和锡青铜的腐蚀速率随水深增加先降低后升高，腐蚀速率最小值出现在 800~1 200 m 水深处；总体说来，黄铜腐蚀速率最高，铝青铜最低。

三、深海环境中材料的腐蚀防护技术

在海洋环境中金属材料发生腐蚀电化学反应需要同时满足 3 个条件：①电位差（即存在阴阳极）；②阴阳极之间存在电子通路；③阴阳极之间存在离子通路。只要不满足 3 个条件中的任何一个，金属腐蚀就不会发生。针对 3 个条件可以采取不同的防护措施。

对于条件①，通常采取阴极保护。阴极保护是向被保护金属施加阴极电流，使被保护金属阴极极化，造成原来金属表面存在的阴阳极区消失。根据施加阴极电流的方法不同，阴极保护分为牺牲阳极保护和外加电流保护。

对于条件②，通常采用电绝缘的办法。这种方法仅针对不同种类金属互相连接的地方。比如，当铜合金和钢材需要连接时，在连接处使用橡胶、PVC 等绝缘材料隔开两种金属，避免两种金属直接接触。

对于条件③，通常采用在金属表面覆盖保护层的方法。保护层隔离金属基体和外部的电解液，包括涂层、阳极氧化层、电镀层等。其中，涂层是应用最广泛的保护层。

（一）阴极保护

阴极保护参数的设定决定着阴极保护效果，其中保护电位和保护电流密度是两个最重要的阴极保护参数[27]。使用阴极保护，尤其是外加电流阴极保护，应该特别注意防止氢脆的发生。电解质中的 H^+（而不是溶解氧）在金属表面得到电子，还原成氢原子。氢原子体积小，容易进入金属内部，在金属内部氢原子结合成体积更大的氢分子，就会造成金属的脆化开裂，这就是氢脆。

阴极保护电位越负，材料发生氢脆的危险就越大。不同材料最佳阴极保护范围[27]为（Vs. Ag/AgCl/海水）：钢 −0.8 ~ −1.00 V；铜 −0.45 ~ −0.60 V；铝 −0.9 ~ −1.15 V；高强钢（500 ~ 900 MPa）−0.79 ~ −0.89 V；高强钢（>900 MPa）−0.79 ~ −0.81 V。阴极保护电流密度受海水压力、流速等多种因素影响，需要针对具体深海环境特点、需要保护的不同材料进行确定[27]。总体说来，随着水压升高，需要的阴极保护电流密度增大；随着海水流速加快，需要的阴极保护电流密度增大。

牺牲阳极保护相对外加电流保护来说，安装简便，不需要进行阴极保护电流的调控，易于维护。但是在深海中，也受压力、溶解氧、温度等影响，性能与浅海中有差异。深海压力会使牺牲阳极的开路电位负移，腐蚀速率增加，从而减少保护年限；深海的低温会使牺牲阳极的工作电位正移，阳极溶解形貌变差，从而影响保护效果；深海的低含氧量会使牺牲阳极的活性降低，电流效率降低[27]。中国船舶重工集团公司第七二五研究所研制了深海环境用多元铝合金牺牲阳极[28]，在模拟 600 m 水深的海水环境中能够达到电流效率 95%，实际电容量大于 2 700 A·h/kg，工作电位约-1.1 V，溶解形貌均匀，腐蚀产物易脱落，整体电化学性能良好。

（二）涂料

通用的海洋涂料由成膜物、填料和辅助材料等组成。涂料的腐蚀失效通常有 3 种形式[29]：①涂层的附着力降低，从保护基体上脱落；②涂层受到酸、碱、盐等有害物质的侵蚀被破坏；③涂层存在缺陷（如针孔）或涂层抗渗性变差。在深海环境中，水压作用下，腐蚀介质能够加速在涂层中的渗透速度和渗透量[30-31]，导致涂层的使用寿命大大缩短。

目前国外研发并开始应用[7] 3LPP 防腐涂层、陶氏新型 3LPE 管道防腐涂层、高性能复合涂层（HPCC），随着纳米技术的发展，纳米改性涂层具有防水、防腐、增强材料的力学性能等优势，有可能是今后深海防腐涂层的研究方向。此外，互穿网络聚合物[7]通过特殊的制备方法，将两种不混溶的聚合物通过网络互相穿插，互相缠绕，强迫互溶，而保持原聚合物的记忆效应，具有协同作用而获得良好的防腐蚀性能。

四、结束语

深海环境材料的腐蚀防护是开发深海资源必然面对的课题。深海中的腐蚀影响环境因素众多（此外尚有未知的环境因素可能影响材料的腐蚀），加上试验耗时长、耗资多等不利因素，使得研究深海中材料的腐蚀规律和防护技术较为困难。西方发达国家已经开展了许多有益的探索，我国在这方面的研究起步较晚，与发达国际有一定差距。积极开展深海环境材料的腐蚀规律研究，开发有效的腐蚀防护技术，研制新型深海工程材料是开发深海战略资源，建设海洋强国的重要保障，有着重要的战略意义。

参考文献

[1] 韦云汉,芦金柱.深海环境碳钢的腐蚀与防护.全面腐蚀控制,2012,26(3):1-4.

[2] 孙飞龙,李晓刚,卢琳,等.铜合金在中国南海深海环境下的腐蚀行为研究.金属学报,2013,49(10):1211-1218.

[3] Sawant S S,Wagh A B.Corrosion behaviour of metals and alloys in the waters of the Arabian Sea.Corrosion Prevention & Control,1990,12:154-157.

[4] 王伟伟,郭为民,张慧霞.不锈钢深海腐蚀研究.装备环境工程,2010,7(5):79-83.

[5] 郭为民,李文军,陈光章.材料深海环境腐蚀试验.装备环境工程,2006,3(1):10-15.

[6] 许立坤,李文军,陈光章.深海腐蚀试验技术.海洋科学,2005,29(7):1-3.

[7] 曹攀,周婷婷,白秀琴,等.深海环境中的材料腐蚀与防护研究进展.中国腐蚀与防护学报,2015,35(1):12-20.

[8] 孙飞龙、李晓刚、卢琳,等.铜合金中中国南海深海环境下的腐蚀行为研究.金属学报,2013,49(10):1211-1218.

[9] 王佳、孟洁,唐晓,等.深海环境钢材腐蚀行为评价技术.中国腐蚀与防护学报,2007,27(1):1-7.

[10] 刘斌,丛园,张涛,等.深海环境下静水压力对纯镍腐蚀行为的影响.腐蚀科学与防护技术,2009,21(1):5-10.

[11] 郑家青.模拟深海环境下不锈钢点蚀性能研究.南京:江苏科技大学,2011.

[12] 化学工业部化工机械研究院.腐蚀与防护手册—腐蚀理论·试验及监测.北京:化学工业出版社,1989.

[13] 刘学庆.海洋环境工程钢材腐蚀行为与预测模型的研究.南京:中国科学院海洋研究所,2004.

[14] 刘学庆,王佳,王胜年,等.海水中3C钢腐蚀速度影响因素的灰关联分析.腐蚀科学与防护技术,2005,17(6):494-496.

[15] 王光雍,王海江,李兴濂,等.自然环境的腐蚀与防护—大气·海水·土壤.北京:化学工业出版社,1997.

[16] 张正斌.海洋化学.青岛:中国海洋大学出版社,2004.

[17] Mclntire G,Lippert J,Yudelson J.The effect of Dissolved CO_2 and O_2 on the Corrosion of I-

ron.Corrosion,1990,46(2):91-95.
[18] 周建龙,李晓刚,程学群,等.深海环境下金属及合金材料腐蚀研究进展.腐蚀科学与防护技术,2010,22(1):47-51.
[19] 冯士筰,李凤岐,李少菁.海洋科学导论.北京:高等教育出版社,1999.
[20] Dexter S C.Effects of variations in seawater upon the corrosion of aluminum.Corrosion,1980,36(8):423-432.
[21] 郑纪勇.海洋生物污损与材料腐蚀.中国腐蚀与防护学报,2010,30(2):171-176.
[22] 王光雍,王海江,李兴濂,等.自然环境的腐蚀与防护—大气·海水·土壤.北京:化学工业出版社,1997.
[23] 吴继勋,金铮,屠益东."济远舰"的深海腐蚀状态.北京科技大学学报,1993,15(4):424-428.
[24] 张颖,陆原,张勇,等.微生物致碳钢点蚀试验研究.中国海上油气,2012,24(6):66-69.
[25] 彭文才,侯健,郭为民.铝合金深海腐蚀研究进展.材料开发与应用,2010,25(1):59-62.
[26] 黄雨舟,董丽华,刘伯洋.铝合金深海腐蚀的研究现状及发展趋势.材料保护,2014,47(1):44-47.
[27] 邢少华,李焰,马力,等.深海工程装备阴极保护技术进展.装备环境工程,2015,12(2):49-53.
[28] 张海兵,马力,李威力,等.深海牺牲阳极模拟环境电化学性能研究.材料开发与应用,2015,30(5):63-67.
[29] 钟庆东,杭建忠,施利毅,等.海洋工程防护涂料的研究进展.上海电力学院学报,2005,21(4):329-334.
[30] 王成,吴航,杨怀玉,等.有机涂层在模拟深海环境中的电化学行为研究.腐蚀科学与防护技术,2009,21(4):351-353.
[31] 刘斌.深海环境下防腐蚀涂料性能评价技术研究.上海涂料,2011,49(5):34-36.

对黄海浒苔绿潮防治科技工作的思考与建议*

李友训[1]，黄博[1]，王先磊[1]，何乃波[1]
（青岛国家海洋科学研究中心，山东 青岛 266071）

摘要：黄海浒苔绿潮已连续暴发10年，成为新时期我国海洋生态文明建设亟待解答的重要议题。本文对我国10年来浒苔绿潮科技工作进行了简单回顾，对绿潮发生的重大规律、应急处理成本等关键问题及科技现状进行了分析，并提出在大科学角度加强统筹、推进省际联动等工作建议。

2007年7月初，大量外来漂浮浒苔首先在黄岛金沙滩沿海登陆，继而影响青岛市区濒临的八大峡、栈桥、第一海水浴场等水域，掀开了黄海浒苔绿潮大规模暴发的帷幕。10年来，浒苔绿潮每年6—7月在黄海中南部连续大规模暴发。往往最初出现在江苏盐城市北部和长江口附近海域，经过迅速生长和暴发后向西北漂移至苏北外海海域，然后再进入黄海。浒苔绿潮的空间分布受到海面风场、流场等因素影响，每年登陆的地区略有差异，但其生态灾害危及整个沿海地区。其规模之大、面积之广、危害之深非常罕见，尤其对沿海海域环境质量和渔业生产的影响非常突出，是新时期我国海洋生态文明建设的重要威胁。

一、黄海浒苔绿潮和黄海科技工作的基本情况

浒苔绿潮在黄海的连年大规模暴发引起了我国政、产、学、研界的高度重视，从科技部到山东省、青岛市等多级科技管理部门布局、组织实施了一系列

* 中国海洋发展研究会基金项目：我国大型海藻生态修复与海藻产业协同发展路径研究．编号CA-MAJJ201608

研究项目，积极进行研究应对。已在肇源生物种鉴定、绿潮过程监测、资源化利用等方面取得了一批重要研究进展。但另一方面，受多种因素的制约，浒苔绿潮的预测和防控等关键科学问题目前还难以彻底解决。

1. 实施应急科技项目卓有成效

2007 年 7 月，黄海浒苔绿潮首先在黄岛登陆，迅速引起了科学家们的高度重视，产生了一些自发性研究探索。中国海洋大学的专家首先对漂浮浒苔的肇源种进行了初步鉴定，中国科学院海洋研究所的专家首先提出了将漂浮浒苔进行资源化开发的思路[1]。

2008 年 6 月中旬，绿潮在黄海南部第 2 次大规模暴发，受海流和风向影响，漂浮浒苔大量在青岛附近海域聚集，青岛本地报纸上出现了“海水浴场变成大草原”的报道。当时，2008 年奥运会青岛奥帆赛场地也受到了浒苔绿潮的直接威胁[3-4]。在这种情况下，山东省科技厅紧急启动了山东省防治浒苔科技专项，组织全省海洋科技力量，围绕中国沿海浒苔分布、生长机理和生态特征、海上漂浮浒苔的防治处置技术、浒苔资源的深度开发利用 4 个方面开展应急研究。随后山东省科技厅组织相关科研和生产单位，联合申报了国家科技支撑计划应急项目“浒苔大规模暴发应急处置关键技术研究与应用”，得到科技部的肯定与支持，获批国拨经费 1 385 万元。除此之外，青岛市也紧急启动了浒苔应急科研项目。在国家及省市项目支持下，青岛国家海洋科学研究中心受山东省科技厅委托，组织联合国内 20 多家研究机构、300 余名专家参与了浒苔绿潮预警与快速处理科技攻关，成功地为领导决策提供了科学依据，保障了奥运会帆船赛的顺利进行。

2. 对浒苔绿潮研究的科技扶持进入常态化

国家科技支撑计划应急项目“浒苔大规模暴发应急处置关键技术研究与应用”通过验收以后，科技部对浒苔绿潮工作依旧十分关注。在项目结题后，曾连续多年向项目的具体组织单位山东省科技厅和青岛国家海洋科学研究中心询问浒苔绿潮研究的后续进展，青岛国家海洋科学研究中心先后编写多期浒苔绿潮研究后续进展报告和简报上报。

各部门在重要科技项目设置上也体现了对浒苔绿潮研究资助的连续性。继 2008 年启动国家科技支撑计划应急项目后，科技部于 2010 年立项资助了 973

项目“我国近海藻华灾害演变机制与生态安全”，研究我国近海几类典型有害藻华现象的演变机制和危害效应，绿潮成因与早期发展过程是其中一项重要内容。此后，中国科学院A类先导专项和青岛海洋科学与技术国家实验室鳌山科技创新计划项目也针对黄海绿潮连续多年暴发的关键科学问题进行了重点扶持。青岛市科技局从2008年以来连续设立专项，支持40多项浒苔科研项目，投入科研经费累计已超过2 000万元。

3. 在浒苔资源化利用方面出现产、学、研合作典型

浒苔绿潮的大规模暴发对环境带来了极大的负面影响，但另一方面，浒苔也是一种宝贵的生物资源。在黄海浒苔绿潮暴发之前，我国已有了一些关于浒苔软包装[5]、浒苔多糖提取方面[6]的资源化利用报道。但这些研究工作主要处于实验室阶段，还难以应用于生产。2008年，在科学应对绿潮、保障奥运赛场安全的工作中，浒苔的无害化处理方式主要是打捞、掩埋。与此同时，浒苔的资源化利用研究的速度显著加快，出现了产、学、研合作，进行浒苔资源开发利用的典型。

依托国家、省、市三级科技项目的研究成果，在青岛市科技项目的连续支持下，中国海洋大学生物工程开发有限公司已研发出浒苔海藻肥料系列，分为海藻颗粒肥、海藻微生物菌肥、海藻冲施肥、海藻叶面肥、特效功能肥五大系列，共100余个品种，畅销国内20多个省、市、自治区，并远销意大利等30多个国家和地区[7-8]。

2015年，法国欧密斯集团浒苔深加工项目在青岛西海岸新区落户，标志着外资企业的资金和技术投入进入浒苔资源化利用领域。该项目一期将利用世界领先的藻类保存技术和生物提取技术，提取浒苔蛋白，生产水产养殖饲料及鱼粉替代品。二期将利用浒苔生产饲料添加剂和抗生素替代品。三期计划利用浒苔生产藻类提取物化妆品。

二、黄海绿潮科技工作的几点思考

黄海浒苔绿潮连续暴发10年以来，各级科技工作在灾害的紧急应对、科学认知与防治等方面取得了可圈可点的成绩和收获。在中国海洋大学、中国科学院海洋研究所、国家海洋局第一海洋研究所等大院大所培养出一大批浒苔绿

潮研究骨干。在绿潮继续大规模暴发、我国科技体制改革深入推进的新形势下，有一些问题值得从宏观层面进行新的梳理和思考。

1. 如何看待黄海浒苔绿潮的常态化暴发现象

绿潮并不是在我国独有，20 世纪 70 年代，法国布列塔尼沿海就有大规模暴发绿潮的报道[9-10]。20 世纪末叶，各种绿潮在全球沿海滚滚来袭，其暴发范围遍及欧洲、美洲和亚洲等。尽管各国引发绿潮的肇源种有所不同，但绿潮的暴发往往是环境因素、生物学机制等多种因素在区域生态系统层面经过复杂的交互作用导致的。因此，根据国内外研究现状和现在的科技水平，还不太可能科学、精准地解读出推动黄海浒苔绿潮大规模暴发的那一根稻草，所以也无从进行精准防治。黄海浒苔绿潮在下一步很有可能会继续表现出长期连续暴发的态势，但无论如何，有效地观测、研究其变迁规律对于生态系统及全球变化研究具有十分重要的价值。

2. 如何看待浒苔处置成本难以快速降低的问题

浒苔灾害来临之时，为避免对城市环境和工业生产的破坏，必须进行打捞清除。伴随着绿潮暴发的常态化，每年浒苔的打捞防治投入也成为一项固定支出。2008 年 7 月，为保障奥帆赛顺利进行，青岛市动员了数万人、数千条船进行了浒苔清除。随后，每年绿潮登陆时，为了保持市区生态及旅游环境，都要组织大量人力、物力进行浒苔打捞。10 年来，由于绿潮每年登陆海域的不确定性，威海、日照等地也先后组织过大量的浒苔打捞工作，投入了大量的成本。2011 年，日照沿海出现大量浒苔，日照港轮驳公司为避免浒苔影响机械作业，租船进行了附近浒苔打捞[11]。黄岛大唐发电连续多年设置浒苔拦截网，修筑了石墩，以避免浒苔等海草堵塞循环水泵、影响机组循环水设备的安全性。尽管在国家科技项目的支持下，各单位研发了一些浒苔打捞和拦截设备，但真正能够专门应用的数量非常少。即使有一些转化的技术，主要是体现在处理浒苔的效率上，在浒苔处理的成本上难以有效降低。因此，目前浒苔的打捞、防堵投入，对于市政和企业来说都是短期内难以避免的成本。

3. 浒苔资源化应用价值几何

浒苔是我国一类相对比较常见的海藻，在引发黄海绿潮之前就有一些关于浒苔资源化开发的报道。例如在 20 世纪 60 年代就有将浒苔用于梭鱼饲料的研究，在20世纪80—90年代就有浒苔多糖的提取和浒苔多糖用于降血脂的研究。然而，目前我国海藻化工及医药产业的发展，正处于瓶颈期，广泛存在着产品附加值低、产业链条有待延伸、粗放型生产方式为主等问题。尽管对于掩埋处理来讲，用于生产肥料已经体现了一定的价值，但产业链条单一，资源消耗量大，水平不高。尤其是浒苔多糖具有含铁量高的优势，在生物医药和健康食品领域的应用价值还有很大的挖掘空间[12-13]。

4. 人才队伍的迅速壮大喜忧参半

10年来，我国对浒苔绿潮的高度重视推动了相关研究的不断发展，科技界对浒苔研究的热情高涨，也培养了一大批人才队伍。据不完全统计，目前仅在中国海洋大学、中国科学院海洋研究所、中国水产科学研究院黄海水产研究、国家海洋局第一海洋研究所等驻青涉海研究单位，就有从事浒苔研究的各类PI专家几十人。对浒苔研究的高度重视，深刻地改变了我国海洋科技力量的布局。许多原来在多个相关领域广泛开展研究的专家在项目驱动下纷纷将浒苔作为典型材料进行研究，在一定层面上也忽略了原有研究方向，不利于自由探索式科学的发展。但另一方面，由于2008奥运效应的逐渐消失，这几年针对浒苔研究的支持也出现了青黄不接、难以为继的现象，上述一大批专家又不得不面临着改换研究材料才能继续申请课题的问题。

三、对黄海浒苔绿潮科技工作的建议

1. 明确宏观战略与科技前沿，强化统筹

加强对黄海浒苔绿潮整体战略与科技前沿研究，深刻把握绿潮及海洋生态灾害研究的国际前沿，以当今国际先进水平为重要参考，将绿潮发生的规律认知与灾害防治研究各领域纳入大生态系统与大科学角度进行统筹布局，提倡不同尺度研究整合、提倡交叉学科融合，提升研究效率。

2. 以近海生态系统安全为切入点，推进区域联动

根据新时期我国海洋生态文明建设的需要，将黄海浒苔绿潮研究列为近海生态系统安全的重点试点领域。根据生态系统的特点和生态安全要求，推动科研体制创新，进一步加强我国沿海各地在科技工作中的联动，打破条条框分

割，摆脱区域利益束缚，共同承接完成国家任务。

3. 推动浒苔高值化利用，助力海藻化工产业升级

加强技术集成，实现浒苔产品生产过程的信息化、标准化、自动化管理，推动浒苔深加工产业技术改造和技术创新。开展浒苔生理生化功能研究，研制新型功能生物制品，培育资源高值化开发关键核心技术突破点。推进成果转化、拉伸产业链条。鼓励产业链条间的衔接，发展浒苔资源综合利用产业。

参考文献

[1] 杨同玉.青岛开发区200余渔民捞浒苔[J].海洋信息,2007(03):31.

[2] 张子倩.浒苔应急处置国家级科研专项在青启动[N].青岛日报,2008-12-01(001).

[3] 张玉.全面夺取抗击浒苔灾害胜利确保奥帆赛成功举办[N].青岛日报,2008-07-17(001).

[4] 举全省之力打好浒苔灾情应急处置这场硬仗[N].青岛日报,2008-06-29(001).

[5] 徐大伦,王海洪,黄晓春,等.浒苔软包装产品的研制[J].广州食品工业科技,2004(03):94-95.

[6] 周慧萍,朱海燕,陈琼华.浒苔多糖的分离、纯化和分析[J].生物化学杂志,1995(01):91-94.

[7] 张晨.海大生物:扬帆起航,创赢未来[J].农经,2014(06):64-65.

[8] 宋建侠.浒苔利用综述[J].科协论坛(下半月),2013(09):140-141.

[7] 郑澄伟,陈芳顺.当年生梭鱼对浒苔、水蚤、豆饼、麸皮等粗蛋白利用率的初步观察[J].水产学报,1965,(04):70-71.

[9] Charlier R H,Morand P,Finkl C W,et al.Dealing with green tides on Brittany and Florida coasts [M].Place,2007.

[10] Blomster J,Back S,Fewer D P,et al.Novel morphology in Enteromorpha(Ulvophyceae) forming green tides [J].American Journal of Botany,2002,89(11):1756-1763.

[11] 宋霞,李玉来,刘加锋,等.日照港轮驳公司盛夏战浒苔 保障港口生产[J].港口科技,2011(8):49-49.

[12] 姜峻,余腾飞,张忠山.浒苔多糖铁的制备及其理化性质研究[J].食品工业,2012(11):30-32.

[13] 窦后松,陈静,张克荣.绿藻浒苔石莼中微量元素铁的含量测定[J].微量元素与健康研究,2000(03):36-37.

山东省海洋装备产业自主创新发展研究

——基于自主创新重大专项执行情况分析

张永波
（青岛国家海洋科学研究中心）

摘要： 海洋装备是海洋产业的重要组成部分，是开发利用海洋资源、发展海洋经济提供技术装备的基础产业，资金、技术、劳动密集度高，涉及领域广，关联度大。为加快山东省海洋装备产业的自主创新能力建设，山东省科技厅自2012年起，在自主创新重大专项中重点支持了该产业创新研发与产业化。本文简要介绍了山东海洋装备产业总体情况，分析了产业存在问题，并将4年内海洋装备领域的自主创新重大专项执行情况进行客观分析和总结，提出了相关产业发展建议。

关键词： 海洋装备；发展建议；自主创新重大专项

一、海洋装备产业总体状况

（一）国际、国内产业情况

近10年来，海洋油气工程装备制造业发展迅速，国际市场十分活跃，形成较大的产业规模。根据中国船舶重工集团信息中心的统计资料，2012年和2013年全球海洋工程装备订单为750亿美元和669亿美元。2014年起，由于受油气市场低迷影响，海洋工程装备国际市场出现下滑，2014年共新接订单规模为416艘，成交约340亿美元[1]。

美国、挪威、瑞典、荷兰、德国、瑞士等欧美国家掌握设计和制造领域的核心技术，在深水和超深水钻井平台、半潜平台、钻采、动力、电子等主要配套设备方面处于垄断地位。亚洲是主要的海工装备制造地区，2014年中国、新加坡、韩国市场份额分别占全球新建订单总量的41%、13%和12%，占据了国际市场份额近七成，2014年，中国全年新接订单总额139亿美元，占全球市场份额的41%，居世界第一位。目前，中国在中低端产品建造方面有一定积累，并与韩国、新加坡间的差距逐渐减小，但高技术产品研发仍显薄弱。

在《中国制造2025》、《海洋工程装备制造业中长期发展规划》、《海洋工程装备产业创新发展战略（2011—2020）》等规划引领下，海洋装备制造业已经成为各沿海地区海洋经济发展的重点领域和重要的增长点，并逐渐形成了较为完备的产业体系[2-3]。中国海洋装备产业区域的布局除内陆的武汉建有海工装备配套基地外，其他主要集中于各沿海地区，在发展过程中，逐步形成了以环渤海地区、“长三角”地区和“珠三角”地区为代表的我国海洋油气工程装备制造业三大核心区域。

（二）山东省产业发展简要情况

通过海洋装备制造业集群化培育和提升，山东省基本经形成以青岛市、烟台市、东营市、威海市为核心的4个错位发展的海工装备聚集区。青岛市重点布局海洋油气装备研发和工程装备建造，烟台市打造重点海洋工程企业带动辐射的产业链条，东营市注重原有资源整合和衍生发展海洋油气装备配套基地，威海市重点推动民用船舶和特种船舶建造，形成船舶建造集群[4]。

近年来，以烟台来福士、蓬莱巨涛、中海油青岛基地为代表的制造企业完成了“蓝鲸一号”、400英尺自升式钻井平台、“福瑞斯泰阿尔法号”D90、“荔3-1”天然气综合处理平台等一批产品，获得国内外用户认可，交出不错的成绩单，彰显了山东省在海洋油气装备领域的实力。2016年全省统计范围内的船舶（含海工装备）工业主营业务收入529.5亿元，利润同比增长74%。造船三大指标方面，造船完工量同比下降24%；新承接订单量同比增长519%；年末手持船舶订单量同比增长29%。海工装备制造业方面，新承接钻井平台1座，其他海工项目6个；截至2017年1月，手持钻井平台16座，2艘30万吨级FPSO，其他海工项目31个。值得注意的是，相比较2014年和2015年在营业收入持续下降的情况下，2016年利润大幅度增长，自2016年手持订单数也开始复苏，初显增长趋势。

与上海、辽宁、江苏等国内重点区域对比，山东省在海洋装备核心关键技术设计制造上还存在自主研发创新不够、高端制造水平不足、配套装备本土化率较低等问题。在产业链的整体发展上，还缺乏能引领产业长期发展的龙头企业，缺乏对产业发展起主导作用的高精尖产品研发及制造领军企业，缺乏企业所需在国内提高竞争力，在国际打破垄断的集成制造和大型组装能力。目前，工信部发布的我国海工企业“白名单”中位于山东的企业只占全部60家中的6家，无论是数量还是力量相比江苏、上海、浙江等地都不占优势。

二、山东海洋装备产业技术发展面临的问题和瓶颈

（一）产业技术发展差距和存在问题

山东省海洋装备产业技术发展虽然具备了一定的基础，初步形成了包括设计、生产、配套、维护、修理等环节的产业体系，但主要企业在工程配套装备方面还存在自主研发创新不够、高端装备制造水平不足、配套装备本土化率较低等问题。主要体现在以下几个方面[5]。

1. 产业技术仍存在较大差距

船舶工业：与现代造船模式相比，船舶工业整体水平和实力仍有较大差距。数字化、自动化系统和设备的研制与应用不足，特别是船舶设计制造一体化信息化技术落后。船舶建造应新规范、新标准和节能环保要求的船舶建造技术落后，创新能力不强，结构性矛盾突出，产业集中度较低，新型船用柴油机及其关键零部件、甲板机械、舱室设备、通信导航自动化设备自主研发落后，军民两用技术研究不足。

海工装备：研发设计和创新能力薄弱，核心技术依赖国外；产业技术发展仍处于上升期，尚未形成具有较强国际竞争力的专业化制造能力，基本处于产业链的低端；配套能力严重不足，核心设备和系统主要依靠进口，特别是浮式生产储卸装置、深海锚泊系统等关键系统和设备、水下采油树、泄漏油应急处理装置等水下系统及作业装备等装备产业技术落后。产业体系不健全，相关服务业发展滞后，研发设计服务行业与制造企业脱节，在人才流动、知识产权、设备开放、技术保密等方面互通机制不健全。

海洋仪器装备：海洋监测装备研发领域，跟踪国内外技术的研究多，原始

创新较少，多数技术成果停留在样机阶段没有形成产品可靠性和稳定性距离实际应用还有一定距离。在自动化仪表及系统、科学测试仪器、传感器元器件等领域重、磁、电、震、声等仪器设备，国内装备与国外差距尤为明显。在深海通用技术方面，水密插接件、水密电缆、深海潜水器作业工具与通用部件、深海液压动力源和深海电机等诸多方面整体水平相对落后，在产品化、产业化方面差距都还较大。

2. 海洋装备核心技术和关键产品依赖进口

相比欧美发达国家，山东省海洋钻采设备制造的专业化程度较低，国内厂商的生产水平和国际化程度还有很大的不足，企业对技术研发的投入较少、多采用仿造国外同类产品的方式来代替研发。山东省企业没掌握配套核心产品的话语权，省内已取得认证的产品，因知名度不高，难以进入设计单位厂商名录，船东不选用；已进入厂商名录的配套产品，因没有业绩或业绩不突出，船东不敢用或不愿用；国际认证程序较多、费用较高，取得认证后不能保证进入市场，影响企业参加产品认证的积极性。

3. 自主知识产权成果转化率低，国产化水平不足

目前，国内海洋工程装备自主配套率不足30%，而韩国、日本船用设备本土化装船率分别高达85%和90%以上。山东省海洋工程装备产业本地化配套更不具备优势，自主知识产权成果转化率低，海洋配套设备本土化率低下已成为阻碍山东海洋产业发展的瓶颈。特别是海洋石油装备、设备及零部件配套方面本土化率不高，动力设备、发电机组、深海钻机成套设备、井控设备、水下生产系统及海底电缆、海洋工程用钢、系泊系统、钻具螺杆、钻井泥浆泵等方面没有形成明显的链条式创新结构。

山东省海洋工程装备产业的产品结构有待进一步调整。虽然产品体系较为齐全，但以传统产品居多，产品雷同问题突出，产品同质同构，市场竞争激烈，资金和技术力量分散，企业产品多为工程维护船、浅水区域海洋工程装备、中低端水平的生产平台和钻井船等，尚不具备高附加值船舶LPG、LNG以及深水大型海洋工程装备的设计能力。

（二）产业技术发展障碍及影响因素

1. 市场低迷制约海洋装备制造业技术进步

山东海洋装备产业大规模兴起过程中，逐渐遇到了全球市场低迷、全球原油价格波动幅度较大、船舶和海工装备产业发展初显过剩等难题考验。纵观行业的发展规律，科技创新仍是突破产业壁垒和提高核心竞争力的武器。当前，国家海洋强国战略实施对海洋装备产业需求加大，山东半岛国家自创区获批，山东半岛蓝色经济区建设正在加快，海洋装备产业亟需结构调整、转型升级、提质增效，在多重背景下，亟须强化科技支撑推动海洋装备制造水平不断提升。

2. 科技研发力量薄弱影响海洋装备技术升级

海洋装备产业是高科技产业，海洋装备产业普遍具有高科技含量的特征。设计能力不足主要就是共性关键技术研究的欠缺，表征就是产业结构不平衡，建造和研发设计“头重脚轻”。虽然山东在海洋装备技术研发中已成立了相关的科研院所，但由于起步较晚，尚未形成较强的海洋装备领域的科研力量，同时在海洋装备产品研发设计的实践经验不足。山东省内由业主、承包商自发牵头，联合油气勘探开采企业、装备制造企业、设备配套企业、研发设计、高等院校等创新单元建立的综合创新平台数量不足、规模较小，本土化的产、学、研、用合作整体效应不明显。

3. 专业人才紧缺造成海洋装备原始创新力不足

山东拥有全国近70%的海洋领域两院院士和60%的中高级海洋科研人员，但船舶与海洋工程专业人才占全省海洋科技人员的比重很低。在快速发展中，船舶修造业还存在着熟练工人和专业技术人才紧缺的矛盾，而海洋装备产业对此类人才的要求更高。相对海洋人才队伍建设成熟的国家和地区，所需专业人员储备严重不足。同时，引进专家与本土技术人员的融合以及培养本土专业技术队伍的历程也处于起步阶段。

三、山东省自主创新重大专项实施取得的技术突破和主要成效

2012—2015年，山东省自主创新专项、自主创新成果转化重大专项共资

助新型船舶、海洋工程关键配套设备、海洋监测及海洋新能源装备项目共计35项，省级科研资金投入近2.5亿元

（一）专项资金调动多元融资方式

通过统计分析可以看出，专项项目带动社会总资金投入的特点尤为突出。2012—2015年，全省自主创新专项、自主创新成果转化重大专项共资助新型船舶、海洋工程关键配套设备、海洋监测及海洋新能源装备项目共计35项，省级科研资金投入近2.5亿元，带动项目资金约29亿元。其中海洋工程装备及配套18项，省级科研资金投入1.26亿元，带动项目投资17.2亿元；船舶及配套装备13项，省级科研资金投入0.9亿元，带动项目投资4.3亿元；海洋监测及海洋新能源装备4项，省级科研资金投入0.26亿元，带动项目投资7.6亿元。省拨经费带动的新增投入主要来自地方配套资金、单位自筹、贷款贴息、风险投资等渠道，呈现多元化发展趋势。按规定进行专项资金配套，并积极创新财政支持方式，改革资源配给方式。充分调动企业和社会资本的投入，鼓励和支持金融机构加快服务方式创新，有效拓宽海洋创新企业的融资渠道。

（二）产业技术突破助力产业转型发展

专项所立项目通过产、学、研、用协同创新，提前筹划，全盘布局，发挥科研力量优势，先后突破了一批重大核心技术，在对解决创新创业“最初一千米”问题、加速自主创新成果产业化、促进产业链条拉伸、培育产业集群等方面发挥了重要作用。

根据目前统计，海洋装备领域35个专项共突破关键共性技术30余个；申请专利251项，超过合同规定的193项，完成软件著作权申请6项；发表核心论文超过50篇，其中国外期刊32篇；获得省部级奖励4项；牵头制定国家标准1项，行业标准2项，企业标准35项。攻克包括极区海洋平台设计、深海压裂酸化成套设备、海洋油气柔性管道、海洋动态电缆、海洋钻机、导航雷达、船用气象监测设备等一大批技术难关，使部分企业找到新的利润增长点，截至目前35个专项累计完成利润7.6亿元。

（三）带动人才与团队快速成长

通过专项的实施，带动了海洋装备设计制造“领军人才”交流，并在领

军人才的带动下，形成一支具有国际影响力的高端人才团队。目前，专项项目充分发挥各级人才团队的主力军作用，极大提升原始创新能力，研发人数1 064人，已经引进人数达121人。参加人员中硕士181人，博士178人；其中，院士1人，具有高级职称383人，具有中级职称300人，海外人才17人，入选泰山学者计划5人，入选其他人才计划3人。

（四）专项启动加速产业区域创新能力的提升

专项实施推动了山东省海洋装备产业创新能力的提升，建设了一系列创新平台。一批研究机构加快建设，山东省船舶技术研究院、中–乌特种船舶研究设计院、中集来福士海洋工程研究院等在半岛落地。现山东共有海洋装备各类创新平台34个，其中国家级技术中心3个、省级工程（技术）研究中心11个、省部级重点实验室10个、院士工作站5个、产业联盟5家。同时，在市场、政策和资金的引导下，各类协同创新模式涌现，并取得了良好的效果。

区域创新和协同创新能力有所增强，专项项目主要集中在山东省青岛、烟台、威海、东营、滨州、潍坊等重点区域，推动企业为主组建产业技术创新战略联盟，建立研发中心、博士后工作站、院士工作站、工程技术（研究）中心和中试基地等技术创新单元，以产、学、研联合机制解决产业发展中的关键和共性技术问题，提高技术创新能力，培育新的经济增长点，提高核心竞争力。

四、山东省海洋装备产业发展建议

（一）建设海洋装备研发综合基地，完善实验室共享机制

海洋工程实验室是开展海洋平台的研究设计、海洋工程装备配套设备研究设计的基础科学平台，是创新的源泉。目前，山东省已建成中国海洋大学海洋工程实验室和物理海洋实验室、海军工程设计研究局港工实验室等，在建的包括中国船舶重工集团公司第七〇二研究所深海装备试验检测基地、国家深海基地实验室、青岛国家海洋设备检测中心实验室等，另有一部分不同专业方向的实验室正在规划筹建。

建议加强不同部门间协调，创新机制体制，推动实验室的开放和共享。可依托海洋国家实验室或国家深潜基地，统筹规划各类实验室的建设和运营，推

动科技资源存量与增量的合理化配置，实现不同实验室间的功能互补、研究结果相互验证和数据共享。从整体上降低实验成本投入，提高通用型大型设备、设施、仪器的利用率，推进创新资源共享，提升山东省的整体研究实力。

（二）推动海洋装备智能制造升级，促进产业结构调整

《中国制造 2025》把海洋工程装备和高技术船舶作为十大重点发展领域之一，明确了今后 10 年的发展重点和目标，为我国海洋工程装备和高技术船舶发展指明了方向。要借力《中国制造 2025》总体规划，加速发展山东海洋工程装备产业的智能制造技术，推动产业升级和产业结构调整。针对山东海洋工程装备制造业的发展方向和规划制定战略发展目标，围绕海工油气装备的工程设计技术、分析校核、工艺流程等，研发具有自主知识产权的浮式平台设计、分析、校核软件系统，发展面向工程的设计工具软件平台，实现快速、精确、稳定地对船舶项目进行建模、计算分析，实现生产工艺的智能化和信息化。

（三）加快海洋装备设计能力的提升，夯实产业升级基础

设计环节位于产业链的顶端，设计能力往往决定产业水平。建议培育和引进海洋工程装备设计企业，从数量和质量上壮大省内海洋工程装备研发设计力量。同时，建议政府更加重视科学研究对于本产业的巨大促进作用，优先创造条件支持山东省海洋装备技术研究队伍的发展，从财税、融资、用地等方面鼓励研发机构和制造企业剥离专业资源，整合各自优势，完善股权激励，并吸引优秀设计企业入股，创立海洋工程设计服务公司，实现上下游协同发展和联合创新，使山东省海洋装备制造基地具有更为扎实的智力基础。

重点攻克深水浮式结构物总体和结构的设计分析技术，深水浮式结构物安全性的分析评估、监测和检测技术，深水浮式结构物定位性能分析评估技术，深水浮式结构物模型试验技术，海洋工程项目管理及信息化技术，动力定位控制系统技术，海洋工程结构物振动及噪声关键共性技术。形成自主知识产权海洋石油钻井系统集成设计关键技术，大型自升式钻井平台结构自主设计技术，海洋装备高效建造新工艺、新技术，海洋工程装备节能环保技术。

（四）加大引进吸收和自主创新力度，抢占配套产品市场高地

鉴于国外产品先进的设计制造技术及多年市场认可形成的垄断性地位，在加强自主研发的基础上，可以采取专利授权、公司收购等模式，实现引进吸收

再创新。目前省内已有成功的模式：烟台杰瑞集团与英国 Plexus 公司合作，获得 Plexus 公司知识产权的授权，成为国内首家海洋油气开发水下设备和技术的拥有者，实现本土化供应。中集集团则与日本新日铁公司、宝钢集团等合资成立了专门从事自升式平台桩腿设计、建造的铁中宝公司，开始向国内外客户供应自升式平台桩腿。

（五）推进军民“再”融合，助力海洋装备制造业升级

山东半岛是重要的海军驻地，青岛西海岸建有航母母港，发展海洋装备的军民融合具有现实意义。海洋装备领域涉及军民两用技术较多，借鉴在“北斗”导航等军民结合领域取得的成功经验，推广军民科技合作的模式化发展，积极纳入军民融合建设。根据海洋国防科技和海军装备发展的需求，结合地方院所相关研究力量，推动特种船舶与舰艇的配套装备、新型材料、仪器仪表、水下工程设施、立体监测系统等领域的技术研究，制定“军民”的共性基础研究项目计划，积极承接军工技术的溢出和转化，达到战略合作升级的耦合结果，为国家海防建设、深远海资源开发提供技术支持。

参考文献

[1] 黄悦华,任克忍.我国海洋石油钻井平台现状与技术发展分析[J].石油机械,2007,35(9).

[2] “中国工程科技发展战略研究”海洋领域课题组.中国海洋工程科技 2035 发展战略研究[J].中国工程科学,2017(1).

[3] “中国海洋工程与科技发展战略研究”项目综合组.海洋工程技术强国战略[J].中国工程科学,2016,18(2):1-9.

[4] 汤敏,邱晓峰,胡发国,等.船舶配套业发展研究[J].中国工程科学,2016,18(2):72-75.

[5] 赵存生,何其伟,朱石坚.基于核心保障能力的舰船装备军民融合保障研究[J].中国工程科学,2015,17(5):96-100.

日本海洋科研体系的几个特征

马玉鑫
（青岛国家海洋科学研究中心）

作为一个岛国，日本专属经济区水域面积约为陆地面积的12倍。日本经济社会的发展高度依赖海洋，海洋产业加上临海产业总产值占日本国内生产总值的一半，经过多年的积累，日本在海洋开发、科研和海上军事力量方面已经堪称海洋强国①。日本自身拥有的“第一岛链”和“第二岛链”的岛屿，扼守着中国东进太平洋和美国西向进入东亚的通道，在海上安全和涉海战略上与我国紧密相连。研究日本的涉海科研体系经验具有强烈的现实意义。

与美国涉海科研体制以资本为主体的整体特征相比，日本的涉海科研体系更讲究整体和服从，更多地类似于一种举国体制。

一、纵向深入的全方位海洋教育体系

（一）与时俱进的国民海洋教育

日本国民开发海洋的意识非常强烈，这种意识既有地理位置的先天因素，更有教育的因素。20世纪70年代以后，日本开始全面研究和开发海洋，特别重视在文化教育领域对国民灌输海洋国家意识，为加强国民的海洋意识，除了每年6月8日纪念“世界海洋日”之外，日本政府特意将每年7月的第三个星期一确定为本国的“海洋日”，并将其作为全国性的法定节假日，同时还将每年的7月确定为“海洋月”。这些做法在全世界范围内都是绝无仅有的。

不仅如此，日本还通过立法确保国民海洋教育能够落到实处，其《海洋基本法》第28条规定：“提升国民对海洋的理解与关心，正规教育体系（学校

① 刘曙光，丁丽君．海洋创新体系建设国际经验与借鉴．海洋开发与管理，2012年第3期。

教育）及社会教育的海洋教育推展……政府应明订公布。”①

日本的国民海洋教育主体是中小学生。日本文部科学省制定的《学习指导要领》，是指导中小学教学内容的基本事项和总则，每10年左右修改一次。文部科学大臣有权根据其咨询机构“中央教育审议会议”的建议对要领进行修改，并将指导意见体现到教科书编纂等教育活动中。

2003年文部科学省制定的《学习指导要领》规定了海洋教育在各门课程中的分布要求，日本小学与中学各学科有关水、海内容的单元数占总单元数的比例达到21.7%与34.5%②。

2014年日本政府根据新的要领，充实有关加深对领海和海洋资源等国家主权理解的“海洋教育”，目的是应对中国围绕钓鱼岛所采取的行动，将海洋知识纳入各科目教学范围，使日本青少年学生能够学习掌握“体系性的知识”。

日本普通中小学的海洋教育主要通过“特别活动”和“综合学习时间”来实施。例如，在“特别活动”和“综合学习时间”中让学生观察海洋生物、制作船舶模型、了解海难事故等；与造船公司合作开展体验活动，参观船舶入水仪式、参观造船厂和研究设施、体验船舶制造等，通过参观和实际体验让中小学生感受海洋和船舶的魅力。有些中小学还将海洋教育与体育及安全教育结合起来，在特别活动中让学生体验帆船驾驶、观察海滩生物、学习海洋安全知识，让学生学习使用救生工具、欣赏大海的魅力等。

另外，日本的职业学校和高等学校也积极参与到国民海洋教育中来。日本的涉海职业教育是非常发达的，水产职业高中在日本全国沿岸每个都道府县中几乎都各有1所，其中，北海道、岩手县、千叶县各有3所。京都府立海洋高中不但提供实习船舶供中小学生体验，还为中小学生讲解食品加工、渔业养殖等相关内容。大阪大学从1996年开始每年开展一次船舶海洋实验水槽和相关设施的公开体验教学，每次有超过200名小学生及家长参加。体验内容包括：教师体验教学、风洞中的风压体验、船舶海洋实验水槽中的实验、水中机器人演习和操作体验等。

---

① 庄玉友译、金永明校《海洋基本法》（中译本），中国海洋法学评论，2008年第一辑。

② http：//theory. rmlt. com. cn/2014/0218/231539. shtml

（二）面向世界的海洋高等教育

日本国立大学总共100多所，在世界范围内海洋学科能够称为一流的主要是几所综合性大学，即：东京大学（设有海洋研究所及国际海岸海洋研究中心）、京都大学、北海道大学、名古屋大学、东北大学（设有东北大学大气海洋变动观测研究中心）、东京工业大学等。其他专门培养涉海高端人才的高等学校及其下属科研机构主要有：东京海洋大学、东海大学海洋研究所、近畿大学水产研究所、高知大学海洋生物教育研究中心、爱媛大学海岸环境科学研究中心、长崎大学环东海海洋环境资源研究中心、佐贺大学海洋能源研究中心等。

日本高度重视高等教育国际化问题，一是为了寻求努力培养“世界通用的日本人”；二是为了吸引全球优秀人才为日本服务。2010年，日本政府“新增长战略”提出：接收30万名高素质的外国留学生，派遣30万名日本学生到海外交流，形成“双30万”的战略目标①。在海洋高等教育方面，东京大学以“培养为世界海洋作贡献的日本人”为宗旨而成立了海洋教育联盟（Ocean Alliance）机构，推进海洋科学研究与跨学科人才培养密切结合；横滨国立大学成立“海洋研究和整合教育中心”，作为跨领域组织，致力于整合自然科学和社会科学以及科技研究，以全面提升海洋教育和研究②。佐贺大学海洋能源研究中心（Institute of Ocean Energy，Saga University，IOES）成立于2003年，是全球首家综合海洋能源研究中心，拥有全球顶尖的海洋能源研究人才。在几十千瓦级的温差能研究方面，吸引着世界各地的该领域专家前来观摩学习。

在全球化方面，东京海洋大学（Tokyo University of Marine Science and Technology）是一个典型的例子。“东京海洋大学”是日本唯一专门面向海洋研究与教育的国立大学，前身为东京商船大学及东京水产大学，两校皆有百年以上的历史。2016年该校有各类学生2 816人，其中留学生232人，约占十分之一。派往海外留学生67人，派往海外教职员482人。与中、美、澳、韩、挪威、英、俄、德等34个海洋科技强国和大国的102个涉海研究机构签署了国际交流协议，其中早在1991年就与中国海洋大学签署了合作协议。另外东

① 程雅杰《日本高等教育学生国际化新特点探析》，中国教育技术装备，2013年第24期。

② http：//www. qingdaonews. com/content/2009-12/03/content_ 8224484. htm

京海洋大学举办过多个涉海科研合作项目，如“日中韩海洋技术专业高级人才培养项目”等①。这些数据充分说明了该校的国际交流活跃程度。

二、政府主导的金字塔型涉海科研架构

日本政府的涉海科研体系呈金字塔式结构，主要分3个层面。第一层面为“海洋本部”，位于金字塔的顶端，是战略决策指挥中枢，代表国家意志；第二层面是中央政府部门及都、道、府、县各级自治政府，在海洋本部的协调下负责承包“海洋事业”；第三层面为具体实施科研任务的研究机构、海岸及海湾的管理机构等，这些机构形成金字塔的底部。

（一）金字塔之巅——海洋本部

海洋本部的全称为综合海洋政策本部，是日本2007年根据《海洋基本法》成立的综合负责海洋事务的最高权力机构，由内阁总理大臣为本部长、官房长官和海洋政策担当大臣为副本部长、全体内阁成员参加的。内阁官房和海洋本部一套班子两块牌子，负责本部日常事务，海洋本部最重要的任务是负责拟定海洋发展战略。其前身内阁官房在20世纪60年代推行“海洋立国”战略。2007年通过了《海洋基本法案》，确立了未来海洋开发的基本原则；2008年通过了《海洋基本计划》，可以说，是日本涉海战略的神经中枢。

海洋本部在海洋科技方面的任务包括：掌握科技最新动向，向联合国申报日本大陆架划界案，掌握日本专属经济区外缘的基点海岛的详细信息，促进开发海上风力发电，潮汐发电等绿色能源、建立由海洋科技专家组成的“建言会议”，向政府部门提出建议、召集专家评估海洋基本计划的各项政策，不断完善项目设计等②。与海洋本部对应的国家层面的涉海科研机构是日本海洋科技中心（Japan Agency for Marine-Earth Science and Technology，JAMSTEC），目前JAMSTEC一共拥有6个研究机构，分别是横须贺本部、陆奥海洋学研究机构、东京办公室、横滨地球科学研究所、高知县矿样研究中心和全球海洋数据

① 根据该校官网提供的截止到2016年5月1日的数据：https：//www. kaiyodai. ac. jp/overview/

② 李秀石《日本海洋战略的内涵与推进体制——兼论中日钓鱼岛争端激化的深层原因》，日本学刊，2013年第3期。

中心①。

（二）上传下达——中央政府部门

在海洋本部的协调下，位于金字塔结构中间的中央政府的重要部门几乎都是重大海洋战略项目的主要承担者，但主要由内阁官房、国土交通省、文部科学省、农林水产省、经济产业省、环境省、外务省、防卫省8个行政部门承担②。这些部门再向位于金字塔结构底部的本部门下属机构及合作对象根据各自的专长进行项目转包，瓜分海洋预算。国土交通省，由于负责海上保安和港口建设维护等重任，形成了事实上的开发“海洋国土”最重要的部门，承担海洋项目远超其他部门。比如，该省2013年“培育战略性海洋产业”方案获得经费支持19亿日元③。

（三）小而精的隐形冠军——涉海法人单位

各政府部门下辖很多研究法人单位，即位于金字塔结构底部的研发机构。如文部科学省的独立行政法人海洋研究开发机构、农林水产省的水产综合研究中心（包括：栽培渔业中心、北海道水产研究所等9个分支机构）、环境省的国立环境研究所等。

其中国土交通省下辖的独立法人单位最多，其与海洋科研有关的法人包括：综合政策局环境海洋课海洋室、国土计划局总务课海洋室、海事局、海上技术安全研究所、港湾机场技术研究所、气象研究所等④。这些国有法人单位的研究人才众多，实力不容小觑。

如日本海上技术安全研究所，设立于20世纪20年代。目前共有职员212人，其中管理人员44人，研究人员168人，2013年总收入约为3.17亿日元⑤。设有流体设计系、流体性能评价系、构造安全评价系、构造基盘技术系、环境和动力系、航运和物流系、海洋石油平台评估系、海洋开发系、海洋水下技术系等9个研究分支。拥有世界上最大的400米模拟实验水槽、海域模

① 周芳、卢长利《国外海洋科技创新体系建设经验及启示》，对外经贸，2013年第4期。

② 姜雅《日本的海洋管理体制及其发展趋势》，国土资源情报，2010年第2期。

③ http：//www.cnss.com.cn/html/2013/international_ industry_ 0131/92252.html

④ http：//www.mlit.go.jp/

⑤ 以上数据来源于该所官网：http：//www.nmri.go.jp/index.html

拟实验水槽、风洞水槽、深海水槽、高压水罐、构造材料寿命评价研究施设、材料与化学分析系统等世界顶级的实验装备。在船体优化、海水动力学等方面享誉日本、国际知名。

日本的这种较为严密的政府涉海科研体系一方面能够打破原有部门间的界限，避免了职能的重叠和工作的重复，大幅度减少部门间协调难度和时间；另一方面通过海洋本部的协调运转，较好地发挥了各部门人才联合攻关的积极性，在竞争高技术的研发方面达到了和谐的程度，取得了较好的效果。

三、精英参与的扁平化民间涉海科研队伍

（一）涉海学术团体

日本以高端人才为主体、社会各界人士广泛参加的群众性学术团体特别发达，这些学术性团体很多以独立的财团法人的面目出现，注重吸收退休高官、知名学者的参与，具有与政府积极互动的传统。知名的有：日本海洋学会、日本水产学会、日本海洋声学学会、日本船舶海洋工学会，日本海洋理工学会，日本航海学会、日本海流学会、日本海洋调查技术学会、日本气象学会、日本浮游生物学会、日本水产工学学会、大日本水产会、水产海洋学会等。

其中，日本水产学会（The Japanese Society of Scientific Fisheries）为全国性水产学术团体，隶属日本农学会，成立于1932年，宗旨是开展与水产科学有关的学术交流，以促进水产科学研究的发展。学会的任务有：召开学术讲演会和研究报告会，出版学术刊物和图书，同有关学会联系和合作，表彰研究成果。学会办事处设在东京海洋大学，会员遍布全国各地。学会下设编辑、讨论会计划、出版、渔业恳谈会、水产利用恳谈会、水产增殖恳谈会、选举管理、学会奖评选等委员会。出版物有《日本水产学会志》和《水产学丛刊》。学会每年举办春季和秋季两次研究报告会。学会设立功绩奖（每年2名）、奖励奖（每年4~5名），田内奖（每年1名）和技术奖（每年1名）四项学会奖。该学会对日本水产学术交流起到了较大的推动作用。

日本还有一些专门针对海洋科技人才进行奖励的民间组织，如东京大学海洋研究所创办人日高孝次在退休后以私人财产为基础，成立日高海洋科学振兴财团，1996年更名为日本海洋科学振兴财团。该财团致力于资助、奖励优秀

海洋学者，并资助日本学者赴海外研修①。

（二）民间涉海智库

据不完全统计，日本拥有大小不等的智库1 000余个，这些智库主要有社团、财团和企业法人3种形式。著名的有野村综合研究所、社会工程学研究所、三菱综合研究所、日本综合开发机构、PHP综合研究所等。日本的“科技立国”、“贸易立国”包括“海洋立国”等战略的制定，都与这些大型综合性智库机构有密切关系。也正是由于这些战略的制定才促使日本经济得以高速发展。在涉海战略研究方面，日本的民间智库更是发挥了举足轻重的作用。

“海洋政策研究财团”堪称是日本海洋战略和政策方面最有影响力的智库，该组织是前日本甲级战犯、著名的“右翼教父”笹川良一于1962年创立的，前身名为“日本船舶振兴会”，当时主要从事造船技术、海洋环境等研究活动。2000年左右开始涉足海洋战略研究，在日本海洋政策制定方面，海洋政策研究财团充分发挥自己的影响力，吸纳日本各个阶层的精英组成联合体，并通过媒体、研讨会、论坛等形式对外鼓吹自己的主张操纵媒体，进而影响政府的决策。2007年国会通过的《海洋基本法》，基本是按照该组织的调研报告拟定的。另一方面，海洋政策研究财团高度重视海洋教育，2008年提出了《推进小学普及海洋教育建议》，2009年提出了《21世纪海洋教育蓝图——与海洋教育有关的课程和单元计划》的建议②。

2015年，本是一母同胞的“笹川和平财团”与“海洋政策研究财团”合并，以总资产1 400亿日元的规模跃身成为日本最大财团。正式合并后，沿用“笹川和平财团”的名称，承继所有“海洋政策研究财团”的权力义务，其在日本海洋国策方面的影响进一步扩大。

四、企业培育的涉海高端型人才

日本在培育涉海高端技术型人才方面，企业是主力。日本高度发达的海洋渔业、涉海旅游业、海洋造船、海洋油气业、港口及海运业、海水和海底资源利用业等，培育了一大批高精尖的企业集团，也孕育出了一批世界一流的技术

① http：//www. jmsfmml. or. jp/mml/sosiki/sosiki. htm

② http：//www. jsof. gov. cn/art/2010/6/28/art_ 79_ 53567. html

型高端人才①。

日本海洋掘削公司是日本唯一的深海钻探开发公司，该公司注册资本 8.4 亿美元，业务遍布墨西哥湾、地中海、波斯湾、非洲西海岸和亚洲，和我国合作开发过“渤海 2 号”钻井船。但该公司共有雇员 286 人，包括一线的钻井工人、司钻等，均是多年服务于该公司的高端技术型人才②。

另一方面值得注意的是，日本的涉海高端智囊型企业数量众多，培育了一批战略研究型高端人才。

日本海洋科学株式会社成立于 1985 年，由日本邮船株式会社等企业联合出资，注册资本金 3 亿日元。该公司服务对象包括：中央政府和地方政府、公立法人机构、国际组织、大型船运公司和能源企业等。在大型油轮设计制造、港口规划、桥梁和机场规划、航线设计、海上事故处理、船舶操作和海上训练等方面均能提出国际一流的咨询方案。而该公司雇员只有 75 名，多数为海洋信息技术专家型人才③。

五、小结

日本的海洋科研体系庞大、实力雄厚、领先于世界。限于篇幅，本文给出的只是管窥之见，所见只是豹之一斑。但依然从中可以提炼出一些值得参考的做法。

（1）日本拥有完善的海洋国民教育和发达的海洋国民意识。2016 年，受国家海洋局宣传主管部门委托，由北京大学海洋研究院编制的《2016 年国民海洋意识发展指数（MAI）研究报告》显示，全国各省、市、自治区海洋意识发展指数平均得分为 60.02，刚刚达到及格水平。和日本相比所差甚远。而在海洋科普教育方面，我国除了部分沿海省、市开设有海洋知识课程之外，全国性的义务教育阶段海洋课程基本没有。

（2）日本拥有面向世界的海洋科研意识。日本积极参与国际大型海洋科研项目，在国际合作中发挥了重要作用，取得了一系列科研成果，建立海洋研

① 朱凌《日本海洋经济发展现状及趋势分析》，海洋经济，2014 年第 4 期。

② http：//www.jdc.co.jp/en/corporate/index.php

③ http：//www.jms-inc.jp/business/index.html

究基地，培养了海洋科学领域的人才。随着海洋在国际政治经济格局中的作用日益突出，我国参与全球海洋治理和深化海洋国际合作，对海洋国际标准化的要求越来越高。21 世纪海上丝绸之路建设，要求我们“走出去”和“请进来”，实现与沿线国家的多双边合作和互联互通。

（3）日本海洋科研机构科研信息透明度极高。日本政府以及科研机构在科研信息公开方面值得我们借鉴和学习，机构网站上除有机构概况之类简要介绍外，还可以查看机构的详细的中长期计划、年度计划、年度报告、经费信息，这反映了这些机构制定的规划有十分高的科学性，执行计划的机构本身有十分高的执行力。

（4）日本官、产、学、研互动性极高。日本的官、产、学、研机构紧密结合是日本海洋科技发展处于领先地位的重要原因。多年的探索之路，让日本形成了一套高效成功的国家创新体系。当前中国正在为提高自主创新能力、建设创新型国家的伟大战略目标而努力。中国多年来一直奉行政府主导下产、学、研的合作，由于概念与边界的模糊和制度的不完善，导致了中国长期以来并没有真正的形成互动、合作、创新的局面。日本的一些模式和做法无疑对我国的国家创新体系建设有着积极的借鉴意义。

发达国家技术转移体系及海洋领域技术转移运行机制研究

徐科凤　刘珊珊
（青岛国家海洋科学研究中心，山东 青岛 266071）

摘要：本文分析了美国、英国和日本等发达国家技术转移体系的典型特征，在此基础上，探讨了发达国家海洋领域技术转移机制的运作模式，力图为我国海洋领域的技术转移体系构建提供参考与借鉴。

关键词：技术转移，机制，海洋，体系

自18世纪科学革命以来，美国、英国和日本等发达国家纷纷实施技术转移战略，推进大学、研究机构、企业、中介机构等主体以市场需求开展技术创新和成果转化，形成了政府引导、市场主导、产学研相结合的技术转移机制。进入21世纪，海洋领域成为发达国家推进技术转移的新阵地，基于海洋的复杂性和高风险性，发达国家海洋技术转移体系在延续了传统机制的基础上，又呈现出政府主导海洋综合协调管理、官、产、学研联合推进海洋战略尖端技术等新特点。

一、发达国家技术转移体系的典型特征

从美国、英国和日本等发达国家实施的技术转移战略来看，其体系中较成功的要素主要包括以下五方面：一是政府发挥宏观调控和引导作用；二是大学和研究机构对于技术转移有强烈的愿望和目的性；三是企业是技术创新和转移的主体；四是较为健全中介服务体系的强力推动；五是金融和民间资本的市场化运营。

（一）政府发挥宏观调控和引导作用

（1）营造技术转移的良好政策环境。美、英、日等国家从20世纪80年代

开始纷纷出台各项法律法规，完善技术转移政策体系。美国自80年代以来，共颁布了17项关于技术转移的法律法规，包括著名的《拜杜法案》、《技术创新法》、《小企业技术创新进步法》和《国家合作研究法》等[1]。日本在1998年出台了《大学技术转让促进法》、《技术转移法》，1999年出台了《产业活力再生特别措施法》，2002年制定了《知识产权基本法》[2]。

（2）对大学和研究机构建立技术转移评价制度。美、英等国针对大学和研究机构建立了技术转移评价制度。在美国，技术转移活动成为国立研究机构绩效考核的重要指标之一。联邦实验室必须提交年度技术转移报告，并由技术转移委员会考核各项指标。英国目前正在发展新的研究评价系统研究卓越框架（REF），侧重于对研究效果与影响的要求，以评估英国研究机构与大学的成果转化水平[3]。

（3）建立技术转移管理和促进机构。为加强技术转移管理，各国政府均建立了技术转移管理机构。美国成立了国家技术转让中心（NTTC），国家标准与技术研究院（NIST）、国家技术信息中心（NTIS）和技术政策办公室（TA/OTP）负责管理和协调联邦实验室的技术转移活动，并设立了美国联邦实验室技术转移联盟（FLC），目前有大约700个主要的联邦实验室或研究中心是FLC的成员。日本成立了日本中小企业事业团（JASMEC）和日本科学技术振兴事业团（JST）。英国成立了大学企业联合会（PraxisUnico）和大学研究与工业界联系协会（AURIL）。

（4）科技计划资助技术转移。科技计划是发达国家资助产、学、研合作和技术成果转化的重要方式。美国商务部所属国家标准与技术研究院（NIST）每年提供3 600万美元资助“先进技术计划”（ATP），重点面向中小企业的发展需要，将大学和研究机构的大批研究成果进一步开发转化。1999年英国开始了“科学企业中心”计划，鼓励英国优秀的大学设立创业中心，对创业中心资助100万~400万英镑不等的金额。为改善产、学、研的联系，英国工贸部1997年发起实施了“法拉第合作伙伴”计划。2000年政府又设立了“成果转化”基金，鼓励大学设立专门针对科研成果产业化的机构以促进大学与企业间的技术转移。

（5）促进中小企业发展。中小企业是技术创新和转化的主体，发达国家十分重视促进中小企业的发展。首先，建立各类企业促进中心，完善服务体系。美国仅小企业管理局就成立了 1 000 多家小企业发展中心、17 个出口援助中心、39 个企业信息中心。其次，通过完善金融、财税、采购制度，促进高新技术企业发展。设立风险投资基金和小企业技术创新基金，解决小企业技术创新所需的资金，实行税收减免政策，美国政府每年有多达 2 000 亿美元的采购计划，其中至少 20%必须用于购买小企业提供的产品和服务，庞大的采购为高新技术向小企业转化提供了巨大市场[4]。

（二）大学、研究机构对技术转移有强烈的愿望和目的性

大学和研究机构已经把技术转移视为核心业务和重要使命。2001—2007 年，美国农业部、能源部、国防部、航空航天局等十大联邦部门实验室的技术许可协议和合作研发协议增幅迅速，技术许可协议总计 54 628 件，合作研发协议达 41 219 件（图 1）。根据美国大学技术经理人学会（AUTM）的调查统计，2008 财年，美国大学共执行了 5 039 项许可协议，依靠大学专利技术创办且仍存活的公司有 3 381 个。在英国，2004—2008 年，大学签订的专利技术转移许可合同数量增加了 48. 2%，英国大学创建的存活 3 年以上的派生企业数量增加了 42. 7%[3]。

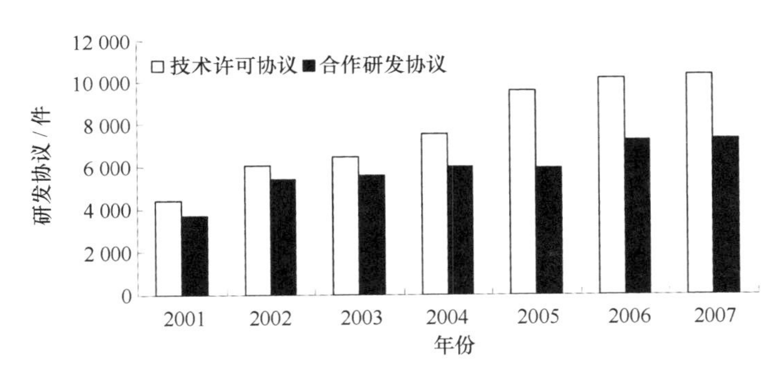

图 1　美国联邦实验室技术 2001—2007 年度技术许可和合作研发协议

大学和研究机构出台各种激励措施促进技术转移，主要包括：①建立技术转移办公室。②在政府推动下组织实施合作研发计划，如美国航空航天局的创新合作计划（IPP）种子基金、马里兰大学的马里兰工业合作伙伴计划。③通过实行企业家培育计划、创业计划、建立孵化器和大学科技园区、借助州立非营利性机构的合资计划、获取外界帮助等方式鼓励科研人员创办企业。④利用

自身设施和知识资源，为企业、大学或其他实体提供有偿或无偿技术服务。⑤将知识服务本地工业发展视为重要使命，积极开展校地合作。⑥组织和建立网络信息平台、知识产权拍卖会、行业研讨会、市场刊物、技术论坛、技术展会等，开展信息交流[5]。

（三）企业是技术创新主体

发达国家技术转移体系中，企业是创新主体。在美、英等国，大学和研究机构围绕企业需求开展技术创新，产、学、研合作紧密，创新要素快速向企业聚集，企业创新能力不断增强。美国中小企业的创新成果占全国的55%以上，高新技术产业占美国生产总值的50%以上。英国中小企业的年营业额占全社会的52%。

（四）中介机构的市场化运作

美国、英国和日本等国的技术转移中介机构都十分发达。除国家设立的技术转移管理机构外，中介机构还包括：①大学和科研机构创立的中介机构，如美国和日本大学内的技术转移办公室。②当地政府建立的中介机构，如美国马里兰州科技开发组织（TEDCO）。③各种行业协会设立的中介机构，如德国工业研究联合会（AIF）。④民间独立的科技中介，如德国史太白经济促进基金会（STW）。⑤商业化的科技服务公司，如美国硅谷地区的公共技术服务公司和投资公司[6]。

中介机构的市场化运作是美、英等国家技术转移成功的重要因素。商业化的技术服务公司、科技投资公司是美国高技术产业区的重要组成部分，如硅谷、波士顿128公路、圣地亚哥生物产业集群的崛起都离不开各类孵化器公司。除企业性质的中介机构外，大学和研究机构的技术转移办公室、政府中介机构和民间科技中介都趋向于采用商业模式运转。日本科学技术振兴事业团JST（政府中介机构）、德国的技术中心（半公益性中介机构）以及英国技术集团（民营中介机构）均具有营利性质，对专利使用人和生产商收取技术转让推介费和场地、设备租金等使用费。日本政府对于像JST一样的官方或半官方科技中介机构的要求是“五年内理顺，争取五年后盈利”。采用商业化运作模式将中介机构收入与科技成果产业化情况和企业利益相挂钩，能有效提高机构服务质量。

(五) 资本的市场化运作

发育良好的资本市场是技术转移的重要保障。技术转移的受让对象主要是中小企业，而风险投资是中小企业发育的催熟剂。美国技术转让大部分是由风险资本进行交易，2012 年上半年，美国风险资本总额达 153 亿美元，交易数量 1 595项。美国的高新技术产业在整个经济中的比重高达 55%，得益于大批高新技术中小企业在美国独特的金融制度下诞生和崛起。以美国生物制药产业为例，从 1998 年开始，资本市场每年的融资额都在 100 亿美元以上，2003 年总融资 169 亿美元，数以千计的高新技术企业得以孵化成功。2002—2008 年，麻省理工学院的德许班科技创新中心（Deshpande Center）资助的项目有 18 项从中心分离出来成为商业企业，获得了 13 个风险投资公司的资助，融资额超过 1.4 亿美元。而英国每年投入到高技术公司的风险资金超过 10 亿英镑，约占整个欧洲的 49%[7]。

二、发达国家海洋领域技术转移运行机制

海洋领域与传统领域相比有其自身特性，决定了其技术转移机制兼具传承性与革新性。基于海洋的复杂性和高风险性，发达国家推进海洋领域技术转移时更加注重发挥政府的综合协调作用，海洋技术转移体系总体呈现如下特征：一是政府加强国家海洋综合管理与开发能力。二是在海洋战略尖端技术领域，政府组织产、学、研联合突破重大关键技术。三是在海洋高新技术产业领域，仍然保持政府引导、市场主导、产学研结合的技术转移机制特点。

(一) 政府加强国家海洋综合管理与开发能力

发达国家通过建立国家综合管理和海洋综合科研机构，提升国家海洋管理和开发能力。美国在 2010 年成立了国家海洋委员会，加强了对各涉海部门的协调职能，建立了以生态保护为核心的区域协调管理机制，为海洋资源的开发和海洋科技发展制定了总的战略方向。为提高海洋管理部门的工作效率，英国 2009 年成立了“英国海洋管理组织”，该组织的海洋科学技术协调委员会负责制定海洋科技发展规划等。2010 年英国对南安普顿海洋研究中心、利物浦劳德曼海洋学实验室等重组，组建了综合性的海洋科研机构—英

国国家海洋科学中心（NOC，UK），以期进一步提升国家海洋综合开发实力。

（二）海洋战略尖端技术的官产学研合作机制

海洋军事、海洋遥感、深海资源开发、海底探查等海洋战略尖端技术因其开发和转移难度较大，一般无法实现大规模产业化，但却是一个国家海洋技术先进实力的象征。发达国家此类技术创新及转移模式一般为：国家在制定重大科技计划，由国家海洋科研机构、大学和大型海洋企业采用合作研发方式开展技术创新，技术成果受让方一般为国家和大型企业。美国的伍兹霍尔海洋研究所每年政府投入占科研总经费的92%，其海洋探测技术处于国际领先地位，1964年研制的“ALVIN”号载人潜水器是美国唯一的载人潜水器，在世界上掀起了研制载人/无人潜水器的高潮。日本的“地球号”是世界最大的深海探测船，该船由日本海洋研究开发机构、三菱重工业长崎造船所、三井造船等单位联合研制建造，目前已屡次刷新世界海底钻探记录。

（三）海洋高新技术的市场主导、产学研合作机制

海洋工程装备、海洋石油天然气开发、海洋生物资源开发、海水综合利用、海洋新能源等海洋高新技术转移转化效率高，直接带动海洋新兴产业的增长。国外海洋高新技术转移机制与传统产业领域相似：大学和研究机构围绕企业需求开展技术创新，并在中介机构作用下以技术许可、创办公司、合作研发、技术援助和院地合作等方式进行技术转移。海洋技术转移的“区域性”和“行业性”特征显著，即依托某地区的科技、海洋资源或企业优势，在某一海洋领域形成活跃度极高的技术转移机制，进而形成产业集群。圣地亚哥海洋生物产业集群的技术转移就是此类型的典型示范。加州大学圣地亚哥分校斯克瑞普司海洋研究所是世界著名海洋研究所之一，作为技术创新源头输出高新技术和创业人才，加州大学技术转移办公室、生物技术服务公司以及投资公司作为中介，对实验室技术进行中试孵化，并对科研人员创办企业提供支持，从而促成了海洋生物产业的快速发展。

斯克瑞普司海洋研究所一项海洋药物技术的转化路线充分体现了该地区的技术转移机制（图2）。海洋生物技术和生物医药中心主管William Fenical的团队通过开发深海微生物，发现了多种有抗癌作用的复合物，但制药公司不认可

该化合物，Fenical 便向加州大学圣地亚哥分校生物技术转化办公室申报了其技术成果，技术转化办公室帮助他们找到了 Forward 风险投资公司，1998 年，Fenical 找到了 Nereus 生物制药技术公司，来开发由 Forward 公司注资的癌症药物开发，风险投资公司配备了经验丰富的企业家，Fenical 转而成为公司顾问，三方共同对药物做进一步开发。2006 年，Fenical 再次创业，寻找开发从海洋沉淀物中提取抗生素，由于具备了经验，他们很快取得当地生物技术团队的关注，并自己创立了公司，利用大学发展项目的资金支持，进行了早期的临床试验[8]。

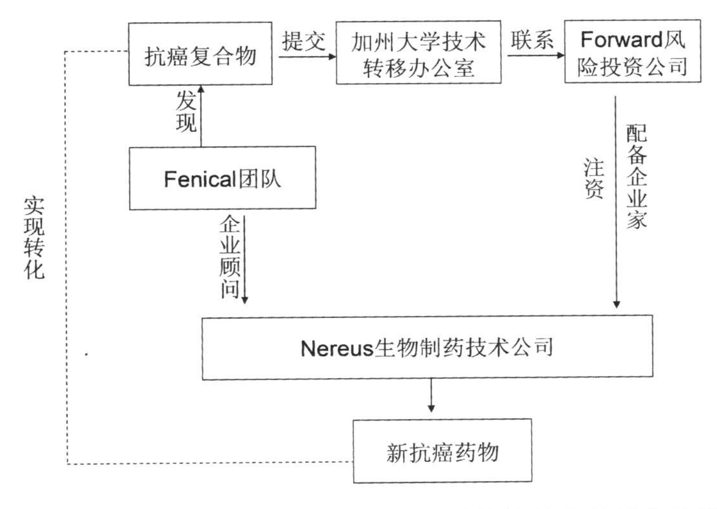

图 2　斯克瑞普司海洋研究所一项海洋药物技术的转化路线

参考文献

[1]　BOZEMAN B.Technology transfer and public policy：a review of research and theory[J].Research Policy,2000,(29):627-655.

[2]　任昱仰,赵志耘,杜红亮.日本技术转移制度体系概述[J].科技与法律,2012(1):68-72.

[3]　李宏,胡智慧.国外技术转移运行机制研究[J].科技政策与发展战略,2012(5):1-31.

[4]　王辉.美国的宏观科技管理制度[J].全球科技经济瞭望,2003(4):4-6.

[5]　胡智慧,李宏,刘青.国外技术转移政策体系研究[J].科技政策与发展战略,2012(4):1-32.

[6] 杨春江,马钦海.服务管理国内外研究现状和发展趋势分析[J].科技进步与对策,2011,28(17):150-156.
[7] 孙东,周怡君.科技企业孵化器现状及发展对策研究[J].科技进步与对策,2013,30(18):120-123.
[8] 刘强.圣地亚哥的生物产业集群[J].东方早报,2013,01-22.

第三篇　海洋新兴产业发展

瓦锡兰公司实施数字化转型战略的启示

杨俊杰
（青岛国家海洋科学研究中心，山东 青岛 266071）

摘要： 研究分析芬兰瓦锡兰发展数字化转型的背景与现状，分析“天窗”业务模式及其对船舶服务产业链的影响，讨论数字化转型的概念、应用模型和重要意义，分析企业实现数字化的基本条件与要素，以期对我国海洋企业利用数字化转型推动海洋产业新旧动能转换有所启示。

关键词： 数字化转型，海洋产业，新旧动能转换

近年来，“新旧动能转换”频繁出现在我国政府相关文件中，如果我们把“动能转换”理解为技术进步所引发的产业新业态、新形式、新模式，把“新经济”形式作为经济增长的“新动能”，那么在信息化产业革命的大潮中，数字化转型自然是推动“新旧动能转换”的最具暴发力的驱动力。

在海洋产业领域，随着国际海事组织（IMO）、非政府与行业组织等不断推出新的公约、规则、行业或者区域标准，环保要求标准不断提高，绿色制造概念应运而生。绿色生产强调推行以数字化、精细化提高资源与材料利用率，最大程度减除环境污染。一批国际型行业龙头企业正积极投入绿色产品、技术和服务的开发，旨在将绿色生产等概念物化融入产业实践。

本文根据随山东海洋科技考察团同芬兰瓦锡兰公司副总裁 Riku-Pekka Hagg 先生的访谈及调研报告[1]，介绍、分析和讨论该公司近年来的数字化转型情况，以期对相关海洋科技规划、研究和管理工作有所启发。

一、瓦锡兰的基业与转型

1. 数字化转型的业务基础

悠久的基业发展历史和强大的全球化市场业务体系，是瓦锡兰公司能领天下先、在业界率先成功走上数字化转型之路的基本支撑。对瓦锡兰抢占数字化生态链的领导位置起关键作用的要素包括：业界独占鳌头的产业体系、全球化服务网络、数十年业务经验与基础数据的积累、对客户需求的深入了解、预测性分析与评估优选技术、广泛的产品系列和业界领先的工程技术专业体系。

独占鳌头的基业体系：瓦锡兰至今已有 183 年的发展历程，公司一直围绕动力系统和服务基业，在电厂、船舶动力和维修服务 3 个领域发展全球市场，是拥有全球客户体系的业界龙头企业。按产业分布来看，2016 年公司能源产业的净销售额 9.43 亿欧元，占总销售额的 20%；海洋产业的净销售额 16.67 亿欧元，占总销售额的 35%；服务产业的净销售额 21.90 亿欧元，占总销售额的 46%。服务收入持续缓慢增长，海洋和能源收入较 2014—2015 年略有下滑（表 1）。

表 1　瓦锡兰公司 2014—2016 年净销售额　　亿欧元

项目	2016 年	2015 年	2014 年
净销售额	48.01	5 029	4 779
能源产业	9.43	1 126	1 138
海洋产业	16.67	1 720	1 702
服务产业	21.90	2 184	1 939

全球化服务网络：瓦锡兰公司销售额的主要组成来源于服务产业。公司拥有全球行业界服务内容最广泛、维修服务最系统化的营业网络。2016 年，公司净销售额达 48 亿欧元，财务报表的纯利润为 3.57 亿元，每股纯收益（EPS）为 1.79 欧元。在 70 多个国家和地区设有分支机构 200 余家，员工总数超过 1.8 万名，其中亚洲员工数为 4 992 人，比欧洲员工人数（10 399 人）少一半，但亚洲销售额为 17.74 亿欧元，占总销售额的 37%，高于包括欧洲（15.81 亿欧元，占总销售额的 33%,）在内的其他市场区域。公司在中国市场

也已经有20多年的发展历史，在上海浦东设立了中国总部，并在青岛、北京、广州、大连、江苏、浙江和香港等地设有办事处和工厂。

2. 数字化转型之路

近10年来，瓦锡兰立足基业，正致力于将数十年来积累的数字化专业知识，为客户开发、建立新的商业化方案，提供新服务，挖掘新机会。决策层采取了一系列行动，开发数字化应用新技术，尤其是聚焦人工智能、数据分析、开放平台、块链（block chain）、网络电脑安全和创建新商业模型等方面。公司着眼于环境意识和能源需求，制定以客户为中心的可持续发展战略，以基业和市场需求为出发点，研发数字化产品，坚持稳定、持续的研发投入，将发展理念融入原材料、设计、配套设备和服务各个环节，是利用数字化发展绿色产业的关键。

近两年来，瓦锡兰开始加速实施数字化转型战略，2016年全面启动数字化转型业务，2017年开始进行全球化的数字产品业务布局。公司一方面将数字化转型作为提升客户服务价值的新业务形式；另一方面将之作为主要战略，推动公司内部业务转型，提升制造生产智能化、测试工艺的数学建模等的工艺水平。

2016年，为加快数字化进程，公司收购了擅长提供智能决策支持系统的Eniram公司，为强化公司的数据分析、模块化和效能优化能力迈出了重要的一步。公司内部则组建起了一个高素质的数字化领导团队，任命了首席数字官和执行副总裁，专门负责推进公司业务实现数字化转型。公司新建立的数字化部门中，抽调了400余名不同部门的在职员工，内设和数字化紧密相关的转型、资产管理、软件工程等职能部门，分别负责领导文化改革方案和转型交流、数字化服务产品开发、软件工程和新型技术与资产管理；部门负责人则从与数字化相关的公司业务部门选调资深高级管理人员任职。数字化总部负责推动各业务部门的数字化举措和战略，网络安全团队则重点提供网络保证、网络运营，网络政策、信息安全和网络化服务，同时，公司鼓励所有员工开展以个人为中心的数字化转型。

2017年5月，瓦锡兰对外界正式发布成立专门机构推动数字化转型的消息，宣告公司拟通过数字化转型业务，向一个以数据为导向、以数据洞察力为驱动、业务灵活的技术公司转变，在智能化海运、智能化能源生态系统的全程循环中自始至终发挥领导作用，最终实现零排放、高效能的目标。瓦锡兰设想建立一个全球化的数字加速度中心，在中心里将数字化构想转化为服务理念和产品，以一种更灵活的方式开发数字产品和服务，与客户和合作伙伴共同创造解决方案。

瓦锡兰的数字化转型实践，始终与产品和服务应用紧密相连。2016 年，公司的新数字化产品开始在多个业务领域发力。1 月，公司和 Cavotec 公司联手，创新性地开发整合无线感应充电、自动系泊功能的产品，通过无线控制实现了船舶的大功率输电、系泊清洁生产。3 月，公司签约为挪威 Songa Offshore 公司的 4 艘 Cat-D 型半潜式钻探平台提供动态维护计划、实时状态监测以及设备分析报告等维护保养服务，启用基于状态维护的 Genius 方案，持续监测发动机状态。4 月，同尼日利亚 Bonny 气体运输有限公司（BGT）签订 6 艘新造 LNG 船监测和服务合同，首次应用数字化系统优化运营，通过动态维护计划（DMP），采用基于状态监测（CBM）系统，精准判断发动机的维护需求，实现 24 小时自动采集实时数据、测量并分析动力状态。7 月，公司续约为芬兰 Eckero 船队的 5 艘客船和滚装船的发动机服务维护，安装了基于实时数据分析的监测系统；公司的 Revolution 数字管理系统，能够应用机器学习、建模和模型控制技术，智能化记录、实时分析并预测自动密封件的性能；集团公司收购专业提供能源管理与分析方案的 Eniram 公司。9 月，公司密封与轴承部门推出可监测密封和轴承的 Sea-Master 系统，通过实时收集尾轴数据，监测船舶轴系设备的运营状态和损耗情况，成为通过数字化推进技术实现简易维护的典范。

二、“天窗”业务模式与特点

瓦锡兰所收购的 Eniram 公司，主导业务是船舶和船舶经营人决策支持系统，包括纵倾优化工具、船队表现管理（FPM）等岸上系统、船速和引擎优化工具等数字化工具，主要针对提高燃油效率、消减污染排放和节省运营成本，提供从单台发动机到整支船队的优化分析，目前已应用在 270 多艘船，并将应用到瓦锡兰的全球客户市场中。

下面以 Eniram 开发的数字化业务“天窗”为例，来说明船舶服务数字化转型的商业意义。

1. “天窗”的基本功能

Eniram 和瓦锡兰公司正在推出的天窗，通过自动识别系统（Automatic Identification System，AIS），提供下一代船队性能监控与优化服务，与手动性能报告相比有巨大改进，能提供更准确的解决方案。

“天窗（SkyLight）”是一个交付客户使用的性能监控服务。该系统主要由软件数据服务和便携式转发器构成，不需安装昂贵的集成式硬件。系统提供租船监测、每个航次基础上的船速资料、船舶的常规速度燃料曲线。从“天窗”系统的软件主界面上，就可以访问任何单一船只或整个船队的历史和实时数据。

Eniram 被瓦锡兰收购后，根据以往用户的需求，推出了“天窗 2”最新升级版。升级版本着低成本原则，主要扩展软件系统，增加了航海图、天气、路线实施援助、减少燃料消耗、降低排放水平、安全性和可见性分析、监测和报告等内容。操作者可以通过不同的系统功能组合，就能获取到预测分析、前瞻性规划方面的服务，如从主界面在最新航线图和谷歌地图间切换，从成本效率、环境和安全等不同视角来察看船的航线，分析和预测船的环境情况，并积极地做出适当决策。

“天窗 2”系统采用每月订阅费用的商业模式，服务内容包括从数据发射机传送到船舶的所有数据、数据流量、动态报告和软件接口。

2. “天窗”的工作原理

“天窗”利用实时数据和高级分析服务来优化船舶性能，为客户提供一种基于订阅的服务。“天窗”每 5 分钟收集一次船的运动数据，通过卫星发送到 Eniram 的数据中心，这些数据和船只的中午报告结合，和气象、海况以及海流等数据一起，用来模拟船速和燃料性能。

如图 1 所示，“天窗”系统的数据采集不需要安装什么昂贵的船载装备或装置，服务信息由一个便携式的双向转发器提供，转发器由船员固定到船的栏杆上即可。转发器将记录船舶性能的数据传递给卫星，转发到 Eniram 公司的数据中心。数据中心利用接收到的数据，按节约成本原则，与公司积累的历史数据，精确地计算出“燃油-速度”曲线，然后将数据处理结果和报告等提供给云平台。客户通过基于云的控制台软件界面“舰队（Fleet）”视窗，可即

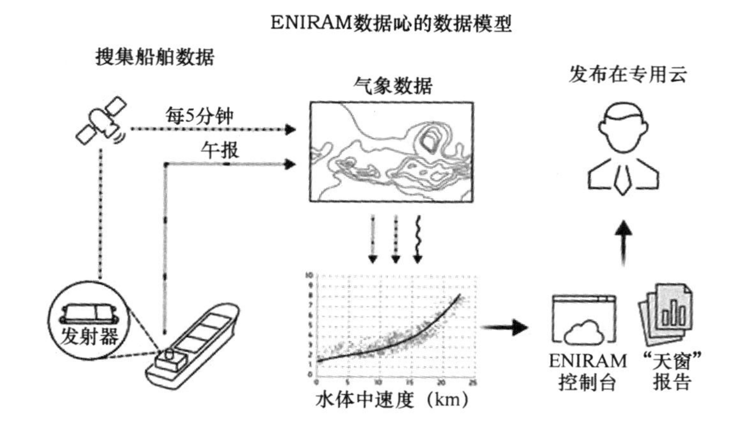

图1　“天窗”数据流示意图

时访问性能数据、分析结果和性能优化报告等。

船舶操作员使用“天窗”，能比以往更有效地监视他们的船队，并非常详细地比较每艘船的性能。船舶运营商通过“天窗”获得燃料和速度性能数据，增加了船舶航行性能的透明度，为优化船舶性能、更有效地管理业务提供了数据支持。

“天窗”利用物联网提供基于智能传感器、集成卫星通信和 web 的分析工具，以史上最低成本来优化船舶性能。由于运行成本低廉，那些租船业务周期很短的运营商和租户，也能够分享高级数据分析所带来的好处。随着卫星业务的迅速发展，“天窗”这类利用实时数据来优化燃料性能的数字化转型业务，呈现出广阔的发展空间。

3. “天窗”的革命性服务理念

“天窗”最大的服务特色之一，是利用大数据，为所有的相关利益方，同时提供动态化的性能数据、能量与绩效管理优化方案。系统构建了一套可适用于不同规模船队的“成本-效益”方法，能够即时提供标准化的燃料曲线，然后把优化方案通过云平台同步提供给运营商、业主和承租人，使租船契约的监测更透明、更实时化，实现了多赢式服务。

由于现场数据发射器、卫星通信、web 应用的介入，获取第一手数据、与岸基数据中心的通信、用数据模型进行分析，都可以在很短的时间内完成。舰船的操作员不再需要手动获取数据、繁复进行计算、人工进行分析和应用判断工作。由于数据中心拥有共同的基础设施和在线的、简单标准化的解决方案，用户实际上分享了数据中心的大量已有数据的分析结果。通过建立一套海面(船舶)、空基（卫星)、岸基（数据中心）体系，“天窗”正在试图对现有的船舶商业服务模式进行彻底的创新和变革。数据开始脱离硬件，成为独立的订阅式的软体服务，也就是说，“天窗”的问世，标志着以传统制造业、服务业为基业的瓦锡兰，已经成功实现了把数据变为真金白银的数字化转型。

当瓦锡兰的全球用户都切换到基于订阅的“天窗”数据服务，意味着航线优化环节将实现全球化的、对整个船舶行业产生重要影响的数字化转型，瓦锡兰理所当然地依然是未来市场的技术领先者。在瓦锡兰的这个产业链条上，起着关键作用的是卫星通信、数据采集与分析和数学模型，后台支撑是拥有庞大航海日志资料基础的经验数据库。

显然，“天窗”正在尝试试图改变瓦锡兰公司整个船舶服务行业链条的购买、消费方式与管理模式，这种革命性的服务理念，已经开始成为瓦锡兰船舶服务实现数字化转型的出发点和业务基石。如果世界上一个船舶服务类企业的产品或者服务，既不能为瓦锡兰公司发动机做产品配套，又不能渗透进“天窗”航线数据服务的某个环节，那么该企业的未来，必将无缘这个瓦锡兰产业链的“生态圈”。

三、关于数字化转型

1. 概念及应用模型

瓦锡兰作为世界行业巨头公司，率先全领域进入数字化转型阶段，是否意味着数字化转型已经不是现代化企业的可选项，而是业务可持续发展的唯一出路?

美国知名策略公司 Altimeter 集团的数据分析师、人类学家和未来学家布利安·索利斯（Brian Solis）认为，数字化转型是指对技术、商业模式和工艺进行重组或者新投资，驱动客户和职员在不断变化的数字化经济中有效地创造新价值[3]。显然，数字化转型是基于公司已有技术和业务模式的改良而发生的转变，这个过程基于人、工艺和技术，并且与在线提供服务或产品的公司密切相关。

布利安建立了一个模型，把数据化分为6个阶段，包括日常化阶段、活跃化阶段、形式化阶段、战略化阶段、融合化阶段和创新与适应化阶段，来评估公司的运作、市场和创新的成熟度，并作为数字成熟度的指导蓝图，用以指导目的明确的数字化转型进程[4]。相关的研究表明，数字化成熟（digital maturity）需要多领域的协进，包括治理和领导、参与人及其角色、客户体验、数据与分析、技术集成和数字文化，其中，除了技术和市场因素，数字化客户体验是驱动业务转型的重要催化剂。

应用模型决策可以带来明显的商业效益，包括：①通过定制成熟度模型，来形成特定的发展路径图；②关注公司的标杆、标准；③形成共识和一致化的执行力；④增强紧迫感；⑤洞察未来市场趋势；⑥考虑数字化转型的优先性举措；⑦为领导建立新视野、新课程和新平台；⑧为未来的技术与工作打造新模型、新工艺和新目标。

在塑造内在竞争力方面，通过建立并遵循模型，有助于包括管理视角、角色、职责、业务、工作和文化等业务的各个方面的演化，也有助于管理人员更有效地与对手竞争，以更直接、更有利的方式加速市场化进程，采取演化的业务心态、业务模式和业务行动去超越竞争对手，通过开发创新型产品和服务以避免业务被市场瓦解，与客户和雇员交流有意义、有价值的经验。

2. 数字化转型的重要意义

布利安认为，数字时代同样存在优胜劣汰，同样奉行“达尔文主义”。如果在技术快速更新、数字化理念不断普及的过程中，如果企业不能领先于普通消费者，及时地转变为数字化生态系统中的适应者，就很有可能成为被消费者抛弃的生态系统受害者，在优胜劣汰中成为失败者。

3. 对技术和人才的认识误区

数字化转型最紧缺的不是技术，而是能让客户接受企业所提供的数字化产品的综合型人才。因此，在数字化转型的企业中，技术只不过是一种手段。企业要满足客户需求并在数字化体验中被接受，必须通过合适的人选，从策略、规划、技术能力、产品实现、客户沟通等各个环节去做出判断并加以实现。

4. 产品创新与淘汰是基础

数字化产品首先在形式上颠覆了传统的产品理念，必须同时具备实时化、移动化和个体化与群体化兼容的特征，这三者是数字化新技术的核心，相关的关键技术包括大数据、地理位置信息、物联网、游戏化、无线网络等。数字化新技术应用的驱动力主要来自3个层面：①传统产品改造升级；②开发新的数字化产品，满足新的需求；③系统化应用数字化技术，淘汰旧生产方式，建立新经济模式。

四、讨论与启示

通过分析瓦锡兰的数字化转型的决策、组织、管理、技术开发、客户合作、商业模式、市场化应用方向等有关情况，笔者认为以下9个方面，既可以作为理解和判断瓦锡兰的数据化转型的要素，也可以帮助企业来分析自己应该从哪些方面入手准备和驱动数字化工作。

（1）转型意识与心态：转型应该从高层管理层驱动，有特定的团队组织实施。可以先从一个部门转型，以取得示范效应。

（2）新型服务型技术人才：转型必须根据产品、服务和组织，围绕客户需求，启用或引进人才技能，同时结合转型进度对人力资源团队、员工进行培训和指导，为转型提供足够的技术和人才支撑。

（3）以客户为动态交流中心：建立与每个客户的实时对话，从与客户沟通中挖掘客户数据价值、发现新需求、集成客户意见进行破坏性创新。

（4）用户数据驱动商业模式：尽可能地利用用户数据，建立供需各方互惠、多赢的商业模式。数据来自用户，服务于客户，让用户最大程度地参加开发与试验的合作，由用户自身验证对产品的满意程度，直至确定出最佳方案，最大程度减小产品开发风险。

（5）挖掘数字化价值：通过满足用户需求来实现数字化价值。收集、分析、生产数据并利用数据开发出新产品、新服务，创造出经济价值。

（6）创新敏捷性：建立容错机制，制定动态规划与目标原则，建立跨职能协作团队分担责任和工作，整合内、外部部门、合作伙伴、供应商和用户，按创新目标和需求进行协作，创造最佳解决方案。

（7）核心与关键技术：“天窗”系统中并没有强调某一技术领先性、破坏性技术创新和软硬件系统，相反，正是传统的业务经验和数据积累，以及廉价的数据发射装置、常规的卫星通信和共享服务的数据中心这些看起来司空见惯的技术手段，在其商业化模式中发挥着至关重要的作用。因而，决定转型是否成功的核心与关键技术，并不一定强调国际前沿的一体化技术，更关键的是如何集成和运用成熟技术与经验数据，把应用以简单的形式做到位，并努力降低成本，为不同层面用户带来看得见的效益。

（8）R&D 投入：瓦锡兰公司的 R&D 投入理念是投资技术领先性，重点投入领域集中在效率增进、燃料适应性和减少环境影响方面，这对确保瓦锡兰产品组合的核心竞争力和持续创新领导地位至关重要。公司 2014 年、2015 年和 2016 年度的 R&D 投入分别为 1.39 亿欧元、1.32 亿欧元和 1.31 亿欧元，分别占净销售额的 2.9%、2.6%和 2.7%，投资额度持续保持在较高水平。

（9）数据安全。网络和数据安全是影响企业数字化转型的一个关键因素，是确保企业数据所有权的基础。瓦锡兰为了实现全面安全，设计了集成化的安全架构，由专业安全部门去实施集成式、整合型、自动化的安全防御计划。

五、结语

瓦锡兰作为行业龙头企业，率先全面走数字化转型之路的实践表明，数字化转型将检验企业的生存能力，决定着企业未来的竞争能力、市场地位和技术地位。由于数字化已经渗透到政策、管理、金融、教育、文化、宣传、智能生产等社会各个领域，除了拥有特殊资源和细分市场的个别企业，大多数企业都不可避免地要面对数字化带来的挑战，是否走转型之路已经不是一个需要讨论和争辩的问题，而是企业有多大能力去实践转型、能转型到什么程度的问题。

尽管现代社会对数字化转型的认可度越来越高，我国也在 2016 年新发布的智能制造发展规划中，明确制定了数字化发展方向和目标[5]，但我国海洋规模化产业对如何利用新型数字技术创造商业利益，尚缺乏成功的案例与经验。

如何根据中国特色，做好顶层设计，是摆在产业规划者、决策者面前的重大课题。建议加强相关调研和理论研究工作，提前布局，科学规划，重点部署，选择重点大中型海洋企业开展试点工作，为海洋产业全面实施互联网+战略建立示范。

参考文献

[1]　青岛国家海洋科学研究中心. 英冰芬三国海洋科技考察报告[R]. 2017-06-22.

[2]　Wärtsilä Corporation. This is Wärtsilä [R].2016:18-19.

[3]　Brian Solis. The Definition Of Digital Transformation [R/OL]. 2017-01-23.http://www.briansolis.com/2017/01/definition-of-digital-transformation/

[4]　Brian Solis. The Six Stages of Digital Transformation [R/OL]. 2016-04-14.http://www.altimetergroup.com/pdf/reports/Six-Stages-of-Digital-Transformation-Altimeter.pdf

[5]　工业和信息化部，财政部. 智能制造发展规划(2016-2020年)[R]. 2016-12-08.http://www. miit. gov. cn/n1146295/n1652858/n1652930/n3757018/c5406111/part/5406802.doc

海洋科技产业聚集发展的理论研究述评

王健

（青岛国家海洋科学研究中心）

摘要： 科技产业聚集发展是科技向生产力转化的重要模式和路径。当前，我国正实施“创新驱动发展”、“海洋强国”和产业结构优化升级及新旧动能转化等国家重大战略和策略，以推动经济社会持续、健康发展。“海洋”作为国民经济社会不可或缺的重要领域，值得深入研究，尤其是作为山东近年提出的“海洋科技产业聚集区建设”，更是亟须梳理分析相关理论依据，为海洋科技产业聚集发展提供理论支撑。

一、研究背景及意义

进入21世纪以来，面对日趋激烈的国际海洋权益和海洋资源开发竞争格局，我国相继提出了“海洋强国”、“一带一路”、“创新驱动发展”等一系列国家重大战略，以及山东半岛蓝色经济区等一批以海洋为主题的区域规划，国家“十三五”规划纲要更是对海洋经济发展、海洋资源保护、重大海洋工程等进行了全面部署，海洋科技与产业发展迈入了新阶段。

山东是海洋经济大省，海洋科研实力雄厚，海洋资源禀赋良好，近年来依靠科技创新引领支撑海洋产业发展，取得了显著成效，形成了较为完备的海洋产业集群与海洋科技创新体系。2015年，山东科技进步对海洋经济贡献率达到65%，海洋生产总值突破1.2万亿元，占全省国内生产总值的19%，占全国海洋生产总值的18%。但山东仍存在着海洋科技产业聚集度不高、区域海洋科技创新资源发展不平衡、龙头企业带动作用不明显、专业化公共研发试验平台缺少、海洋产业结构转型升级有待提速、金融财税政策落实和创新不够、海洋生态环境压力依然紧张等诸多问题，同时，面对经济下行压力，山东在处于动能转换、结构调整、产业转型的关键时期，正努力探索科技产业聚集发展新模式，推进建设山东海洋科技产业聚集区。但是，作为“海洋科技产业聚集区”这一新兴概念，以及海洋科技产业聚集发展这一新模式，亟须开展相关国内外的理论研究，为其内涵、外延以及发展模式和路径提供理论依据。

二、国内外研究理论述评

围绕“海洋科技产业聚集发展”概念进行解构，将其分为 3 个层次，即：海洋科技创新、海洋产业结构、海洋产业集聚及其相互关系。

1. 海洋科技创新

海洋科技创新是科技创新的一部分，由于海洋的重要性，海洋科技创新逐渐成为社会热题。孟庆武认为，海洋科技创新既是与海洋相关的技术创新，又是以海洋为“区域”的区域科技创新[1]。倪国江认为，海洋科技是科技大系统的组成部分，对科技创新概念的理解也适用于海洋科技创新[2]。结合科技创新概念，可以将“海洋科技创新”定义为：是指通过经济社会系统的一系列制度的安排和组合，促使多个主体发挥高效协同作用，创造海洋新知识及新技术、新工艺和新技能，并通过应用创造显著的经济、社会及生态价值的实践活动。刘曙光、李莹提出，我国海洋科技创新是指通过国家、企业、科研机构的学习与研发，逐步推进产、学、研一体化建设，探索海洋科学技术的国际前沿领域，突破技术难关，研究开发具有自主知识产权的技术，逐步形成以企业为主体的海洋应用技术创新体系，提高海洋产业竞争力，加快海洋科技成果的转化和产业化，达到预期目标的活动[3]。

各位学者的定义都认为海洋科技创新是一种有主体参加、有具体目标的实践活动。并且在此基础上加以延伸，提出了海洋科技创新能力的概念。

对于海洋科技创新能力的评价，研究相对较多。王泽宇、刘凤朝运用层次分析、综合指数法对我国海洋科技创新能力与海洋经济发展协调性进行了分析。殷晓莉等通过建立衡量科技创新能力的指标体系，采用网络层次分析方法分析和评价了我国大陆各省、市、自治区的科技创新能力[4]。李华杨选取了

2000—2007 年的《山东科技统计年鉴》和《山东统计年鉴》的数据，从科技创新投入能力、科技创新产出能力、科技创新经济绩效 3 个方面，对山东省科技创新能力与江苏、浙江、广东等发达省份的状况进行了比较分析[5]。姜鑫等在科技部全国科技进步统计监测指标体系基础上，构建了科技创新能力评价指标体系，并应用因子分析方法，对各地区科技创新能力进行综合评价[6]。从查阅的相关资料看，国内学者对海洋科技创新能力的研究相对零散，在分析方法上没有统一标准，研究分析的内容包括海洋科技创新平台体系建设、沿海科技竞争力或沿海区域经济布局等“点”的分析，不是全面的研究，没有针对海洋科技领域有关科技项目统计数据资料的研究评价，没有针对山东半岛蓝区这一特定区域海洋科技创新能力的综合评价，没有针对提高海洋科技创新能力的各主要影响因素的特定分析。

2. 海洋产业结构研究

国内外众多研究人员对海洋经济、产业结构及与经济发展的关系进行了研究。在海洋产业理论方面，以艾伦咨询公司、美国海洋经济计划国家咨询委员会和 Herrera 等为代表的国外机构和学者深入剖析了宏观层面产业结构演变规律及调整优化理论，形成了成熟的理论体系，但西方学者对地区或行业等中观层面的研究相对较少，主要是对海洋产业进行了分类，对具体各项产业的发展状况进行了研究。在产业结构方面，国外研究较为成熟，包括费歇尔确立的三次产业结构理论，克拉克（Colin Clark）、库茨涅兹、霍夫曼发展的产业结构演进规律，刘易斯、拉尼斯、费景汉的产业结构调整优化理论，以及钱纳里等学者提出的“发展模型”理论，美国学者罗斯托提出的主导产业理论，Storper 提出的新产业区的理论。而以 Abdul Hamid Saharuddin、Jonathan Slide、Benito 和 Jones 等为代表的学者及有关国家部门，围绕海洋生态、海洋科技及其在海洋经济与海洋产业发展中的作用进行了探索，开始将生态、科技与海洋产业结构进行关联研究[8-11]。

我国学者近年来将西方产业结构理论运用在海洋产业领域，围绕海洋产业结构调整优化、区域海洋产业结构、环渤海地区海洋产业结构等方面进行了大量理论和实证研究。

在海洋产业结构标准化方面，赵昕回顾了我国海洋产业结构的历史演进状况，对相关指标进行了修正，与钱纳里等的产值结构模式进行分析对比，认为随着我国海洋经济的发展和海洋统计口径的日益完善，我国海洋产业结构已经基本实现合理化[12]。

在海洋产业结构演变规律方面，张静、韩立民认为由于开发难度较大，技术水平要求高，建立海洋工业体系的难度大于建立陆地工业体系，因此，海洋产业结构演进与陆地产业结构遵循着不同的结构演变规律。并且不同的区域海洋资源禀赋、海洋产业发展基础以及传统文化等方面存在区别，所以在海洋产业结构演进过程中会存在差异。同时指出，目前我国海洋产业结构存在同构化和低度化等问题，要通过高科技的发展推动海洋产业结构的演化和升级[13]。

对于海洋产业结构的调整方向，部分学者从三次海洋产业结构角度出发，根据海洋产业结构的演变规律和我国海洋经济发展现状，提出我国应在稳定提高海洋第一产业的基础上，积极调整海洋第二产业，大力发展海洋第三产业。

环渤海地区是海洋经济发展的重要区域，众多学者也纷纷聚焦于该区域海洋产业结构研究。刘洪滨对环渤海地区主要海洋产业的发展状况进行了分析，主要是海洋渔业、海洋交通运输业、海洋盐业、海洋油气业和滨海旅游业等产业，分析了环渤海地区海洋三次产业结构及其变化，指出2000年环渤海地区三次海洋产业结构是一二三格局，对资源环境依赖较大，不仅与发达国家的差距较大，而且与环渤海地区整体产业结构二三一相比也存在差距。由此提出了调整对策：大力发展海洋第三产业、积极调整第二产业、稳定发展第一产业[14]。纪建悦等分析了环渤海地区海洋渔业等主要海洋产业的发展。进行了三次海洋产业结构分析，主要是海洋三次产业结构静态分析和动态分析，指出了环渤海地区的海洋经济很大程度上还依赖于资源环境，最后提出了多项建议[15]。王晶、韩增林以环渤海地区为研究区域，以2001—2005年该地区的海洋水产、海洋油气、海洋盐业、海洋化工、海洋生物医药、海洋电力、海洋船舶业、海洋工程建筑、海洋交通运输、海洋旅游和其他海洋产业11个产业部门产值为指标，通过结构多样化指数、偏离份额分析和区位熵指数对环渤海地区海洋产业结构的综合化、产业结构的结构效益、产业的比较优势等方面进行了分析评价[16]。徐胜运用熵值法、多元线性回归分析等方法，根据环渤海三省一市的海洋经济相关数据，具体考察各省市海洋经济发展的产业结构水平及变动情况、经济效率以及科技进步对海洋经济发展的贡献作用等内容，并依据分析结果对环境资源的利用与可持续发展提出对策建议[17]。

在海洋产业结构研究中，也有部分学者针对海洋科技与产业发展关系进行了研究，但较多的专注于科技贡献率的研究，对于海洋科技创新与海洋产业结构优化升级关系未有深入和系统的研究。

3. 海洋产业聚集度

在产业聚集度的研究方面，国外研究可以从定性研究和定量研究进行分类。从定性的角度去分析影响产业聚集度的影响因素，是衡量产业聚集水平的一种重要的方法。既有的研究当中定性方法主要有以下两种。

（1）Hotelling 的区位模型是产业组织学中分析产业聚集的来源，其从区位因素及价格条件的角度，提出了一种研究产业聚集水平的基本范式[18]。该模型说明了如果存在着一个某种商品的消费者集中区域，则所有生产该商品的企业都有向该中心聚集的意愿及趋势，即在某种需求条件下由竞争而导致的企业聚集。

（2）Porter 的钻石模型。Porter 首次将集群的概念引入到产业竞争的理论体系当中，并在其著名的钻石体系中阐述了产业成功具备的要素条件。他认为，一个国家或者地区的竞争优势是建立在一种通过横向和纵向联系结合在一起的产业集群的基础上，而并非是一个个孤立的产业所产生的优势。依照 Porter 的钻石模型分析，一个国家或地区的某类产业的产业聚集水平是由生产要素，需求条件，相关及支撑产业的表现，企业的战略、结构和竞争对手，以及两种附加要素——机遇和政府决定[19]。

定量研究。自从 20 世纪 90 年代以来，随着统计数据与统计方法等方面的发展和完善，有关产业聚集程度测度方法的研究开始由定性研究转向定量研究，经历了由产业集中度、赫芬达尔指数、空间基尼系数，EG 指数到无参数回归模型等的发展过程[20]。

第一代方法是指 1997 年前所采用的一些测度方法，包括产业集中度、赫芬达尔指数、空间基尼系数等。由于产业集中度仅仅反映了产业在规模上的集中程度，并不能反映产业在空间上的聚集水平，所以产业集中度很少被使用。至于其他两种方法的使用，Henderson 运用赫芬达尔指数（H 指数）对美国资本产业的多样化特性进行了回归分析[21]。Audretsch 和 Feldman 利用空间基尼系数进行计算，并指出知识溢出是产业产生空间聚集的主要原因，技术创新使创新型企业趋向于聚集[22]。在后续的研究当中，空间基尼系数作为主要的测度方法，得到了广泛应用，但是也有瑕疵，即基尼系数高未必聚集度高[23]，因此，Ellison 和 Glaeser 在此后提出了第二代产业聚集度测度方法——E-G 指数，两人从企业地理临近的溢出效应出发，导出衡量产业聚集度的测度方法——E-G 指数[24]。Maurel 和 Sedillot 对 Ellison 和 Glaeser 模型进行了适度的改造，并在此基础上改进了产业聚集度的测度方法，即 M-S 指数[25]。第二代测度方法虽然有了改进，但是仍然存在缺陷。Duranton 和 Overman 提出了第三代测度方法——无参数回归模型，该模型不仅满足这些要求而且提供了集中指数统计意义，同时，Duranton 和 Overman 利用该模型对英国制造业产业聚集度进行了测度。但是该方法也有瑕疵，即对数据的要求比较高，对我国来说数据采集存在一定的困难[26]。

国内关于产业聚集度的研究，主要是基于国外已有的研究成果，从两个角度计算产业聚集度：一种是利用赫芬达尔指数、空间基尼系数和 E-G 指数等进行实证研究；另一种是通过建立指标体系来评价产业聚集度。梁琦[27]、吴学花[28]、王子龙等[29]、唐中赋等[30]、李强等[31]开展了一系列产业聚集度的测算研究。国内既有的研究主要是运用不同的测度方法对国内相关产业的聚集程度进行了测度，但是，在这些研究当中并未考虑到产业水平、地理区域和行政单元对产业聚集度测量的影响程度[32]。

在产业与科技集聚研究方面，大多集中在空间集聚规律研究方面，或者聚焦于集聚发展的竞争性研究上。国外研究有美国学者迈克尔·波特[33]、Kennedy 等[34]开展了大量研究。国内相关学者已开始认识到海洋产业集聚在我国区域经济发展中的作用，傅远佳[35]、李青等[36]、黄瑞芬和王佩[37]、于梦璇和王波[38]针对不同区域开展了研究。在开展海洋产业集聚发展正面效应研究的同时，也有学者开展了负面效应的研究，如污染环境、削弱可持续发展等[39-40]。在科技产业集聚研究方面，徐光瑞测算了 2000—2008 年我国高技术产业五大行业的集聚指数，提出产业集聚是影响我国高技术产业竞争力的重要因素，但缺少对于产业的科技创新要素研究[41]。

三、海洋科技产业聚集发展建议

研究表明，海洋科技产业聚集发展以及山东海洋科技产业聚集区建设，必须利用资源和科技要素，发挥产业和科技比较优势，与此同时，分析在产业聚集度、创新资源分布、新兴产业培育等方面存在的短板，大力推进海洋传统产业优化升级，培育发展海洋新兴产业，发挥要素聚集作用推动海洋经济集聚发展，通过海洋科技创新引领海洋产业迈入新的发展阶段。即，在海洋科技创新方面，发展海洋科技创新中心，提高科技创新能力和科技支撑力；在海洋产业结构方面，开展各产业领域的技术创新工程，推进传统产业的工艺升级和新兴产业的技术攻关；在科技产业聚集发展方面，构造多个产业聚集发展的新高地，形成有效经济增长极。

因此，宏观方面，建议积极构建以海洋新技术为引领的产业发展聚集区，带动产业转型升级，建立现代科技产业体系，促进区域经济发展，充分发挥山东海洋科技领域基础研究优势，以技术创新支撑产业发展，以关键技术突破引领产业转型升级，推动海洋产业群“上下配套、左右耦合”，形成创新型产业增长极，打造全国海洋科技产业聚集示范，推动山东半岛加快建成具有国际影响力的海洋科技创新中心，形成以蓝色经济为引领的创新驱动发展模式，实现海洋强省和创新型省份建设目标。

微观发展方面，建议依托青岛、烟台、威海、潍坊、东营、滨州、日照七市区域产业基础和技术优势，加快建设青岛国际海洋科学中心，有效集成国家及省工程技术研究中心、重点实验室和新型研发机构等创新力量，建设产业技术创新中心，通过实施重大科技创新工程，突破一批制约产业发展的核心共性关键技术，带动产业聚集发展，构筑多层级海洋科技产业聚集的功能载体，打造特色海洋科技产业聚集高地。

参考文献

[1] 孟庆武.海洋科技创新基本理论与对策研究[J].海洋开发与管理,2013(2):40-43.

[2] 倪国江.基于海洋可持续发展的海洋科技创新战略研究[M].北京:海洋出版社,2012.

[3] 刘曙光,李莹. 基于技术预见的海洋科技创新研究[J]. 海洋信息,2008,(3):p19-21.

[4] 王泽宇,刘凤朝.我国海洋科技创新能力与海洋经济发展的协调性分析[J]. 科学学与科学技术管理,2011(5).

[5] 李华杨.山东省科技创新能力比较研究[J]. 中小企业管理与科技,2009(10):111-112.

[6] 姜鑫,余兴厚,罗佳.我国科技创新能力评价研究[J].技术经济与管理研究,2010(4):41-45.

[7] Storper M.The transition to flexible specialization in industry[J].Cambridge Journal of Economics,1989(13):273-305.

[8] Gabriel R G Benito,et al.A cluster analysis of the maritime sector in Norway[J].International Journal of transport Management,2003,4(1):203-215.

[9] Jones P J S.Fishing industry and related perspectives on the issues raised by no-take marine protected area proposals[J].Marine Policy,2008,32(4):749-758.

[10] Jonathan Side,Paul Jowitt.Technologies and the influence on future UK marine resource development and management[J].Marine Policy,2002,26(4):231-241.

[11] Abdul Hamid Saharuddin.National ocean policy-new opportunities for Malaysian ocean development[J].Marine Policy,2001,25(6):427-436.

[12] 赵昕.试论我国海洋产业结构合理化[J].时代金融,2006(12):104-105.

[13] 张静,韩立民.试论海洋产业结构的演进规律[J].中国海洋大学学报(社会科学版),2006(6):1-3.

[14] 刘洪滨.环渤海地区海洋产业结构调整的方向[J].领导之友,2003(6):31-32.

[15] 纪建悦,等.环渤海地区海洋经济产业结构分析[J].山东大学学报,2007(2):96-102.

[16] 王晶,韩增林.环渤海地区海洋产业结构优化分析[J].资源开发与市场,2010,26:1093-1097.

[17] 徐胜.环渤海地区海洋产业结构问题分析[J].海洋开发与管理,2011(5):84-87.

[18] Hotelling, Harold.Stability in competition[J].Economic.Joumal,1929,39(1):41-57.

[19] Porter Michael E.The Competitive Advantage of Nations[M].The Free Press,1990.

[20] 张洪潮,靳钊.鄂尔多斯盆地煤炭产业聚集程度研究[J].煤炭学报,2011(5):885-888.

[21] 乔彬,李国平,杨妮妮.产业聚集测度方法的演变和新发展数量经济技术[J].经济研究,2007(4):124-133.

[22] Audretsch D,Feldman M.R&D Spillovers and the Geography of Innovation and Pro-duction[J].American Economic Review,1996,86(3):630-640.

[23] 贺灿飞.中国制造业地理集中与集聚[M].北京:科学出版社,2009.

[24] Ellison G,Glaeser E.Geographic concentration in U.S.manufacturing industries: a dart-boardapproach[J].Journal of Political Economy,1997,105:889-927.

[25] Maurel F,Sedillot B.A measure of the geographic concentration in French manufacturingin-

dustries[J].Regional Science and Urban Economics,1999,29:575-604.

[26] Duranton G,Overman H G.Testing for localization using micro-geographic data[J].Review of Economic Studies,2005,72:1077-1106.

[27] 梁琦.中国工业的区位基尼系数[J].统计研究,2003(9):21-25.

[28] 罗勇,曹丽莉.中国制造业集聚程度变动趋势实证研究[J].经济研究,2005(8):106-115.

[29] 王子龙,谭清美,许箫迪.产业集聚水平测度的实证研究[J].中国软科学,2006(3):109-116.

[30] 唐中赋,任学锋,顾培亮.我国高新技术产业集聚水平的评价[J].西安电子科技大学学报,2005,15(3):57.

[31] 李强,韩伯棠.我国高新区产业集聚测度体系研究[J].中国管理科学,2007,15(4):130-137.

[32] 刘长全.溢出效应、边界选择与产业集聚测度[J].产业经济研究,2007(4):1-9.

[33] Michael E Porter.The Competitive Advantage of Nations[J].The Free Press,1998.

[34] 王永齐.产业集聚机制一个文献综述[J]. 产业经济评论,2012(3):57-95.

[35] 傅远佳.海洋产业集聚与经济增长的耦合关系实证研究[J].生态经济,2011(9):126-129.

[36] 李青,张落成,武清华.江苏沿海地带海洋产业空间集聚变动研究[J].海洋湖沼通报,2010(4):106-110.

[37] 黄瑞芬,王佩.海洋产业集聚与环境资源的耦合分析[J].经济学动态,2011(2):39-42.

[38] 于梦璇,王波 . 滩涂资源粘性引致的海水养殖产业集聚效应测算[J]. 海洋经济,2011(6):9-16.

[39] 纪玉俊,空间集聚可以促进区域海洋产业的发展吗?——兼论蓝色经济区中海洋产业的集群化对策[J].山东大学学报(哲学社会科学版),2012(06).

[40] 李勇刚,张鹏.产业集聚加剧了中国的环境污染吗——来自中国省级层面的经验证据[J].华中科技大学学报(社会科学版),2013,27(5):97-105.

[41] 徐光瑞,中国高技术产业集聚与产业竞争力——基于5大行业的灰色关联分析[J].2010(8):47-52.

美国加州产业集群对山东省海洋科技协同创新的几点启示

李磊
（青岛国家海洋科学研究中心）

摘要：本文选取美国加利福尼亚州圣地亚哥和硅谷两大产业集群——生物医药产业集群和电子信息产业集群，作为产、学、研结合的成功范例进行研究。运用对比研究和实例解析两种方法，解析两大产业集群的形成、运作机制及现状，分析政府、企业、研发机构、市场以及资本5个要素在美国协同创新体系中的作用和亮点。结合山东省海洋科技协同创新现状，针对海洋科技成果转化，提出可行性建议。

关键词：圣地亚哥，硅谷，协同创新，产、学、研，海洋科技

本文选取美国加利福尼亚州圣地亚哥和硅谷作为调查对象，研究产、学、研结合的两大成功范例——生物医药产业集群和电子信息产业集群，分析政府、企业、研发机构、市场以及资本5个要素在协同创新体系中的作用，并提出针对性建议。

一、协同创新成功范例介绍

（一）生物医药产业集群

美国生物医药产业聚集趋势明显，在全美51个大都市圈中，75%以上的现代生物产业资源集中波士顿、旧金山、费城、纽约、圣地哥、西雅图、Raleigh-Durham地区、华盛顿-巴尔的摩地区、洛杉机9个都市圈。圈内平均所拥有的生物技术公司数是其他42个大都市圈的10倍，集中了全美75%以上的生物技术公司；平均所获得的美国国立卫生研究院（NIH）的经费是其他大都

市圈的 8 倍，生物制药领域的风险投资水平是其他都市圈的近 30 倍，商业化活动水平是其余都市圈的 20 倍。

加利福尼亚州（简称“加州”）拥有旧金山、圣地亚哥和洛杉矶三大生物医药产业聚集圈，是科技与风险投资自由协作的典型代表，是美国发展最快、规模最大的生物医药产业集群，从业人员占美国生物技术产业从业人员的一半以上，销售收入占美国生物产业的 57%，研发投入占 59%，其销售额每年以近 40%的速度增长，在企业的数量、资金市场、税收和研发投入上都处于全美领先地位。从全球第一家生物技术企业 Genentech 于 1976 年成立，经过 30 多年的发展，加州旧金山湾区的生物技术集群内就有 800 多家企业，工作人员达到 8.5 万人，每年创造超过 20 亿美元的出口额。

旧金山湾区（即硅谷）的生物技术集群是典型的自发型集群，科技和风险投资自由结合促使了该集群的形成，形成硅谷模式。硅谷拥有斯坦福大学、加州大学伯克利分校、加州大学旧金山分校等 8 所著名大学，科研实力雄厚。云集在斯坦福大学旁边的 Sand Hill 路的风险投资公司，是硅谷生物医药产业的另一支柱，在与波士顿 128 公路的竞争中，风险投资产业帮助硅谷取得了胜利，同样也为硅谷的生物科技革命提供了资金，目前硅谷的生物风险投资产业实际投资规模居全美第一。1976 年，全球第一家生物技术企业 Genetech 在硅谷创建，它是由大学教授和风险投资家联手创办的，这种知识+资本的模式是当今生物技术创业的基本模式。

圣地亚哥生物技术产业集群可以看做是政府引导下的硅谷模式发展起来的。圣地亚哥是全美生物医药产业发展时间最短、速度最快的地区，汇集了辉瑞、强生、先灵葆雅、施贵宝等跨国制药巨头的研发机构，超过 600 家生物医药公司在此落户。1978 年，圣地亚哥第一家生物技术公司 Hybritech 成立。1986 年，Hybritech 被生物医药巨头礼来公司收购，导致该公司的很多高管以及技术人员离开公司，在接下来的 15 年内先后建立了 IDEC、Amylin、Gensia、Gen-probe、Ligand、Nanogen 等 40 多家公司，由此奠定了圣地亚哥生物医药产业集群的基础。20 世纪 90 年代，圣地亚哥发生了军工产业危机，导致大量高技术人才失业，政府为解决当地的就业问题，选择生物技术产业作为重点发展方向，制定了一系列的产业支持政策，极大地促进了当地生物技术集群的发展。

（二）电子信息产业集群（硅谷）

硅谷是世界上最著名的高科技产业园区，聚集着大量的高新技术企业和创业投资机构，代表着人类最新的技术发展和投资方向，领导着全球技术革命和金融创新的浪潮。

硅谷开创的高技术区已成为高技术研究开发的一种重要形式，其特点是以大学或科研机构为中心，科研与生产相结合，科研成果迅速转化为生产力或商品，形成高技术综合体。硅谷模式是一种自组织系统，是继科学技术的个人研究、研究单位集体研究、国家组织的大规模项目研究之后，人类研究发展科学技术的又一种重要方式，是当代发展高技术产业的成功方式。在高技术领域，技术在越来越大的程度上表现为物化的科学知识，它越来越要求科学、技术与生产趋于同步。硅谷模式正是这种最新趋势的集中体现。

二、协同创新要素分析

（一）政府

在加州高技术产业集群的形成过程中，政府的作用主要体现在制定规划、科研投入、政策引导、税收优惠 4 个方面，政府不介入企业运作，企业运作机制完全交给市场决定。

1. 制定规划

美国的生物医药发展战略提出了发展的思路，界定了政策对经济领域的干涉程度，规划了生物医药产业分时期、分步骤扩张的前景。美国的产业战略规划一般由各个州的州政府制订，再由各个州的州政府提出本州的近期和远期目标，从发展所需的各个方面为研究机构、企业和组织利用政府资源提供保障。

2. 科研投入

在美国，政府投入主要用于前期基础研究，引导技术创新，培育成长型中小企业，鼓励有实力的大企业大幅度增加投入。通过政府先期投入，降低投资风险，引导风险资本积极发展。在整个过程中，政府的科研投入起“发动机”的作用，源源不断地催生新技术和新工艺。美国国家标准技术局（NIST）的一份经济学研究报告显示，政府在生物医药行业每年的研发投入达到 210 亿美元。

3. 政策引导

圣地亚哥生物技术集群的壮大，充分体现了政府政策引导的作用。20世纪90年代，圣地亚哥的军工产业危机导致大量的高技术人才失业，政府选取了当时已有一定规模的生物技术产业作为支持对象，通过资金支持、减免税收等政策给予支持。在政府的引导和干预下，大量新的生物技术公司、相关服务性企业和组织机构兴起，极大地促进了当地生物技术集群的发展。

4. 税收优惠

对于重点支持的行业，联邦政府通过减免高技术产品投资税、公司税、财产税、工商税来间接刺激投资。此外，大部分州也都有针对研究和开发的减税政策，一般是和联邦减税政策联合使用。

（二）企业

加州高技术企业起源于知识和风险投资，得益于知识和资本的有机结合。因此，企业对人才和资本尤为重视。

1. 融资渠道

企业的融资渠道呈多元化特征。高技术不仅是一个高风险的产业，而且是一个资本密集型的产业。没有大量资本的支持，就不可能开发出高技术及其成果，更不可能把这些技术和成果产业化。硅谷早期高技术产业的形成主要是靠军事研究经费和国防采购支持，而从中后期到现在的发展则主要靠风险资本的支撑。20世纪70年代末至80年代初，美国政府联系出台鼓励投资和对中小企实行税收优惠政策，促进了风险投资的发展，投资逐步取代军费成为硅谷创业者的主要来源，而大学也与产业之间形成了更为开放和互惠的纽带。风险投资具有资金放大器的功能，为硅谷高技术产业化提供了资金支持。苹果、英特尔、太阳、思科等一批著名电子企业都是得益于私人风险投资。

相对于加州的高技术企业，其他美国国内企业的资金来源渠道相对较少，股东资金、商业贷款、个人借贷、国外借贷是主要资金来源。虽然政府资金对高技术企业的资助额度逐年增加，但单一的政府资助并不能满足企业发展中的资金需求。解决企业资金短缺的根本之道是创建健全的风险投资系统。

2. 人才吸引

技术型公司最宝贵的资产是人才。为了吸引人才，留住人才，硅谷高科技公司普遍实行员工持股计划，员工既是劳动者，又是所有者，可以使劳动力直接与生产资料相结合，强化员工对公司的向心力和凝聚力。很自然地，高科技产业就如同一块大磁盘，不但凝聚投资者的目光，吸引了最多的资金，同时也吸引了最优秀的人才不断加入。

（三）研发机构

1. 研发投入

高技术企业的研发投入巨大。在生物医药行业，新药研发周期长、投入大、风险高，一个新药从研发到上市一般历时 12～15 年，至少要投入 10 亿～12 亿美元。近年来，全球每年推出 25～30 个创新药物，其中 70%～80%是美国研发成功的。如：辉瑞公司一年投入研发经费为 74 亿美元，大大超过我国所有制药企业研发经费的总和。辉瑞通过与高校合作，获得基础研究成果；与公司企业合作，购买中间产品；与医院合作，开展临床试验。此外，辉瑞还创办孵化器，为创业者提供平台和资金，优先获取孵化成果并寻求风险投资资金。

2. 研发体制

美国企业研发在合作范围及合作形式上是极其灵活的。以加州高技术企业的研发体制为例：①大型生物医药企业均建有自己的研发机构，每年投入重金进行产品自主研发；②他们与大学紧密联系，获得科研成果；③通过研发外包等形式开展企业间的互相合作，共同开发新产品；④大企业通过提供技术及资金与拥有成果的创业者进行合作，直接进行成果转化。

（四）市场

1. 公共服务平台（技术转移体系）

公共服务平台（即技术转化机构）的作用是将具有潜在商业价值的知识成果市场化。在它的运作下，一个知识成果在经过鉴定后，如具有商业化的可能，就会在经过评估、市场分析、专利申请、专利许可、寻求风险投资等相关商业运作后投入市场。

公共服务平台的典型代表是加州大学圣地亚哥分校赞助成立的UCSD CONNECT。UCSD CONNECT成立于1985年，是一个自负盈亏、独立运作的虚拟组织，主要靠公司赞助、会员会费、训练课程费用等自行盈利，但并非学校行政系统下的常设单位。它将圣地亚哥地区的各种资源集中到一起，是连接企业与高校、风投、客户及合作伙伴的桥梁和纽带。它强调有效整合区内各类资源，使产业集群原有的简单“价值链”变为复杂的“价值网”，促进集群内企业形成相互渗透、相互合作的竞合关系，促进集群内资源的共享、创新的扩散和社会资本积累，从而营造了良好的“竞合共赢”的集群创新环境。例如，它整合的生物技术产业组织BIOCOM，专为生物科技产业提供网上信息服务，所架构的信息平台吸引了众多生物科技企业，企业既是各种信息的提供者，又是信息的分享者。通过资源共享，使圣地亚哥地区的各类资源得到了优化配置。

自1985年以来，UCSD CONNECT不仅有效促进了该地区科技成果的转化，而且形成了其与该地区产业、大学和科研机构互利共荣的局面。1995年至今，UCSD CONNECT已经为高科技企业累计筹集了超过58亿美元的资金，促成了400余家新公司的成立，创造了10万多个新就业机会。目前，UCSD CONNECT已拥有近1 000个会员、赞助商及支持者。鉴于UCSD CONNECT经营模式取得的显著成绩，目前世界上许多国家均已开始学习其成功的运作模式和经营机制。

2. 创业氛围

加州地区创业氛围浓厚，大量的新创企业极大地推动了集群发展。与大医药企业相比，新创的中小型生物医药企业在创造性、敏捷性和成长性方面具有突出的优势。生物医药产品的开发，主要依赖于创造力、集中力和知识更新速度，相比之下，规模对创新能起的作用相对有限。规模是创造力起作用的结果，而不是创造力起作用的原因，因此，新创企业的数量是衡量一个生物医药产业集群活力的重要标准。也正是因为新创生物技术企业在推动生物医药产业创新方面表现突出，一些生物医药产业的巨头，比如Amgen、Genetech等，纷纷削减自身的研究规模，转而与一些新创的生物技术企业建立联盟，以获取不断推动企业进步、集群发展的动力和新鲜血液。安永的一份研究报告证明，美国几个著名的生物医药集群，比如旧金山、圣地亚哥和波士顿，生物医药新创企业数量很大，尤其是旧金山，仅2000年旧金山海湾地区就有76家新上市的生物技术公司，显示出旧金山地区生物医药集群的蓬勃活力。

（五）资本

1. 资本市场

美国资本市场非常成熟，主要依靠证券市场融资和风险投资。证券市场融资主要面向上市企业，风险投资主要面向创业初期的中小企业。以美国生物制药产业为例，从1998年开始，资本市场每年的融资额都在100亿美元以上；2003年总融资169亿美元，其中证券市场直接融资131.6亿美元，占77.7%，风险投资33.3亿美元，占19.7%，两项合计占到当年融资总额的97.6%。由于资本市场的健康运转，投资人的风险承受能力较强，民间和工业界的投资远远超过政府投资。根据美国的税务政策，投资的资本所得因承担风险可以给予优惠，即使投资失败也可以抵扣当年收入直至全额抵完，这让风险基金和天使投资人有更大的动力去投资和扶持具有创新性的生物医药企业，使源源不断的资本注入到新的生物医药项目中去。

2. 并购与重组

高技术企业并购与重组频繁。以圣地亚哥第一家生物技术公司Hybritech为例。1986年，生物医药巨头礼来公司收购Hybritech，导致该公司的很多高管离职，在接下来的15年内先后建立了IDEC、Amylin、Gensia、Gen-probe、Ligand、Nanogen等40多家公司，而IDEC目前已成为圣地亚哥的领军企业之一。又比如，2002年以后，全球资本市场全面萎缩，美国的生物医药产业也受到极大冲击，当年美国约320家上市的生物医药公司中有20%实施了重组，与此同时，该行业也经历了有史以来最大规模的并购。当时全球最大的生物制药企业美国Amgen公司斥资160亿美元收购IMMUNEX公司，Medlmmune公司收购Aviron公司，Chiron收购Matrix公司等。这些生物医药巨头通过合作、兼并和剥离等方式进行战略重组，壮大了企业经营规模及经营实力，也大大刺激了传统制药厂商与生物医药企业的结盟和重组，为整个生物医药产业的复苏起到了重要的推动作用。

三、建议

通过研究美国加州高技术产业的协同创新机制，对比山东省海洋科技和海洋产业的实际情况，从实际操作的层面出发，提出以下几点建议。

（一）充分发挥政府带动作用

充分发挥政府带动作用，促进企业、研究机构及资本联合协作，通过市场调节机制，建立政府—企业—研究机构紧密结合的协同创新体制。以美国军事工业为例，美国军方运用合同管理军工企业，通过实施军事研究计划，一方面增强了国家军事实力；另一方面增强了科研和产业实力，圣地亚哥产业集群的雏形即由美国军事研究计划推动建立。

结合山东省海洋科技现状，建议通过实施国家海洋计划，如载人深潜、大洋调查等重大海洋计划，建立政府—海洋科技机构—涉海企业紧密结合的协同创新体制。政府制定计划，通过公开招标选取承担单位。科研机构与企业各有所长，通过联合协作共同承担国家计划，通过协作，科研机构与企业可以建立紧密联系，有利于科技成果快速转化。

（二）建立健全技术转移体系

近年来，我国对于科技发展和知识产权的重视使得科学技术研究的上游投入如资金、项目管理等力度得以不断加大，但对于由科研机构产生的一些具有市场应用前景的创新成果，目前还欠缺相应规范的管理运营机制和配套的服务系统。

从美国创新成果转化运作方式可以看出，将一个区域或一个群体的知识成果进行集中管理，有助于集中精力对每个项目进行评估，并有针对性地进行商业运作，增强了成果转化的目的性。以专业机构的形式运作，较之没有商业经验的个人，在提高成果的商业转化率的同时也使国家与发明人的利益和回报得到公平的保护和保障。集中对知识成果进行转化运作，提高了专利许可本地化的成功率，促进了区域生物产业的发展。而地方经济的增长也必然吸引风险投资商更加青睐该地区，增加对于该地区的智力成果转化投资额度，进一步促进成果转化，形成知识技术成果商业化的良性循环。

借鉴美国的经验，我们可以建立山东省海洋领域技术转化运作模式，针对海洋科技领域的研究机构成立专门负责成果的市场前景认定、专利申请和许可、融资等商业运作的组织。并针对不同机构的性质、不同研究资金来源、不同合作研究形式等制定细则，以明确不同性质组合来源的研究成果市场化后的利益分享。这样既可提高知识成果的转化率，又在保障国家科研投资利益回报的同时兼顾发明人的利益，维护发明人的创新积极性。

（三）拓展融资渠道

资金投入强度直接影响生物医药高科技产业化的发展速度，发育良好的资本市场是生物医药健康发展的基础。一方面，要建立多元化的投资体系，形成既有政府拨款，又有非政府自筹资金；既有国内金融贷款，又有国外资本投入；既有无偿使用经费，又有有偿使用资金的多渠道、多形式投融资崭新局面。政府可以设立技术创新基金、实行无息贷款，以及用减免新产品税、调节税的方法鼓励企业自己设立技术创新基金；另一方面，应大力发展风险投资，不断扩大融资范围，与商业资本和民间资本合作，此外还应采取积极措施，鼓励证券公司等社会上的资金管理公司参与风险投资，吸引国际风险资本投资。

（四）建立风险分担机制

目前山东省的科研机构与企业在创新成果合作研究方面还有很大的发展空间。一方面，科研机构的研究成果主要以论文的形式公开发表，使一些具有应用价值的研究成果没有得到应有的知识产权保护和市场开发；另一方面，国内大多数生物、制药企业由于资金、规模和政策等方面的影响，在基础研究方面投入不足，未形成研发的主体。因此导致了“大学研究成果没人用，企业产品研发做不了”的尴尬局面。

如果将研究与转化方面结合起来，研究机构参考企业需求开展研究，那么科研成果转化率将大大提高。由于很多项目研发周期长，涉及环节多，为了降低研究机构与企业的风险，在具体操作层面，可以设立分段进出机制。将资金和技术的投入进行阶段性拆分，企业和风险投资机构根据市场和各自的承担能力分段投入，就能实现资金的分段进入和退出。假如一个新成果的研发需要若干阶段，企业或者风险投资商可以根据自己的实力，对其中的某一阶段进行投入。如果项目的开发取得进展，价值增加，投资人就可以转让给下游的投资商，使得资金安全撤出并获取利润。如果开发失败，阶段性投入也可使损失降低到最小程度。通过分段风险投资机制，实现资金的分段进出，由不同的投资人来分担投资风险，有利于保护投资人利益。而且，由于是分段介入，使得在整个研发过程中，研发的每一步都得到重视和集中攻坚，可以提高成功率和效率，间接地为投资人获取更大的利益。

从冰岛到青岛

——对地热资源综合开发与利用的思考

马健

（青岛国家海洋科学研究中心）

摘要：冰岛借助独特的地质和资源优势和在全国范围内实施的清洁能源规划，使之成为世界上最干净的国家之一，也是世界范围内，在不久的将来，有望成为世界上第一个全部使用可再生清洁能源的国家。青岛市作为我国著名的沿海城市，海水资源丰富，近些年来在大力发展推进海水源热泵供热、供冷技术方面取得了阶段性的成果。本文通过对冰岛地热资源综合开发利用的成功经验，结合青岛本地资源优势和特色，对地热资源开发与利用提出存在的问题，并给予几点建议。

关键词：地热资源，地热开发，科学规划

人类在面对环境污染的困扰、地球生态平衡的破坏、不可再生资源的匮乏、各国对能源需求的急速增长的背景下，以石油、煤炭和天然气为主要能源的时代终将被核能、地热能、太阳能和风能所取代。科学家预测到 2050 年，新能源将成为人类主要能源。

地球内蕴藏着由放射性物质热蜕变等原因所产生的巨大热能，有人称之为大热库。大热库通过热对流或热传导，时时刻刻将热通过地球表面散发到大气中，其热量大大超过火山喷发和地震活动所释放出的总热量。此量虽大，但因过于分散，能够直接利用的十分有限。只有在地球内热相对富集地区和大地构造活动强烈地区以及达到人类能够开发利用程度的热能，才能构成可利用的地热资源。地热资源有着极其广泛的用途，不仅仅是洗浴和治病，它还可以广泛地应用于蒸气发电、工业烘干、空调制冷、供暖、温室种植、水产养殖、饮用

矿泉、农业灌溉等领域。此外，地热水中还有碘、溴、铯、锂、铷、锗等多种矿物质，有些还可作为工业矿床开发利用。根据资料显示，地热水综合利用后，用途可达30多项。但是，这些用途长期没有被大多数人所掌握，人们对地热的浅陋认识一直延续到20世纪70年代。

一、冰岛地热资源开发利用

冰岛位于北大西洋靠近北极圈的海域，是欧洲第二大岛国。全国面积为10.3万 km^2，人口约30万。岛内年均降雨量为2 000 mm，水资源丰富，人均拥有水资源是欧洲人均水量的600倍。冰岛地处大西洋洋中脊上，火山、地质活动频繁，岛内冰川与火山并存，地震与地热孪生，全岛11.5%的土地为冰川所覆盖，岛内有火山200余座，其中活火山30余座，仅历史上有记载的火山喷发就超过150次，火山地形地貌比比皆是。特殊的地质构造、活跃的地壳运动、复杂的地形地貌，造就了冰岛地下热流滚滚，成为世界上地热资源最丰富的国家。

二、冰岛地热资源概况

1. 地热资源分布特征

冰岛对地热温度的分类指标与其他国家不同，冰岛将热流处在地下1 000 m左右、温度低于150℃的地区定为低温地区；超过地下1 000 m、温度高于200℃的地区属于高温区。冰岛地热田的分布与火山位置密切相关。在从西南向东北斜穿全岛的火山带上，分布着26个温度达到250℃的高温蒸气田，约250个温度不超过150℃的低温地热田。天然温泉800余处。低温体系分布于火山区的外围。较大的低温体系主要位于冰岛南部的火山区的侧面，而小一些的可在冰岛的任何地方找到。

2. 冰岛地热资源总量评价

冰岛最新地热资源研究成果：冰岛地壳厚度0~10 km范围的地热资源含量为3亿TW·h（地热能源，1 TW·h相当于1亿度电）；地壳厚度0~3 km范围内的地热含量为3 000万个TW·h；技术上可利用率为100万TW·h。若将全部地热能用来发电，每年可发电超过800亿度。

三、冰岛地热资源开发利用现状

冰岛自1975年开始大规模使用地热资源。①建筑供暖。目前85%的冰岛人口利用地热取暖，首都雷克雅未克的市能源公司负责经营城区的地热井和城外地热区的地热，经由管道输送到用户，是世界上运营最为完善的地热供暖系统。②利用地热发电。地热发电占国家总发电量的30%以上。冰岛是利用地热发电占比最大的国家，冰岛最主要的发电厂是地处亨吉尔山区的奈斯亚威里尔地热电站。③开发多元化的地热资源利用模式，如种植温室蔬菜花草、建立全天候室外游泳馆、铺设公共设施热水管道、开设热水游泳场馆等。

地热资源的有效应用，不但使冰岛首先摆脱了能源危机，石油等能源进口大大减少，而且有效地保护了冰岛的自然环境，其二氧化碳等温室气体排放量几十年前就达到了国际标准。同时，热能的多元化开发和应用，丰富了公益福利项目，增加了国家的旅游收入。

四、青岛地热资源的开发和利用现状

青岛市作为我国著名的沿海城市，海水资源丰富，近些年来在大力发展推进海水源热泵供热、供冷技术方面取得了阶段性成果。

2004年青岛建成了我国第一个海水源热泵项目：青岛发电厂。2006年，青岛市首个利用地源热泵技术进行供热试点工程在城阳区千禧国际村三期住宅项目推行。在此基础上，地源热泵技术在青岛很快进入了推广使用阶段。作为青岛承办2008年奥运会帆船比赛的地标式建筑之一，成功应用海水源热泵技术，设计海水源热泵空调系统，为媒体中心提供了制冷、供暖和生活热水所需冷热量。2010年，青岛开发区千禧龙花园成为全国首个采用海水源热泵空调系统的居民社区，项目总投资2 000万元，覆盖建筑面积6.5万 m^2，用海水源热泵技术进行供热、供冷和提供生活热水。从公共设施、公共建筑到居民小区，展示着青岛海水源热泵技术应用广阔的发展前景。

截至2013年，青岛市已有27个共计约175万 m^2 的建筑项目采用了地源热泵空调技术。同时，青岛市推广使用的范围也实现了重大突破，由原先单一的住宅开发项目逐步推广到其他各类建筑项目，形成青岛市及周边地区土壤源热泵的示范效应。

五、青岛区域内地热资源开发与利用存在的问题

青岛市即墨区位于青岛市东部沿海、崂山国家级风景名胜区北侧，东邻黄海，包含即墨市温泉镇、鳌山卫镇两地，其中陆域总面积 218 km^2，海域规划面积 225 km^2。该区域内的温泉地热水资源属全国少见的“海水地热资源”，是发展旅游、休闲度假、疗养项目的独特天然优势资源。

但是，目前该区域内主要的地热利用方式基本上是传统的温泉洗浴，形式单一，资源效益没有得充分发挥。随着温泉镇及周边区域开发建设速度的加快，地热资源用量也在不断增加，显现出该区域内地热资源开发与利用存在的一些问题。

1. 地热资源勘察程度不够，缺乏对地热资源的总体评价

地热资源由于埋藏深，补给途径远，再生能力弱，其资源量是有限的，并非取之不竭。只有在对区域内地热资源量具有清晰了解的基础上才能做到合理开发利用，保持地热资源的长期性连续稳定开采。而目前，由于地热资源勘察程度不够，尤其缺乏地热资源评价工作，造成地热资源的盲目开发利用。21 世纪初，青岛市即墨区温泉镇估算的年开采总量约为 20 万 m^3，而现今开采量要远大于此。温泉水温逐年下降，地下水位也呈逐年下降趋势。因此，有必要对该区域内地热资源储量进行进一步的系统整体勘查研究，在进一步查明其地热地质特征的基础上，制定科学长远的地热开采规划，实现地热资源的可持续利用，努力扩大区域内地热资源的开发前景。

2. 地热资源利用方式单一，地热资源浪费严重

据调查了解，在温泉镇从井中抽出的 90℃ 热水，在输送到各疗养院后，一般都要经过一段时间的自然冷却或兑取一定数量的冷水后才能利用，热水高温部分的热能并没有发挥其应有的作用，且从疗养院排放出来的尾水，其相当一部分的温度高于 40℃，有时高达 50~60℃，这些热水都被白白排放掉，不但造成极大的浪费，还对环境造成不利影响。根据我国其他地区地热资源的开发利用情况，这一温度有很大的利用价值，有必要进一步开发利用，从而实现

“梯级开发，一水多用”，提高地热资源的利用率。

3. 浅层地热能利用缺乏统一规划，工程质量良莠不齐

青岛及周边地区土壤源热泵虽然近年来推广应用力度大，但工程项目前期缺乏与当地政府主管部门的沟通，造成部分工程的地埋管系统阻碍了市政未来规划。同时，土壤源热泵工程存在大量的工程转包行为，中间缺少必要的监管措施，企业为追求利益最大化，使得工程质量大打折扣。早期的海水源热泵工程均是直接利用海水，因为海水腐蚀性和海水微生物滋生堵塞官网，使得青岛地区直接利用海水的海水源热泵工程几乎宣告失败，因此选择合适的取水方案也将对海水源热泵工程质量产生重要影响。

六、对青岛区域内地热资源开发与利用的建议

1. 探明可供开发利用的地热资源储量及其科学机制

地热资源的系统开发利用需要科学依据为基础，开展对近海岸线海水资源调查，利用先进的地球物理探测方法，掌握地热资源形成的科学机制：热源机制、热水储量、循环机制，探明可供开发利用的地热资源储量，建立区域内地热资源系统化的基础科学理论依据。

2. 提出地热资源综合开发与利用的合理规划和布局

基于浅、中、深层地热资源量，提出适合区域内地热综合开发梯级利用方案，建立给予科学依据的地热资源潜力评价方案，提出地热资源综合开发与利用的合理规划和布局，从而实现围绕地热供暖为主的地热资源高效利用和地热资源规模化利用，形成海水温泉特色小镇的创新内涵，并向整个即墨城区辐射，引领带动具有百亿元产值的相关产业链。

3. 打造“地热+”多能供应体系，形成清洁能源利用示范区

打造“地热+”多能供应体系，提升以地热供暖为主的清洁供暖比例，塑造区域海水温泉特色小镇“地热+”多能供应体系，如地热发电、地热供暖、温泉理疗、地热养殖等，形成区域绿色电力、绿色热网、生态旅游等产业链的融合。“地热+”模式的地热资源综合开发、梯级利用方案的顺利实施，必将在青岛乃至全国提供示范作用和具有推广意义。

基于钻石模型的山东省海洋水产品加工产业竞争力研究

田敬云
（青岛国家海洋科学研究中心）

摘要：运用钻石模型理论，从生产要素、市场需求、相关产业与支持性产业、企业特质、政府行为及面临的挑战等方面，对山东省海洋水产品加工产业的竞争优势进行分析，在此基础上提出了提升山东海洋水产品加工产业竞争力的具体途径。

关键词：海洋水产品加工，钻石模型，产业竞争力

水产品加工业是山东省传统优势产业，20世纪90年代初期，依托资源、科技优势，山东省水产品加工业经历了前所未有的大发展，水产品总产量超过广东、江苏等省份，一跃成为我国第一水产大省，至今20多年来始终保持水产品总量、海水产品总量、水产品加工量、水产品出口量均居全国第一的良好态势。特别是进入新世纪以来，水产品加工产业发展迅速，2001年水产品加工产量为241.7万t，到2015年为678.8万t，水产品加工产业产值由172.3亿元增长为981.7亿元，实现数倍增长[1]。海洋水产品加工是山东水产加工业的支柱组成部分，历年来占水产品加工总量的97%以上，同时海洋水产品加工产业也是连接海水养殖、海洋捕捞与水产品物流、水产品出口等产业的关键枢纽，因此，研究山东省海洋水产品加工产业的竞争力，并以科技优势提升产业发展对促进山东省乃至全国海洋经济发展都有重要意义。

一、波特钻石模型简介

波特钻石模型（Michael Porter Diamond Model）又称波特菱形理论、国家

竞争优势理论，由美国学者迈克尔·波特于20世纪90年代提出，用于分析某个国家（或地区）的产业在国际竞争中赢得优势地位的各种条件（图1）。它由4个关键要素和两个辅助要素构成，4个关键要素包括生产要素、需求条件、相关产业与支持性产业、企业战略企业结构及同业竞争；两个辅助要素为机会和政府。这6个要素相互依赖、影响，形成产业的竞争优势。钻石模型已越来越多地被运用于不同产业的竞争力分析。因此，本文将以迈克尔·波特的“钻石模型”为理论参照系，开展山东省水产品加工产业的竞争力研究分析[2]。

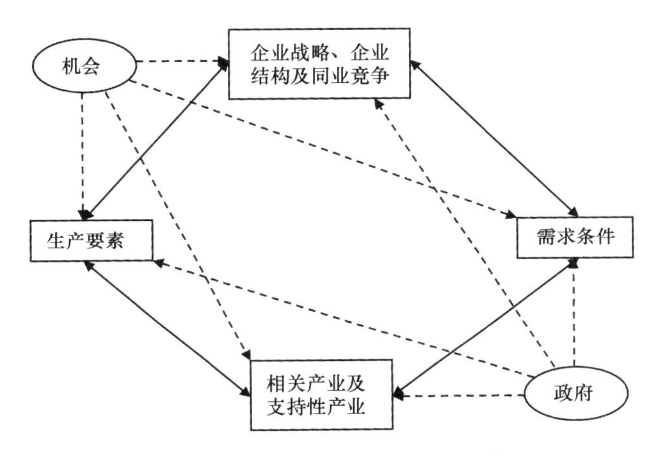

图1　迈克尔·波特的“钻石模型”

二、山东省海洋水产品加工产业竞争力的影响因素分析

（一）基于水产品加工生产要素的分析

1. 资源要素

山东省是我国海洋渔业大省，海岸线3 121 km，浅海可利用养殖面积近2 000 km^2，滩涂可利用面积近1 500 km^2，具有发展海洋渔业的天然优势。海洋渔业资源丰富，具有经济价值的各类水生生物资源400余种，近海较重要的经济鱼类和无脊椎动物109种，海洋自然资源丰度指数居全国之首[3]。我国蓝色产业中“藻、虾、贝、鱼、参”五次海水养殖浪潮，均发起于山东进而推向全国海岸线，大大改善了我国人民的食品结构问题。

2. 创新要素

全省拥有国家驻鲁和县属以上涉海科研、教学机构近60所，海洋科研人员超过1万名，高级科技人才占全国同类人员的一半以上。中国科学院海洋研究所、中国海洋大学、中国水产科学研究院黄海水产研究所、国家海洋局第一研究所等国内一流的科研教学机构都积极开展海洋水产品加工技术的研究与开发，承担了大量国家或省级重大科研课题，在海洋新品种培育、海水增养殖、水产品精深加工、海珍品加工、功能性产品加工等方面取得了大量研究成果，为海洋水产加工行业发展提供了技术支撑与保障。

3. 生产要素

山东水产品生产总量连续多年占据全国第一的位置，2015年水产品总产量931.3万t，占全国总产量的13.9%，其中海水养殖产量为499.6万t，占全国海水养殖总产量的26.6%，位居全国第一；海洋捕捞产量为228.2万t，远洋捕捞产量为46.9万t，这为山东省海洋水产品加工提供了充足的原料供应。根据渔民家庭收入核定数据，截至2015年，山东省有海洋渔业从业人员100.0万人，占同期全国海洋渔业劳动力的26.3%，这为山东省水产品加工业提供了充足的人力资源[4]。

（二）基于水产品加工市场需求的分析

从消费需求来看，随着人均收入的增加以及生活水平的不断提高，人民的食品结构逐渐从以粮食类为主向非粮食类转变，高蛋白含量、高营养价值的海洋水产品日益受到人们的青睐，也带动了水产品加工业的发展。对山东省近15年来主要蛋白供给品种肉类、禽蛋、奶类与海洋水产品的产品产量对比研究发现（图2）[5]，从产量规模来看，山东省海产品的总产量与肉类产量基本持平，远远高于禽蛋和奶类的产量。从增长速度上来看，山东省海产品产量呈平稳增长趋势，由2001年的526.66万t增长到2015年的775.00 t。

从产品贸易来看，山东水产品市场交易数量今年来呈稳定增长趋势，2015年山东省水产品市场交易额达620.9亿元，占全国总交易额的18.7%。亿元以上水产品市场达24个，其中日照市岚山区安东卫海货城是我国最大的海产品交易市场，水产品交易市场的繁荣显示了山东省水产品极强的市场需求量[6]；在水产品进出口贸易方面，山东历年来占据全国第一的位置，是我国最大的水

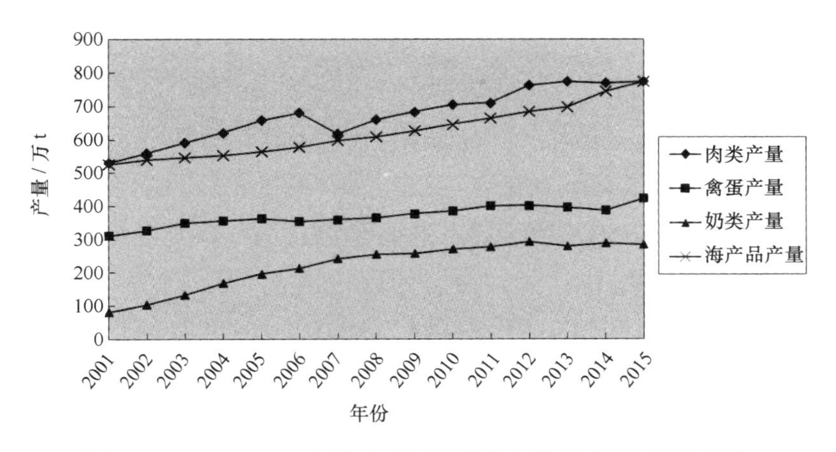

图 2　2001—2015 年山东省主要蛋白供给产品产量对比

产品加工出口基地。2015 年山东出口水产品总量达 107.7 万 t，稳居全国第一的位置，占全国总出口量的 25.6%，创汇达 44.9 亿美元，由此可以看出山东省水产品加工产业具有广阔的国内外市场需求[4]。

（三）基于海洋水产品加工相关及支持产业分析

随着科技的不断创新，山东省水产品加工业发展迅速，逐步形成了冷冻制品、鱼糜及干腌制品、罐制品、藻类食品、水产饲料、鱼油制品等加工产品体系，其中冷冻制品、鱼糜及干腌制品等产量领先全国。

作为现代海洋渔业的一个环节，海洋水产品加工的发展得到上下游产业的支持与推进。2015 年山东省渔业经济总产值 3 783.2 亿元，居全国之首，超出第二名江苏省 1 047.2 亿元。以水产苗种、海水养殖、海洋捕捞等为主的海洋渔业为水产品加工提供品种丰富的原材料，直接决定水产品加工产业的发展趋势。种质是养殖产业之本，山东省历来重视海水养殖良种的研发与推广。截至 2016 年年底，山东省拥有经全国水产原良种审定委员会审（认）定的海水养殖原良种 41 个，约占全国海水养殖原良种总数的 60%。在发展海水养殖产业过程中，山东省不断创新养殖模式，优化产业结构，通过技术集成及创新，积极推广工厂化养殖、网箱养殖、海上浮筏养殖、池塘精密养殖、生态养殖等多种模式，主要养殖品种达 70 余种，覆盖鱼、虾、贝、藻、海珍品等主要优势品种，2015 年产量达 499.6 万 t，占全国海水养殖总产量的 26.6%，创造产值达 861.3 亿元，居全国之首[4]。海水养殖业的迅速发展为海洋水产品加工业提供了充足的原料。

山东省渔业流通和服务业也很发达，2015年总产值为899.8亿元，位居全国第二，仅次于广东省，这为水产品加工产业的发展提供了重要支撑。近几年来，随着半岛蓝色经济的迅速崛起，山东不断致力于打造配套、成熟、灵活的渔业流通设施与方式，在相关流通区域间建立畅通的物流网络，大力发展连锁经营、直销配送、电子商务、冷链物流等现代渔业物流业态，完善物流对海洋渔业的服务功能。烟台杰瑞网络斥巨资打造的国际冷链物流网，成为国内领先的集冷链产品信息共享平台、企业实力展示和产品营销平台、冷链行业资讯平台于一体的综合性、专业化冷链物流服务平台。

（四）基于海洋水产品加工企业的特征分析

山东省水产品加工业企业发展迅速。2015年山东省水产品水产加工企业1 873个，年水产品加工能力871.4万t。拥有冷库2 042座，日冻结能力36.8万t，冷藏能力166.9万t/次，制冰能力9.7万t/d，加工能力、冻结能力、冷藏能力、制冰能力均居全国第一。全年加工总量678.8万t，海水加工产品总量669.2万t，均为第二名福建省总产量的两倍以上，居全国第一。虽然山东省水产品加工企业数量众多，但大多数为中小型企业，2015年中小型水产品加工企业占全行业的65.0%，规模以上加工企业仅656个，占总数量的35.0%，比率低于辽宁、安徽、湖北等省份[4]。部分企业生产季节性强，例如专门从事海带、紫菜加工的小型企业，加工时间仅为两个月左右。

近年来，山东涌现出一批规模较大的水产品加工龙头企业，如青岛正进、威海好当家、烟台东方海洋等。这些企业大多采取多元化的发展模式，充分利用企业的各种资源优势，积极拓展企业的生产范围和市场渠道；通过实施“走出去”战略，开拓国外市场，大力发展水产品的进出口贸易，丰富产品种类及业务范围；通过树立品牌形象，打造企业专属的拳头产品及发展模式，以品牌战略谋求发展。这些企业经过由小到大、由内而外的艰难历程，逐渐拥有了完整的产业链和强大的综合实力，发展为集海水养殖、冷藏加工、科技研发及国际贸易于一体的大型现代化企业集团，为山东海洋水产品加工企业发展起到良好的示范带动作用。

（五）基于政府产业政策的分析

山东省委、省政府高度重视海洋的战略地位，20世纪90年代做出了加快

"海上山东"建设的一系列战略决策，为山东省海洋渔业发展提供了良好的发展机遇。2007年省政府出台《中共山东省委、山东省人民政府关于大力发展海洋经济建设海洋强省的决定》，提出培育壮大现代渔业等优势产业，大力发展水产品精深加工，提高水产品附加值，提高水产品质量安全水平。2011年，《山东半岛蓝色经济区发展规划》获国务院批复，提出要构建现代海洋产业体系，优化发展海洋水产品加工等第二产业。2015年，山东省政府提出建设"海上粮仓"的意见，提出到2020年全省水产品总产量达到1 000万t，为人民提供40%的动物蛋白，2016年发布的《山东省"海上粮仓"建设规划》将水产品加工列为重点工程及主要任务之一。在一系列战略决策的支持下，山东省水产品加工产业形成了较为完善的监管工作机制，制定了《水产品监测管理规定》、《水产品有奖举报管理办法》、《水产品质量安全事故应急预案及操作手册》等制度，《山东省水产品质量安全管理办法》也列入政府重点立法规划，为山东省海洋水产品加工产业的发展提供了较好的政策环境。

三、山东省海洋水产品加工面临的主要挑战分析

（一）海洋水产初级加工产品多，高附加值产品少

山东省水产品加工多是冰鲜、冷冻等初级加工的形式，精深加工、高附加值产品比例较低，导致山东省水产品加工业增加值率较低。2015年山东省水产品加工产值981.7亿元，位居全国第一，但水产加工增加值仅有306.2亿元，比福建省低102.5亿元，工业增加值率为31.2%，低于全国平均水平的36.1%，并且远远低于福建、广东、江苏等省份，离广西、辽宁也有一定差距，在全国主要沿海省、市、自治区中排名靠后（表1）[4]，与渔业大省的地位非常不相称。

表1　2015年我国水产品加工产业的增加值

地区	水产品加工产值/亿元	水产加工增加值/亿元	工业增加值率/%
全国	3 880.6	1 402.6	36.1
山东	981.7	306.2	31.2
辽宁	244.2	76.9	33.6
浙江	595.0	117.4	19.7

续表

地区	水产品加工产值/亿元	水产加工增加值/亿元	工业增加值率/%
福建	756.9	408.7	54.0
广东	218.7	95.4	43.6
江苏	224.3	92.0	41.0
广西	50.0	17.6	35.2
海南	98.4	26.3	26.7

（二）海洋水产加工机械装备发展不足

海洋水产品加工机械装备产业是山东省海洋水产品加工产业发展的短板，由于缺少专业的水产品加工机械研发与生产机构，仅有少数生产食品机械的小规模企业，生产设备局限于贝类清洗机、贝类分离机、海参烘干设备等基本机型，不能生产整套的水产品加工生产线，且设备的技术和性能远不及国外。海水产品精深加工设备和废物利用机械设备基本上还是空白，有实力、规模大的水产品加工企业所用设备多依赖于进口，不仅大大增加了水产品加工行业的成本，也限制了水产品加工产业的创新性发展。

（三）水产加工企业技术水平落后，加工效率低

2015 年，山东省水产品加工企业数量为 1 873 个，在全国处于第一的位置，但规模以上企业数量只有 656 个，占水产品加工企业总数的 35%。其他大多数为粗放加工的小型企业，加工技术、时间、效率等都较低，影响整体加工业水平。整体来看，山东省企业加工产品以低值化为主，水产冷冻品、鱼糜制品及干腌制品产量居全国第一，鱼油制品、藻类加工产品不及福建，水产饲料加工量远远低于江苏。

近年来，山东省水产加工能力、水产加工产量实现连年递增，但大多数企业仍存在产能过剩问题。2015 年全省水产加工能力达到 871.4 万 t，实际生产水产品 678.8 万 t，平均负荷率为 80.9%（表 2）[4]，虽然高于全国 74.5%的平均水平，但仍低于福建、广东、江苏、海南等省份。水产品加工企业加工能力的闲置必将加剧企业竞争，促进行业资产重组进程。但由于多数企业安于现状，对合作开发的认同度低，产学研体制不够完善，与企业和市场没有实现完

全对接，造成了科研机构的研发能力难以发挥作用，对行业的科技贡献率低。

表 2　2015 年我国水产品加工企业规模

项目	全国	山东	广东	福建	浙江	辽宁	江苏	广西	海南
企业数量/个	9 892	1 873	1 075	1 214	2 112	915	1 036	180	227
规模企业数量/个	2 753	656	144	419	302	375	336	60	41
规模企业比例/%	27.8	35.0	13.4	34.5	14.3	41.0	32.4	33.3	18.1
加工能力/万 t	2 810.3	871.4	232.8	325.0	464.0	298.2	194.3	94.8	47.7
加工量/万 t	2 092.3	678.8	139.6	332.7	214.2	237.7	159.6	71.8	50.1
企业负荷率/%	74.5	80.9	91.0	102.4	46.2	79.7	82.1	75.7	105.0

(四) 水产品质量与安全控制技术体系落后

我国水产品加工业的质量标准体系、质量认证体系、食品安全控制体系建设相对滞后，在发达国家已普遍接受的 SSOP、GMP、HACCP 等质量管理与控制体系及标准，在我国只在一些出口企业或大型企业开始实施，所占出口水产品加工注册企业的比例较少。作为海水产品出口第一大省，2007 年，山东省有水产品加工企业 1 826 家，其中出口水产品加工注册企业有 420 家，在注册出口企业中，有 145 家通过了 HACCP 认证（其中青岛 86 家），通过欧盟认证的不到 100 家（其中青岛 66 家），而通过第三方认证的比例更低。质量控制体系的缺位已成为渔业可持续发展和水产品出口贸易的瓶颈[7]。

四、提升山东省海洋水产品加工产业竞争力的具体途径

(一) 加快精深加工技术研发，提升产品附加值

精深加工技术是海洋水产品加工实现产业高附加值的关键，在将传统加工改造成工业化生产的同时，提高精深加工产品的比例，充分发挥现有科研力量的作用，解决水产品精深加工关键技术和共性问题，推动行业精深加工技术水平的突破。重点开展废弃物综合利用研究，研制开发饲料鱼粉、液体鱼蛋白饲料、食用鱼粉、浓缩水解蛋白等产品，尽快实现低值水产品及废弃物的加工和综合利用。加大海洋生物活性物质及天然产物的开发利用，进行功能性海洋食

品的研究与开发，以及海洋蛋白活性肽工程化制备技术集成与产业化开发，从综合利用海洋生物资源为出发点，实现海洋生物资源高值化。大力研发海珍品加工技术，抓住海参、鲍鱼、扇贝、海胆等海珍品价格较高的优势，开发产品新种类，研制食用性、功能性产品，形成系统化、精细化的加工模式，满足人们便利高效、经济实惠的消费需求。

（二）大力发展相关支持产业，完善产业链条

大力发展水产品加工机械装备产业，联合中国水产科学研究院渔业机械仪器研究所等研究单位，开展光机电一体化、仿真模拟、计算机、精密加工等技术研究，开发自动化、半自动化鱼类原料处理机、贝类、虾蟹类脱壳设备以及螺旋式速冻机、体分割机、去皮机等符合企业需求的新型加工装备，提高产品稳定性，降低能耗，提高我国水产品加工装备自主研发能力，实现国产设备代替进口设备。加强海水产品冷链物流技术的研发，重点突破制冷技术、保温技术、产品质量变化控制及温度控制等技术，生产制造先进的制冷设备、冷藏车、制冷机等。研发冷链保鲜、包装技术，冷链的节能技术和冷链的自动化技术及信息技术，解决运输过程中的温度控制、损失消耗及节能减排等关键问题，建立成熟先进的海水产品冷链物流系统。进一步延伸水产品加工产业链条，推动发展产业集群，提高产品的竞争力，促进区域产业集群的发展和产业结构优化升级，推动海洋水产加工行业协同创新发展。

（三）完善水产品质量认证体系，保障海洋食品质量安全

进一步完善水产品质量标准体系，建立针对水产品加工行业的国家标准、地方标准、行业标准和企业标准，实现标准化生产，改变我国水产品质量标准繁杂无序、归口不一的现状，建立覆盖生产、加工、储藏、销售全过程的标准体系，尽快与国际通行标准接轨；加强水产品质量认证体系建设，争取与国外认证检验机构实现互认，尽快建立既符合中国国情又符合 WTO 要求的水产品质量认证体系和标准；加强水产品质量安全监督体系建设，实施强制性检测制度和市场准入制度；建立水产品追溯制度，实现大宗产品的源头追溯、流向跟踪以及信息查询。

（四）强化技术集成示范，建设特色产业化基地

充分利用山东省水产品加工的区域优势和产业基础，加快“项目、基地、

人才”一体化建设，依托沿海高新区、经济开发区、民营产业园、特色产业基地等各类形式的基地园区，在一定区域内形成结合紧密的水产品加工产业集群，完善和提高区域创新系统和区域竞争力。

同时，以推动示范开发为目标，启动建设一批水产品精深加工产业化示范基地，重点建设荣成湾海洋水产技术密集示范基地，开展海产品精深加工、综合利用和高值化技术研究，建立海带、牡蛎等大宗、优势养殖水产品精深加工技术体系；建设环渤海海珍品精深加工基地，以山东东方海洋科技股份有限公司、好当家集团等海珍品养殖加工龙头企业为依托，开展海参、鲍鱼等为主的海珍品的精深加工技术研发，确保第五次海水养殖浪潮的持续健康发展；建设荣成、城阳、芝罘等一批冷链物流基地，提高出口产品附加值，使其成为重要的水产品价格形成中心、水产品物流中心和水产品加工基地。

（五）加大政策支持力度，提供保障环境

加大资金支持力度，针对水产品加工企业设立专项资金补助，鼓励企业向技术创新、节能减排、结构调整方向发展。发展多渠道资金汇集方式，引导风险资金、民间资金、非公经济等资金向高新水产企业聚集。加大政策优惠力度，出台有利于水产品加工企业发展的税收措施，免征或减征增值税和所得税等费用。鼓励水产企业扩大生产规模，享受土地使用优惠措施。

参考文献

[1] 农业部渔业局.2002,2003,2004,2005,2006,2007,2008,2009,2010,2011,2012,2013,2014,2015,2016,中国渔业统计年鉴.北京:中国农业出版社.

[2] 迈克尔·波特.国家竞争优势.北京:中信出版社,2007:114.

[3] 李乃胜.山东半岛海洋自然环境与科技进展.北京:海洋出版社,2010.

[4] 农业部渔业局.2016 中国渔业统计年鉴.北京:中国农业出版社,2016.

[5] 数据来源于山东统计信息网 http://www.stats-sd.gov.cn/2007/tjsj/tjsj.asp? lbbm=1.

[6] 数据来源于中华人民共和国国家统计局国家数据网 http://data.stats.gov.cn/index.htm.

[7] 李乃胜,薛长湖,等.中国海洋水产品现代加工技术与质量安全.北京:海洋出版社,2010:583.

美国海洋科技成果转化路径分析及对我国的启示

张守都
（青岛国家海洋科学研究中心，山东 青岛 266071）

摘要：推动科技成果转化是我国科技体制改革的一项重要内容。本文系统梳理了美国海洋科技创新与成果转化的主要策略与路径，结合当前我国海洋科技成果转化中存在的问题，提出了推进海洋科技成果转化的几点建议，为海洋科技产业转型升级提供参考。

关键词：科技成果转化，海洋，美国，存在的问题

科技成果转化是指为提高生产力水平而对科学研究与技术开发所产生的具有实用价值的科技成果所进行的后续试验、开发、应用、推广直至形成新产品、新工艺、新材料，发展新产业等活动。在我国当前阶段，科技成果转化概念更加侧重是指，我国现有科技体制下推动科技成果从科研院所实验室向社会经济生产一线转化的过程。但是，在美国等西方发达国家并不存在科技成果转化的概念。基于资本主义市场经济的长期发展和科技创新的深厚沉淀，西方发达国家科技研发与生产、资本等要素深度融合，中间并无明显界限。当然，并非说他们不重视科技成果转化工作，相反，西方发达国家已经熟练、系统地将科技成果转化工作融入到了科技研发、商业运营、资本投资等基本市场要素，具体到科技成果转化策略与体系则是高效与完善。本文以世界头号科技强国——美国为例，着重分析美国科技成果转化具体路径，结合我国当前海洋科技成果转化需求与问题，探讨提高海洋科技成果转化效率的对策。

一、美国海洋科技成果转化路径分析

(一) 以企业为主体、以利益为驱动的科技创新机制

1. 企业科研经费是海洋科技创新的主要投入方式

美国海洋领域企业是美国科技经费主要来源和使用者，对科研经费投入产出比的直接追求是推动科技成果转化的第一原动力，是推动美国海洋经济和科学技术发展的重要力量。美国政府对海洋领域企业科技研发投入提供了强有力的支持，同时企业为政府提供了巨大的技术回报。早在19世纪中叶，美国财政部、美联储、联保存款保险公司等机构共同出资设立了海洋投资基金，为海洋经济和海洋产业发展提供多方位支持。此后又成立了渔业委员会，专门负责提供海洋渔业补贴，比如采用低息贷款、专项养殖补贴等方式，对鱼类加工新技术的开发予以支持。到20世纪40年代至80年代初，美国政府通过支持基础科学研究和实施国家科学技术计划，将政府资助重点进一步从科研院所转向了企业。通过实施《经济复苏税法》、《商业和竞争混合法案》和《为了国家利益的科学》等系列政策法案，促进美国企业增加科研经费投入，保持企业技术国际竞争力，并形成了企业对政府的科技政策制定产生影响的反馈机制。随着美国对企业科研经费的投入逐年加大，到20世纪80年代，美国企业对科研经费的投入已经超过政府，进入21世纪之后，美国企业科研经费占全国科研经费总额的70%以上，高于科研院所和高等院校。欧委会发布的《2014年欧盟企业研发投入排行榜》，美国企业2013年研发投入最高，达1 937亿欧元，占所调查全球企业研发投资总额的36%[1]。美国重视海洋科技对经济发展的长期促进作用，近年美国每年海洋科研经费投入超过270亿美元，美国海洋企业界承担了高额的科研经费投入，对美国海洋科技成果转化产生了巨大的影响。美国海洋企业科研经费增长的原因分析有以下几点：①随着国内外竞争压力的增大和海洋高新技术以及海洋经济观念的普及促进了海洋企业自我技术创新行为。②美国海洋企业盈利和流动资金水平的增加为美国企业科研经费增长提供了资金保障。③美国低通胀水平、平稳利率和较低的科研经费成本为美国海洋企业科研经费增长提供了有利的环境保障。

2. 金融资本是科技创新投入的重要来源

美国科技金融场非常发达，形成了以科技产业、资本市场、风险投资、政策金融和商业银行联动的一整套金融支持科技创新体系，社会逐利资本客观上为科技创新创造了良好的金融环境和强大驱动力。美国的科技金融发展取得了非常大的成功，通过对其在金融支持科技投入方面取得的经验进行深入分析，可得出以下启示。

（1）依托发达的风险投资市场和健全的资本市场体系推动企业科技创新。美国凭借其最发达的资本市场和风险投资市场，极大地推动了美国的科技创新活动快速发展，在高科技产业发展方面，也与资本市场和风险市场联合，形成科技项目发现和筛选机制，高效执行科技投入与成果转化，在激励和帮助科技企业发展的同时，以市场机制淘汰落后产能与企业。美国的科技金融支持体系与美国的金融体系完善程度、经济发展水平、市场培育以及美国的历史社会文化背景等因素密切相关，其中最大的特点是银行与企业关系并不密切，在融资体制中资本市场占主导地位，以发达的资本市场和风险投资市场支持科技投入和科技成果转化。

（2）充分发挥政策性金融机构与商业银行对企业科技创新市场引导机制。虽然美国以市场导向型金融体制为主，美国并没有忽视政策性金融对科技创新的重要推动作用。通过政策性金融的引导作用，可以吸引大量的民间资本和商业银行信贷资金等参与到企业科技创新中来，创造一个良好的科技创新活动环境，美国政府甚至设立专门的政策性金融机构支持企业科技创新活动。

（3）构建完善的企业创新信用担保体系。完善的信用担保体系是美国企业科技创新取得巨大成就的重要支持力量。首先，通过大量设立担保金融机构，制定健全的担保资金补偿机制和严格的规章制度，有序向企业的科技成果转化提供科技贷款，有效降低了金融机构的贷款风险，提高了科技成果转化的融资效率。同时，通过市场机制将资金配置效率和效益最大化，对企业的科技创新活动和科技成果转化起到了实质支持作用。

（二）政府引导科技成果转化服务体制

1. 建设高效的科技成果转化服务体制

美国政府非常重视科技成果转化，具有科学的促进科技成果转化机制的顶层设计，以商务部及其下属的科技管理机构作为促进科技创新和科技成果转化的主要政府管理机构。商务部设有强大的促进科技成果转化的工作团队，团队成员有：负责技术的部长、负责海洋与大气事务的副部长、负责通信与信息事务的助理部长、负责专利和商标事务的助理部长以及国家标准技术研究院院长等。商务部下设促进科技成果转化的功能部门，如美国国家专利局（USPTO）、美国标准和技术研究院（NIST）、国家技术信息服务中心（NTIS）以及美国国家电信与信息管理局（NTIA），人员和机构的设置都在促进科技成果转化过程中发挥了显著的引领和管理功能。1999 年美国成立国家海洋经济计划国家咨询委员会，聚焦海洋科技成果转化，加强对海洋经济发展管理与引导。高效的政府管理与协调机制为美国海洋科技成果转化奠定了组织基础。

2. 制定保障科技成果转化的法律

美国出台了一系列的促进科技成果转化的通用法律政策，为各海洋领域科技成果高效转化奠定了法制保障。1980 年美国制定了著名的《拜杜法案》，从根本上解决了科技成果转化的核心问题——知识产权归属。法案核心内容是规定在美国联邦政府经费支持下完成的研究成果属于研究单位所有，但联邦政府保留对科技成果优先使用的权力。清晰的知识产权归属为快速转化科技成果扫清了障碍，同时也使研究者更注重产业化研究方向，提高了科研经费对产业技术的支持效率。1982 年美国制定了《小企业创新开发法》，明确提高政府对高新技术中小企业的产业化潜力项目的资助，核心内容要求科研经费预算达到 1 亿美元的政府部门需按比例向科技型中小企业提供创新资助倾斜。1988 年制定了《综合贸易和竞争法》，首次提出把加强科技成果转化作为提高企业竞争力的一项主要措施，并在商务部国家标准与技术研究院建立制造技术中心，帮助中小企业提高自主创新能力。1989 年通过了《国家竞争性技术转让法》，该法案核心内容允许各种形式的研究机构联合参加国家研究与开发项目，最大亮点是去除了制约科技成果转化的不利因素，明确了政府及研究机构对科技成果转化的义务与责任。逐渐完善的科技创新法制环境对美国科技成果转化产生了巨大影响，国家的科技创新氛围有了巨大的改观，代表技术进步的专利数快速增加，通过市场机制推动科技成果转化的机制得到了确立和迅速发展[2]。在海洋方面，早在 20 世纪 60 年代，美国国会就通过了《海洋资源与工程开发法》，并成立海洋科学、工程和资源总统委员会，由总统直接负责对美国与海洋有关的问题和事务进行全面审议。1993年通过了《海洋生物技术投资法》，目的在于刺激海洋生物技术的研究与发展，以挖掘其在食物生产、医药和工业应用方面的潜力。之后又相继出台了《21世纪海洋养护、教育和国家发展战略法案》、《海洋法令》以及《美国海洋行动计划》等与海洋产业发展的相关法案，推动在发展海洋产业的同时保护海洋环境、防止海洋污染，促进海洋资源的可持续利用。在这些法令的指导下，美国政府不断加强海洋环境保护，进行沿海流域管理，对入海内陆河流域进行全境生态保护和污染治理，力求保证海洋产业快速发展的同时，保护好海洋生态环境，实现海洋经济的可持续健康发展。完善系统的科技成果转化和海洋产业发展法律体系为美国海洋科技成果转化顺利执行奠定了坚实的法制基础。

3. 实施促进科技成果转化的政策

为应对世界政治、经济和科技发展新形势，促进科技创新效率和提高企业全球竞争力，美国政府制定和实施了一系列的促进科技成果转化相关的政策，包括实施政府主导的科技计划和设立促进科技成果转化专门机构等。

（1）大学技术管理人协会（AUTM）。为促进大学发明专利等技术成果的进一步开发和市场化，1974年美国成立了大学专利管理者协会（AUTM前身），以专门机构的形式致力于美国大学技术的保护和许可[3]。ATUM以举办培训活动、出版发行物、构建信息平台、举办年会等形式，提高会员开展技术成果转化的业务能力、丰富会员对技术成果转化的知识认知、建立大学与产业界的网络沟通渠道和开展技术成果转化的专题研究等。AUTM最大的亮点是建立了衡量大学和科研机构技术成果转化绩效的评价标准。通过对美国的大学、研究机构的科技成果转化情况进行广泛调查，建立起一套评价大学和科研机构科技成果转化转移绩效的考核指标。考核指标主要包括量化指标和同等重要的非量化指标。①量化指标主要有：专利申请量、签字生效的许可协议、新成立的公司、许可费用的收入、特许权使用费、产权投资收益以及成功进入市场的产品数等。②非量化指标主要有：大学留住企业家型科研人员的能力、吸引杰出毕业生的能力、吸引风险投资开展科研活动的能力、通过高水平的科研活动培养高素质的人才的能力等。通过以上这些指标综合反映出大学和科研机构的科技创新能力和技术成果转化能力，并逐渐成为美国评价大学和科研机构声誉的重要参考指标。AUTM 通过提高科技成果转化水平形成了产、学、研相互促进的良性机制。科技成果的转化加强了科研院所与产业的互动，增加了科研人员的收入，促使他们关注产业需求的信息，制定更加符合产业发展需求的教学和研究工作。反之，同时研究机构与产业的深度结合，提高了科研院所培育人才的针对性和质量，拓展了后续科学研究和教育的经费来源，为进一步的科技创新奠定了良好的基础。

（2）先进技术计划（ATP）。依托美国国家标准和技术研究院（NIST），美国政府从 20 世纪 90 年代开始实施 ATP[4]。ATP 具有以下特点：首先，ATP 计划具有明确的国家意志和严格的科技管理理念：①ATP 计划项目研究方向必须符合国家发展战略和良好的市场化潜力。②对项目的具体实施做出了详细规定，即需对拟实施项目的创新性、可行性、可转化性、潜在收益做出详细说明。③对企业申请项目研究经费提出了严格的分摊要求。多家企业联合申请项目的必须承担项目研究费用的 50%以上，大型企业单独申请项目必须承担至少 60%的研究费用，中小型企业独立申请项目时必须承担与项目有关的间接研究费用。

其次，ATP 计划又具有对接企业需求和灵活的市场调节机制：①ATP 计划项目直接面向企业需求。企业根据自身发展情况和市场需求向 ATP 计划提出项目申请，设定科技成果转化目标。②ATP 计划具有灵活的项目实施方式。ATP 计划鼓励企业同学术界、独立研究机构和国家实验室建立密切伙伴关系，拓展研究资金来源和提高科技创新综合实力，提高科技成果转化效率。③ATP 计划项目具有规范的执行和监督机制，从经费发放、经费使用、项目执行时间、项目执行进展和项目评估结束均具有严格的审查和监督机制，保证计划项目的高效执行。ATP 计划的实施在很大程度上改变了美国产业界科技创新模式，有效促进了包括海洋的各个领域的科技成果转化和经济发展。

（3）国家技术转让中心（NTTC）。NTTC 是美国主要的促进科技成果转化的政府机构之一。通过整合国家航空航天局、国防部、商务部、能源部等 17 个政府部门，NTTC 构建了面向全国各个行业的科技成果转化网络体系。NTTC 的主要任务是依托其庞大而先进的计算机网络技术，为社会各个领域提供技术转让资讯、科研项目进展、许可专利查询、科技成果转化培训、刊发技术转让资讯、技术市场评估分析和开展科技成果转化专题研究等服务，将联邦政府资助的700多个国家实验室、大学和私人研究机构的有工业应用前景的科技成果迅速向社会和产业界转化，有效促进美国社会经济快速发展[5]。

4. 建设便于科技成果转化的科技产业园区

科技产业园区是促进科技成果转化重要的载体，美国具有丰富的发展科技产业园的经验。在美国众多的科技产业园中最著名的就是美国硅谷，成为全球最著名的科技企业孵化器，为技术、信息和资金的合理配置创造了良好的环境和氛围。在科技产业园区，科研机构科技成果转化主要通过以下5种途径实现：①科研机构将自己成熟的科技成果直接推广应用于科技园区的企业。这种途径可极大地缩短科技成果转化的周期和成本，提高科技成果转化效率，但是对科技成果成熟度要求较高。②通过科技园区的研发机构转化科技成果。科技园区的很多企业都建立了自己的研发机构，研发机构对大学的科技成果进行二次开发和产业化开发，以达到市场化标准并最终实现科技成果的转化。③直接创建技术孵化企业。针对一些具有较好市场前景但又还不成熟的科技成果，直接在科技产业园区建立技术孵化企业，对技术进行后续开发、中试，形成稳定成熟的技术和产品标准后，再将技术和企业出售给大型企业，由大型企业来投入市场化运营，从而实现科研成果的产业转化。④建立同研究型大学的长期紧密互动。研究型大学是科技成果的重要来源，为科技产业园区提供了良好的技术和人才支持，而科技产业园区通过科技成果转化为大学带来丰厚的回报。因此，美国的科技产业园区往往在地理位置上靠近大学，二者相互依存，形成一种科技成果转化的良性循环机制。例如，依托杜克大学、北卡罗来纳州立大学和北卡来罗那大学建立的著名三角海洋产业园区，以强大的科研技术储备和良好的创业环境为海洋科技高效转化树立了典范[6]。⑤因地制宜建设海洋科研机构，配套建设海洋产业园区。美国政府以不同区域海洋项目为支点，通过政府财政大量投资先后建立了多达700多个海洋研究所，以这些海洋科研机构为依托，结合各区域的不同海洋资源和海洋环境，建立了大量的海洋产业园区，推动海洋科研成果转化。例如，美国大西洋海洋生物产业园依托世界一流的海洋生物研究中心建设了世界著名的海洋生物和水产产业园区，为企业提供市场化前的科研技术孵化和为科研人员提供成果转化公司，构建科研和产业之间科技成果转化平台。

二、我国海洋科技成果转化问题分析

（一）企业内源性研发动力不足

企业是社会生产活动的主体，以利益驱动和市场需求提高企业内源性研发动力是提高海洋科技成果转化效率的根本途径。我国海洋领域企业普遍存在企业内源性研发动力不足的问题，严重制约海洋科技成果水平，具体有以下两方面原因。

（1）我国海洋中低端传统产业所占权重较大，企业自主创新与成果转化意识不足。传统海洋产业企业受限于落后经营理念和生产方式，对产业技术研发普遍不够重视和存在困难，企业承接科技成果转化能力不强。同发达国家相比，我国海洋企业研发投入资源少，企业原始创新能力严重不足，开展研发活动的企业比例小，产业整体没有进入内生增长、创新驱动发展阶段。虽然我国目前重视发展并已经形成以海洋生物制品、海洋装备制造、海洋新能源、海水综合利用、深海战略资源开发等战略性海洋新兴产业体系。但是，由于中国战略性海洋新兴产业起步较晚，存在着产业规模小、占主要海洋产业增加值比重轻的问题，产业发展尚处于起步阶段，不能从整体上有效促进海洋经济发展方式转变和经济结构调整，进而改观产业技术自主研发氛围。

（2）政府财政对涉海企业科技研发与成果转化投入不足。我国涉海财政资助科研经费大部分针对科研院所等政府科研机构，而对科研机构下拨的科技经费也主要集中在基础研究和应用基础研究领域。综合发达国家经验，政府财政对企业研发的投入所产生的科技成果对促进科技成果转化和提高产业核心竞争力作用非常显著。近年来，我国的海洋科技经费虽然呈现逐年增长的趋势，但企业研发经费占财政支出的比例依旧较低，对企业自主研发投入带动效应不理想，这在一定程度上制约了海洋企业自主创新能力和海洋科研成果转化效果。

（二）科技与经济“两层皮”问题依旧突出

目前，我国海洋领域科研机构研究方向主要集中在基础研究和应用基础研究领域，与产业最急需的技术需求方向并不完全一致，导致科研方向与产业发展需求有明显脱节。同时，科研机构科技成果含金量与成熟度不够，相当一部分是实验室初级成果，实现科技成果转化还需要继续投入研发经费，进行二次研发和中试。但由于科研机构自身中试条件十分有限，企业对科技成果转化承接能力低下，导致科研机构与产业发展之间出现了科技成果转化的实质障碍，很多研究成果无法转化成现实产品，造成科研资源浪费，严重制约了海洋科技对产业的有效支撑。导致科研院所研究方向与产业脱节现象有以下两方面原因。

（1）落后的科技管理模式。我国仍沿用计划经济时期的科技管理模式，科研经费来源主要依靠国家财政，科研方向与重点主要是基础研究和应用基础研究领域，课题立项依据过于侧重学科领域的前沿和高新，距离产业发展实质技术需求较远，科研人员在研究过程中又缺乏市场调研和企业的参与，产生的科技成果缺乏实用性，很难符合科技成果转化的市场要求。另外，现行科研体制更专注于文章、专利等初级科研成果的数量累计，而不重视科技成果的二次开发和中试工作，不利于科研成果的进一步成熟和市场化。再者，现行科技管理方式制约了科研人员在科研机构和企业之间的流动，科研人员因为编制、课题等问题脱离现行体制，阻碍了个人主观能动性发挥，制约了科技成果转化的潜能。

（2）不完善的科技评价体系。发达国家重视科技开发成果转化工作，把科技成果转化产生的经济效益和社会效益作为评价科研机构和科研人员的一个重要指标。相反，我国以课题、经费、论文以及成果的数量等作为评价科研机构和科研人员科研水平的首要指标，忽视了科研机构的社会服务功能，导致科研机构过分强调科研人员的论文、成果对自身地位和发展的影响，而降低了科技成果对产业技术更新和社会经济发展的实质推动效应。这导致科研机构科研人员习惯于以自己的专业优势及兴趣选择课题，研究方向更加侧重于基础研究，致使科技成果缺乏产业应用价值；另一方面，由于海洋应用研究与技术开发的相对弱势，从事海洋应用研究和科技开发的科研人员在课题申请、成果积累、职称评定等方面没有优势而得不到公正的待遇，影响了科技人员投身应用研究的积极性，严重制约了海洋科技成果的产出和转化。

（三）海洋知识产权保护和运用力度不够

保护知识产权是促进科技成果转化的重要前提。知识产权保护不力严重降低科技成果转化收益的预期，从而影响科技创新投入和科技成果转化的积极性。虽然我国基本建立了与世界一致的知识产权法律制度，但当前针对海洋领域知识产权的研究和立法工作仍远落后于发达国家，知识产权司法保护仍缺乏统一标准，高素质的专业化知识产权法官队伍不足，行政执法调查和法定处罚手段匮乏。

（1）法律和政策规定不完善是制约知识产权保护的重要原因。同发达国家相比，海洋知识产权保护体系建设滞后，表现在我国制定的海洋知识产权保护的法律明显不足，现有法律存在可操作性存在不足，原则性和上位性规定较多，缺乏具体实施细则，不同法律条文之间存在冲突，造成知识产权保护依据混乱。其次，海洋知识产权保护的政策体系建设落后。海洋知识产权保护政策手段的缺乏、僵化和落后导致了知识产权评估标准、保护机构、团队和能力建设低下，知识产权因其维持成本和价值时效性贬值现象严重，造成海洋科技成果转化过程困难重重。

（2）海洋类知识产权权利分散是制约海洋科技成果转化的突出问题。首先，发达国家建有基于技术标准的专利池或专利组合运营专门机构，为企业提供一揽子许可协议，极大提高了知识产权保护与海洋科技成果转化的效率，而我国尚没有类似的许可企业或机构，导致开展相关工作效率低下。其次，深入推动产、学、研合作是保护和运用知识产权的重要途径。我国虽然已经建立了许多产业技术创新联盟等产、学、研合作组织，但我国海洋类技术创新联盟建设刚刚起步，实际运行效率不高，并未从根本上解决知识产权的有机组合问题尤其是专利池或专利组合许可、共享与收益分配问题。再者，我国绝大多数海洋科技成果转化机构缺乏投资功能，投资基金与海洋科技成果转化机构的分离，必然导致执行海洋科技成果转化效率低下，反之，知识产权又随着时间推移而贬值，科技成果转化价值下降或成本上升，形成海洋科技成果转化障碍恶性循环。

（四）海洋科技成果转化体系建设不完善

（1）海洋科技成果转化中介机构建设不足。虽然我国目前已经建立了许多海洋科技科技成果转化中介机构，但我国目前海洋领域科技中介服务机构大部分存在服务功能单一、服务水平较低的问题，缺乏权威的科技成果评估、科技金融咨询、企业信用评价等高水平促进海洋科技成果转化的服务机构，缺乏针对科技成果转化的技术经纪人培训机构，缺乏既懂专业又擅长经营和管理的科技成果转化复合人才。

（2）海洋科研机构自身科技成果转化体系建设不够。相比较发达国家普遍的知识产权管理、技术转移和投资功能的技术转移办公室，我国海洋科研机构没有建立专门从事科技成果转化的机构，重文章、专著和评奖，轻专利、成果转化的现象严重，从事科技成果转化工作的人员数量较少，科技成果转化业务素质较低，对科技成果了解甚少，无法满足企业对技术的深入了解。导致具有市场前景的科技成果多数停留在理论和实验阶段，难以进行中试应用研究和转化，成熟的技术又因缺乏资金难以迅速地抢占国内国际市场，不能直接转化为生产力。

（3）科技金融体系建设力度不够。①政策性科技金融对海洋科技成果转化支持力度不够。政策性科技金融具有很强的引导作用，可以吸引大量的民间资本和商业银行信贷资金等参与到海洋科技成果转化中来，创造一个良好的海洋科技成果转化金融环境。从发达国家经济发展历史进程来看，各国政府均出台一系列的金融政策支持海洋科技成果转化。我国虽然出台了部分支持科技创新的金融政策，但聚焦于海洋科技成果转化的金融政策尚有巨大改善空间。②不具备促进海洋科技成果转化的信用担保体系。担保金融机构的科技贷款能够有效地降低银行等金融机构的贷款风险，解决海洋类科技成果转化过程承接企业融资难的问题。③我国尚不具备海洋类科技成果转化需要发达的风险投资市场和健全的资本市场。资本市场和风险市场联合，能够形成成果发现和筛选机制，激励海洋科研机构和高技术企业提高科技水平，提升海洋类科技成果转化质量。我国资本市场虽然有一定的发展基础，但对海洋科技创新参与能力和力度偏弱。

四、对我国新时期海洋科技成果转化的启示

（一）加强对企业科技创新引导

企业自主加强科技创新与研发的本质是市场经济发展到一定程度的企业提高竞争力的产物。西方发达国家海洋经济经过长时间发展，市场经济成熟度比

较高，市场竞争激烈，企业自主通过科技创新和技术研发增强产品竞争力意识强烈，企业与科技融合程度高，研发能力强。近年来，我国海洋产业蓬勃发展，逐渐建立起涵盖海洋渔业、化工等传统大产业到海洋药物、海洋装备等战略新兴产业的完整工业体系，同时，由于处于市场经济初级阶段，我国海洋产业大而不强、广而不精。要实现对西方发达国家海洋经济的弯道超车，必须要辩证地尊重、认识和利用基本经济规律和客观条件，通过合理的宏观调控手段，引导我国企业与科技的深度融合，增强我国海洋企业的科技研发能力和竞争力。我国涉海类企业大致可分为传统产业大型企业、战略新兴产业企业、科技型中小企业等类别，各有不同的发展需求和特点。传统产业大型企业，企业规模产值大，行业影响力高，资本实力雄厚，具有较强的科技需求和研发自觉性，是产业转型升级的中坚力量。对于这类企业应当鼓励他们设立科技研发平台、参与国家科技计划以及和科研机构开展联合研究等，提升企业科技投入、研发建设、人才流动和产品竞争力，带动行业科技创新与成果转化氛围，推动传统产业转型升级；战略新兴产业企业，产业产值占比较小，具备一定的资本实力和较好发展前景，同时和科研机构有着千丝万缕的联系，科技背景浓厚，但是往往因为技术成熟度不够或生产经营成本较高而承担较大经营和市场风险。战略新兴产业是海洋产业转型升级的关键，对该领域企业应该予以重点项目扶持，促使他们与科研机构进一步合作，推动科技成果熟化与转化，培育和挖掘新兴市场，降低生产经营成本，加快新兴海洋产业经济崛起；涉海科技型中小企业，分布行业领域广泛，科技创新意识强烈，运转机制灵活，本身就是对一项或几项科技成果的转化与经营，是孕育战略新兴产业和科技成果转化的重要土壤，但往往缺乏资本投入与现代管理。针对这类企业的特点，应当根据“大众创业、万众创新”的精神，给予政策和服务普惠支持，提高科技型中小企业存活率和发展速率，给予具有良好发展前景的中小企业更大的发展空间，从更加宏观的视角推动科技成果转化。

（二）完善现行科技管理体制

1. 完善科技经费投入机制

与美国相比，我国当前科技经费主要来源于国家财政。随着科技事业的快速发展，科技队伍不断壮大，对科技经费投入越来越多，国家财政负担越来越重，其中，应用研究和技术开发对国家科研经费的高占比已经不适应当前市场经济的发展。因此，在科技经费投入机制中，要逐渐引导社会和企业资本投入到应用研究和技术开发中，将国家财政经费集中于基础研究和应用基础研究，推动科技经费投入结构优化。

2. 完善科技选题机制

由于科技经费以国家投入为主的支持机制，开展应用基础研究和应用研究科研人员科技选题机制过于保守，倾向于定位基础研究的跟踪与模仿，与市场需求存在一定偏差，导致科技成果成熟度不足，转移转化困难。因此，基于科技经费投入机制的改变，完善科技选题机制，是推动海洋科技成果转化的根本。完善科技选题机制要以市场需求为引导，以我国海洋经济发现情况为基础，以科学规律为准绳，合理论证和把握制约产业发展瓶颈，精准科技选题。

3. 完善科技评价机制

科技评价机制本质上是为促进科技事业发展和科技成果向现实生产力转化，对科技成果和科技工作者的一种正向回馈机制。我国当前的科技评价机制基本以国家为主导，以科技论文等指标的旧的模式。随着我国海洋经济的快速发展，对海洋领域的科技支撑也提出了更高的要求，不同研究领域科技评价机制应当多元和灵活，尤其在应用研究领域，科技评价机制要以市场机制为主导，允许一定的容错几率又不违背基本的市场原则，提高科技成果含金量和转化效率。

（三）加强海洋领域知识产权的研究与保护

与陆地传统成熟产业相比，海洋经济包含内容复杂，科技与产业发展水平参差不齐，对知识产权的研究与保护同样相对滞后。从美国经验可以看出，保护知识产权是保护科技成果健康、自由流通，保护科技创新积极性的重要保障。因此，要加强海洋领域知识产权研究与保护，推动海洋产业核心技术专利化、标准化和法制化，鼓励海洋产业成立知识产权类产业技术创新战略联盟，规范海洋科技成果转移转化的技术与法律环境，降低社会资本进入海洋知识产权领域的风险与门槛，以资本力量、市场机制和法律规范共同促进海洋知识产权事业跨越式发展。

（四）加强海洋科技成果转化体系建设

鼓励涉海科研院所、大学广泛设立专门科技成果转移转化机构，建设一支专业的科技成果转化人才队伍，推动海洋科技成果转移转化的研究与实施，并将科技成果转化绩效作为单位应用研究建设考核的重要指标；政府管理机构设立相应独立对口科技成果转移转化部门，负责引导、鼓励和服务一线科技成果转移转化工作，制定阶段科技成果转移转化规划与目标，实施重大科技成果转移转化示范工程；鼓励、支持多种形式、多种体制的科技成果转化机构建设，搭建科技成果转移转化与社会资本的对接平台，以市场机制吸引社会资本向该领域聚集，构建具有内在动力、符合经济规律的、健康的科技成果转移转化体系。

参考文献

[1] 2014欧盟企业研发投入排行榜.http://news.xinhuanet.com/2014-12/05/c_1113532972.htm
[2] 李玉清.美国高校科技成果转化的经验与启示[J].中国高校科技,2012(01-02).
[3] 胡冬云.美国AUTM对我国高校科技成果转化的启示[J].科技进步与对策,2007(1).
[4] 李群,赖丁民,马敏象.美国ATP计划对促进科技成果转化的作用与启示[J].科技进步与对策,2003(6).
[5] 黄传慧,郑彦宁,吴春玉.美国科技成果转化机制研究[J].湖北社会科学,2011(10).
[6] 国内外海洋产业园区概览.http://www.doc88.com/p-389770946866.html

浅谈新形势下如何推进海洋能产业化进程

马哲
（青岛国家海洋科学研究中心，青岛 266072）

摘要： 在全球能源供需格局变化和国内新常态背景下，统筹国内可持续发展和全球应对气候变化，需要调整能源结构，促进能源清洁低碳发展。同时海洋能的商业化应用作为新动能，将带来新产业、培育新技术，找到新的经济增长点。面对我国目前海洋能产业发展现状，本文主要探讨了影响我国海洋能产业化的因素以及如何推进我国海洋能产业化进程。

关键词： 海洋能产业化

近些年，各发达沿海国家和地区通过采取各种方式支持海洋能发展，使得国际海洋能产业初现雏形。海洋能技术正向高效、可靠、低成本、模块化及环境友好等方向发展，海洋能利用规模化和商业化趋势越发明显。同时，随着越来越多国际知名企业进军海洋能产业，海洋能将成为未来能源供给的重要组成部分和未来海洋经济的重要增长点。

我国海洋能资源丰富，岛屿众多，具备规模化开发利用海洋能的条件。同时，大力发展海洋能既是优化能源结构、拓展蓝色经济空间的战略需要，也是开发利用海洋和海岛、维护海洋权益、建设生态文明的重要选择。但我国海洋能发展仍然面临工程示范规模偏小、技术成熟度不高、创新能力不强、公共平台服务能力不足、产业链尚未形成、政策环境有待完善等问题。因此，“十三五”期间，在“一带一路”倡议下，在新旧动能转换、供给侧结构性改革等迫切需求下，必须抓住宝贵的发展机遇，突破商业化应用“瓶颈”，实现海洋能跨越式发展。

目前我国海洋能开发宏观分析研究多着眼于海洋能前景分析、国家政策解析以及装备技术的具体问题。而由于我国海洋能产业链通路尚未形成，缺少对我国海洋能产业发展的纠偏诊断。本文将从我国海洋能开发政策、海洋能商业化应用现状、公共管理支撑体系出发，全面分析该产业目前存在的问题，以此给出未来海洋能产业的发展建议。

一、国内外海洋能产业发展现状

1. 国外海洋能产业发展现状和趋势

目前全球逐渐形成了以欧洲和北美为两大核心技术密集区的海洋能产业发展格局。其中，以英国的海洋能技术发展最为迅猛、产业化前景最为明朗。国外海洋能产业化开发特点可以归结为：发展目标明确、技术创新能力强、政策引导体系完善、经费来源多样化、基础支撑平台成熟度高、大集团为依托形成产、学、研相结合网络等。

（1）发展目标明确。为了逐步调整海洋能在能源结构中的比重，发达国家将发展海洋能列入国家战略，制定发展规划，有计划、有步骤地推进海洋可再生能技术和产业的发展。例如：英国宣布到 2020 年，其所属海域波浪能和潮汐能招标总装机容量达 1.6 GW，届时其海洋能发电量将占到总供给的 3%；爱尔兰宣布到 2020 年，海洋能装机总量将达到 500 MW，为此于 2008—2010 年提供了 2 700 万欧元的财政支持；日本宣布到 2020 年，仅潮流能装机容量达 130 MW，2030 年更是增加到 760 MW，重点发展的温差能，到 2020 年单机容量达 10 MW，并实现商业化运行[1]。

（2）技术创新能力强。国外海洋可再生能发电技术主要集中在欧洲，以英国为主，亚洲以日本为主，关键技术领先，掌握大量专利和知识产权。法国朗斯潮汐电站（年发电量为 5.44 亿 kW·h）、英国塞汶电站（年发电量为 720 万 kW·h）及加拿大芬地湾电站（年发电量为 380 万 kW·h）等均采用潮汐发电技术。潮流发电技术，如 Marine Current Turbine 公司的 SeaGen 潮流发电装置已在英国沿海投入运营，单机功率达 1.2 MW，整机运行可达 2 MW。波浪发电技术方面，如：英国 Pelamis Wave Power 公司研发的 Pelamis 发电装置

（200 kW）、Aquamarine Power 公司研发的 Oyster 发电装置（350 kW）、日本的“巨鲸”号浮动型波浪发电站（120 kW）均已实现并网运营。在海洋温差发电技术上美国、日本是主要强国，日本佐贺大学在冲绳县完成一种新型 OTEC 电站。盐差发电目前国外都处于实验室试验阶段，尚无成熟案例[2]。

（3）政策引导体系完善。欧洲各国为鼓励企业参与海洋能技术的研发和应用，普遍采取电力配额交易制和税收奖励制。例如，在欧洲国家普遍出台的可再生能源义务政策中，政府根据国家或地区总体的经济状况、可再生能源的资源特点和发电技术成熟度为电力供应商设置强制性的“义务电量指标”，电力供应商可直接开发海洋能，来完成其规定指标，也可以采用向其他供应商购买海洋可再生能发电量指标，达到政府规定指标。同时，国家还会根据企业开发海洋能的情况给予不同阶段的税收奖励[3]。

（4）资金来源多样化。针对海洋能设备样机研发、示范应用、试商业化运行、商业化应用等不同阶段，各国采取不同的政策对其提供资金支持。英国为应对样机研发阶段面临的技术风险和应用阶段海上运行风险，专门成立了海洋能试验基金（MRPF），仅 2010 年，就为 6 家相关公司提供了 2 800 万英镑的资金支持。在商业化应用阶段，也设有总额达 5 000 万英镑的海洋能应用基金（MRDF），加快了相关设备的商业化进程。苏格兰政府更是于 2008 年设立了蓝十字奖，为首个实现累计发电量达 1 亿 kW · h 的机构提供 1 000 万英镑的奖励。爱尔兰海洋能国家战略针对上述 4 个阶段布置不同的重点任务，其中示范应用阶段投资就达到了 2 700 万欧元。新西兰成立的海洋能应用基金（MEDF），4 年投入了 800 万美元发展海洋能。

（5）基础支撑平台成熟度高。以海洋能测试场为主的支撑服务平台针对海洋能设备海上试验阶段面临的高风险，同时又避免重复投资，集中解决一些共性难题，比如许可证审批、电力入网、环境监测、海上作业等问题。各国在适当发展分能种海上测试场的基础上，联合建立大型综合性海洋能海上测试场。例如，苏格兰成立了具有 7 个试验泊位的欧洲海洋能中心，为欧洲各国提供波浪能和潮流能发电装置测试场；英国建立了具有 4 个独立泊位的波浪能海上中心，为各式波浪能设备提供设备接入设施，最大可容许 20 MW 波浪能装机容量，未来将提高至 50 MW；美国也成立了国家海洋能源中心，为全国海洋能设备提供波浪能、潮流能和温差能技术测试平台。

（6）拥有大集团为依托形成产、学、研相结合网络。近几年，西门子、阿尔斯通、通用电气、三菱重工、现代重工等一批国际知名公司通过并购、投资等多种方式开始进军海洋能产业。根据爱尔兰科克大学的统计，国际上从事潮流能、潮汐能、波浪能产业相关的机构（包括企业、大学、科研机构、行业组织等）超过 2 500 个。其中，英国海洋能产业从业机构最多，海洋能装置研发机构约 60 个、海洋能发电场项目开发机构约 40 个、海洋能项目运营商 10 个，其余近 90%的机构为海洋能产业链中海洋工程、专业材料、仪器设备、海上运输等跨产业海洋机构，例如，海流计生产商安德拉公司、海洋特种材料供应商 SRI 公司等[4]。

2. 国内海洋可再生能源产业化发展现状

（1）国家政策支持力度不断加大。进入“十三五”，我国新旧动能转换和供给侧机构性改革迫在眉睫，建设清洁低碳、安全高效的现代能源体系被提升到国家战略层面，海洋可再生能源迎来前所未有的产业化发展机遇[5]。《国民经济和社会发展第十三个五年规划纲要》将发展可再生能源作为推动能源结构优化升级的重点，并提出“积极开发沿海潮汐能资源”。《“十三五”国家战略性新兴产业发展规划》将海洋可再生能源作为重要支持方向。《海洋可再生能源发展“十三五”规划》更是明确指出到 2020 年海洋能产业链条基本形成，工程化应用初具规模。

（2）海洋能应用技术研发积累了一定的技术储备。国内相关科研院所及大专院校自“十一五”开始，对海洋能进行了卓有成效的研究，取得了长足进展。潮汐能应用技术方面，我国已具备低水头大容量潮汐水轮机组设计及加工能力，能在低水位差条件下高效运行，大大提升了潮汐能的利用效率。正在运行和研建的电站包括：福建江厦（装机容量 4.1 MW，世界第四大潮汐电站）、浙江瓯飞（装机容量拟定为 400 MW，规模为世界第一）、山东乳山口（装机容量 40 MW）、福建八尺门（装机容量 30 MW）、福建马銮湾（装机容量 24 MW）潮汐电站。潮流能应用技术方面，我国研发的 10 余项潮流能试验装置已全面进入海试阶段，基本解决了潮流能发电的关键技术问题，发电机组的关键部件已基本实现了国产化。波浪能应用技术方面，主要开展了功率在 100 kW 以下装置的研发试验，目前有超过 15 个波浪能装置开展了海试。温差能应用技术方面，我国尚处于起步阶段，国家海洋局第一海洋研究所研发的15 kW温差能发电装置并开展了电厂温排水试验[6]。

（3）可再生能源技术成果转化队伍可见雏形。多年来，我国从事海洋能技术研究的团队规模一直较小，都来自科研院所和高校。团队根据实验需求临时与企业组队，产业化发展所需的标准化制造和市场化应用无法得到实现。近5年，随着国家政策支持力度的不断加大，以及国际海洋能商业开发前景的明朗化，更多的大型企业向该领域涉足，具备装备制造、海上施工、运行维护等团队雏形初见。据不完全统计，目前从事海洋能源开发利用的单位涉及科研院所、大专院校、国有及私营企业等共70多家，其中包括能够进行大型和超大型海洋装备设计、制造、运输等业务的大型国企和民营企业，例如中船重工集团、三一重工集团、哈尔滨电机集团、高亭船厂等，直接从业人员超过2 000人[1]。

四、海洋能产业化的几点思考

1. 影响我国海洋能产业化的因素

我国海洋能产业的发展总体水平仍然不高，研发能力较低，产业发展阶段处于初级阶段。海洋能的产业化受到诸如技术的成熟程度、国家政策、市场需求状况、要素投入能力以及基础产业状况等因素的影响。

（1）海洋能应用技术的成熟度不高是制约其产业化进程的关键。能实现产业化的技术应具有实现从概念产品到实物产品，商业蓝图到生产作业，原材料到商品转化的现实性。我国海洋能应用研发技术整体成熟度不高。资源评估方面，缺乏对海区详细的能源规模预估和发电量的预测；装置研发设计方面，发电装备在复杂海况下的长期耐久性差、发电装备单机容量小、多模块发电装置的布局配置复杂、水下装备的密封技术不过关等。上述问题制约了实用化装置的研发进程。

（2）我国缺乏有的放矢的海洋能产业化应用政策。实现海洋能产业化离不开国家层面有的放矢的法规政策。我国2005年颁布了《中华人民共和国可再生能源法》，在该法律的指导下，国家先后出台了一系列有利于海洋能开发的政策。但随着海洋能开发技术的发展，其产业化呼声越来越高，这些法规政策的局限性也逐渐体现了出来。如：政策框架不完整，激励政策力度不够，政策之间缺乏协调，缺乏开发标准，缺乏具有前瞻性的独立经济区（有相关的空间规划或战略性的环境评估）等。导致对企业的吸引力不足，市场需求量不大，项目研发缺乏延续性等一系列衍生问题。

（3）我国海洋能市场需求不成规模使产业化进程缓慢。市场的供求关系直接影响着高新技术产业化进程。我国海洋能虽然具有可观的发展潜力和迫切的发展需求。但是，一方面，海洋能作为电网电力来源，我国尚未实施电力配额交易制（企业根据政府制定的一段时期内可再生能源发电量的总目标强制配比可再生能源发电比例并输送上电网），使得大型能源企业开发海洋能动力不足；另一方面，作为特殊地区（如：偏远海岛等）和海洋工程设施补给能源，我国缺乏大型的示范工程，使得小型创新性企业涉足胆量不足。

（4）我国海洋能产业要素投入分散，缺乏延续性和集中性。高新技术产业化的一个重要条件是具有多要素投入能力，除技术外，还包括资金、人才等的密集投入。海洋能作为培育产业从研发到走向市场并非一蹴而就，需要长期从事，持续不断。目前，在我国海洋能应用技术资金投入方面存在来源单一，资助范围分散等缺点。仅仅依靠政府资金投入，没有形成有效的社会融资和长期资金投入机制。在人才投入方面，我国海洋能研发团队集中在高校和科研院所，团队人员分散，单一能种力量较薄弱。同时，由于缺乏企业参与，以产业化研发为目的的人才力量薄弱。

（5）我国缺乏为海洋能产业助力的基础工业和现代化社会管理服务体系。海洋能开发产业主要是通过大型工程装备和辅助配套装备实现对海洋资源利用。其从孕育形成到产业化发展的各个环节都需要基础工业和现代化社会服务管理体系的支撑。基础工业主要包括：基础部件（设备基础结构部件）、关键通用部件（水下密封件、高强度缆线、防腐防损材料等高强度零件等）、直接工程部件（大型起吊设备等）和专业配套设备（高精度传感器、能源的存储和输送装备、深海锚系泊设备等）的配套加工。管理服务体系主要包括海洋能转换设备在实海况测试检验和商业化运行阶段所需的总装、调试、储运、维修和改造等服务。

2. 如何推进我国海洋能产业化进程

（1）营造创新生态环境，突破技术“瓶颈”。创新发展是打破产业技术

“瓶颈”的有效途径。海洋能装备制造的本质是多技术系统集成，因此，产业的创新发展跨专业并涉及多个学科交叉。针对特种直接工程和专业配套等涉及的关键技术，应组织构建企业、科研单位和大学为创新主体的“产-学-研”自主创新体系，加大专业化的创新人才和资金投入，建立创新基础设施和平台，保障自主知识产权并加大自主创新的奖励力度，激发创新人才的积极性。而对于另外一部分通用而必要的技术方法，可以在引进学习欧美、日本等国的先进技术经验的基础上进行局部再创新，形成以自主创新为主，引进吸收再创新为辅的综合创新发展模式，集中力量突破技术“瓶颈”。

（2）加强顶层设计，发挥市场力量。针对我国缺乏海洋能市场的国情，应加强顶层设计，制定引导产业市场化发展的政策，充分发挥市场的力量。①在经费投入上对基础研究、样机示范项目有所倾斜，助力科研机构提高创新能力，开发新技术。②通过辩证地引进西方已有政策逐步调整可再生能源在电力供应中的比重，激励能源企业探寻新模式。③制定有效的税收奖励和补偿政策，吸引有实力的工程制造企业投入新产业，创造新业态。

（3）推进平台建设，建立支撑与服务保障体系。以海洋能源测试场为代表的平台已经成为贯通产业链的必要保障。发达海洋能国家的经验证明，海上试验场建设与运行极大地促进了国际海洋能技术的成熟与发展。同时也为企业进入海洋能产业领域开展技术定型、设备制造、发电场建设等提供了重要的参考。我国一方面应该积极推进海洋能测试场的建设，形成标准化和具有前瞻性的独立第三方认证机构（符合国家相关空间规划并拥有战略性环境评估过程）；另一方面，应整合已有技术人才力量构建国际认可并符合我国海区特征的开发、测试、评估海洋能源技术标准，使装置的商业化开发有据可依。

参考文献

[1] 丁莹莹.我国海洋能产业技术创新系统研究[D].哈尔滨:哈尔滨工程大学经济管理学院,2013.

[2] 刘子铭,李东辉.国内海洋能发电技术发展研究及合理建议[J].化工自动化及仪表,2015,42(9):961-966.

[3] 孔令丞.可再生能源电力配额制:国际经验与国内借鉴[J].福建论坛(人文社会科学版),2014(10):18-24.

[4]　麻常雷,夏登文.海洋能开发利用发展对策研究[J].海洋开发与管理,2016(3):51-56.
[5]　中国国际经济交流中心课题组.“十三五”时期推进我国能源供给侧结构性改革的建议[J].全球化,2017(4):5-17.
[6]　郑金海,张继生.海洋能利用工程的研究进展与关键科技问题[J].河海大学学报(自然科学版),2015,43(5):450-455.

滨州海洋科技产业发展调研报告

姜勇
（青岛国家海洋科学研究中心）

为深入实施海洋强国战略和创新驱动发展战略，促进山东省由海洋大省向海洋强省的跨越，针对海洋科技产业发展情况，调研组赴滨州进行了专项调研。先后到山东九环石油机械有限公司、滨州港集团、汇泰投资集团股份有限公司等10家单位实地考察，并与滨州市发改委、经信委、海洋与渔业局、滨州化工协会、滨州职业学院、滨州市水产研究所、山东鲁北企业集团总公司等市直部门、科研机构和龙头企业召开了4次座谈会。通过调研，较全面地掌握了滨州市海洋科技创新能力、海洋科技产业优势特色以及海洋科技需求情况。

一、基本情况

滨州市地处黄河三角洲高效生态经济区、山东半岛蓝色经济区和环渤海经济圈、济南省会城市群经济圈“两区两圈”叠加地带，是山东省的北大门和对接天津滨海新区的桥头堡，区位优势明显，全市人口约380万，全市版图面积9 600平方千米，海岸线总长度238.9千米，滩涂面积160万亩，负10米以上浅海海域面积300万亩，拥有北部沿海盐碱荒地300余万亩，海域和土地资源十分丰富，区域生态承载能力强。滨州沿海区域有6亿吨的石油总储量和约164亿立方米的天然气总储量，最大原盐产能500万吨，沿海贝壳砂资源总地质储量约3.6亿吨，近海渔业资源种类繁多，资源丰富，是多种鱼、虾、蟹、贝类生长、栖息、繁衍的天然场所，其他如卤水资源、地热资源、风能资源等也十分丰富，是山东重要的原盐生产基地、盐化工基地和海水养殖基地，具备发展海洋经济的天然优势，全市海盐产量排名全省第二，凡纳滨对虾养殖产量占全国总产量的2/3。2015年，全市实现海洋主导产业总产值480亿元，同比增长11%，海洋经济生产总值占到全市GDP的1/5，海洋经济对国民积极增长的贡献率逐年增大，海洋经济实力逐年增强，以现代海水养殖、海水化工、海洋装备制造为代表的具有滨州特色的现代海洋产业体系逐步完善。

滨州共建有省级海洋重点实验室1家，工程实验室2家，院士工作站1家工程技术研究中心2家，企业技术中心11家，创建了山东省现代农业产业技术体系刺参产业、虾蟹产业创新团队，2名高层次人才入选“泰山学者蓝色产业计划专家”，围绕海洋产业组建的产业创新战略联盟2家。“十二五”期间，全市新立项和实施省、市海洋科技项目22项，取得省、市级海洋科技成果37项。2013年以来，滨州先后争取泰山学者蓝色领军人才项目5个，入选项目数量位居全省前列。

二、海洋科技产业特色

滨州市立足海洋产业发展情况和自身优势，提出了以科技为支撑提升海洋传统产业、大力发展海洋战略新兴产业的发展思路，确立了以北海经济开发区为核心，以无棣、沾化为两翼，以海洋特色工业园区为多节点的“一核两翼多节点”的发展格局，明确了现代海洋渔业、海洋化工、海洋生态能源、海洋装备制造、海洋高新技术、海洋交通物流、滨海生态旅游七大海洋产业发展重点，先后制定了《滨州市蓝色经济区发展规划》、《滨州市北部沿海产业发展规划》等27项专项规划，出台了《关于加快重点特色产业园区规划建设推进“两区”发展的意见》等文件，不断引领、推进海洋产业健康发展。

（一）海洋产业特色园区建设初具规模

按照港、产、城一体化发展思路，滨州市大力推进了18个海洋特色产业园区建设。北海经济开发区初步搭建起了临港产业园区、生态科技城、循环产业园区及现代渔业园区四大产业园区，目前已有北海新材料有限公司等5家入园企业，协议入园企业30余家。无棣县西港经济园区两座万吨级船台和两个3 000吨级泊位码头投用，总投资3.85亿元的滨港油品及化工材料仓储区、投资2.5亿元的同发大宗商品物流中心顺利建设。依托滨州港建设，临港物流园区积极培育现代物流产业园区，努力打造“立足滨州全市区、面向济南省会都市圈、辐射环渤海区域”的现代物流中心。

（二）国家火炬计划产业基地示范效果显著

以鲁北集团、珍贝瓷业、天顺药业、友发水产等6家骨干企业为依托的国家火炬计划鲁北海洋科技产业基地带动作用明显，形成了以鲁北高新区为核心，辐射周边的海洋科技产业发展格局，基地企业主导产品技术水平全部达到了国内领先，部分达到国际先进，已成为无棣乃至滨州重要的海洋产业经济增长极。目前，鲁北海洋科技产业基地内共有26家企业，其中骨干企业19家，国家高新技术企业3家，上市企业1家，营业收入超过10亿元的企业13家。

（三）海洋化工产业循序经济模式初步形成

滨州市坚持以绿色环保、低碳高效的循环经济为发展理念，推进科技创新，建立健全技术创新体系，调整提升传统行业，顺利完成了海水“一水多用”、盐–碱–电–铝联产生态产业链的创建。

1. 海水“一水多用”产业链

鲁北盐化有限公司通过大力实施技术创新和产业化升级改造，实现了“初级卤水养殖、海水冷却，中级卤水提溴，饱和卤水盐碱联产，废渣盐石膏制硫酸和水泥”的海水“一水多用”产业链，利用工业余热资源扩大海盐和溴素产量，开发溴系医药中间体、溴系染颜料中间体、溴系阻燃剂等新产品。汇泰集团通过与中国海洋大学、河北工业大学、中国科学院海洋研究所等科研院所和高校积极合作，努力开展水产养殖、原盐生产、海洋化工、风力发电等主导产业的有机结合，打破了传统制盐企业的单一经营模式，逐渐形成了原盐、溴素、苦卤加工和精细化工为主、废物资源化为辅的海水综合利用循环经济生态工业体系。

2. 盐–碱–电–铝联产业链

鲁北集团利用百万吨盐场丰富的卤水资源和热电厂的电力生产烧碱；热电厂采用海水冷却、电和蒸汽用于总公司生产，排放的煤灰渣、脱硫石膏用作水泥混合材料；氧化铝装置采用进口铝土矿，以拜耳法工艺生产，所需烧碱来自氯碱厂，蒸汽来自热电厂。氧化铝也逐步实现由冶金型氧化铝向阻燃氢氧化铝、高温氧化铝和4A沸石等化学品铝转型。

（四）海洋装备制造业细分市场优势明显

滨州市海洋装备制造业 2014 年实现销售收入 81.5 亿元，利税 6.1 亿元，相较东营产值较低，体量较小，但在装备制造业细分市场具有一定的优势。一是滨州无棣海忠软管公司是国内首家通过 AIP 认证也是唯一一家规模生产海底 300 米水深静态软管的企业；二是山东九环石油机械有限公司是是中国“抽油杆”行业的龙头企业，连续 12 年市场占有率全国第一；三是由海王星船舶公司自主研发、设计、生产的“海恩 1 号”液压步进环梁式海上升起平台是我国自主研发的首台移迁式海洋钻井平台；四是邹平开泰集团是一家集科研、生产、服务于一体的亚洲最大的智能抛喷丸装备、砂涂装设备、环保风机除尘设备、精密铸造及金属磨料专业生产商，其船用系列抛丸清理整体技术达到国内领先水平，部分关键技术达到国际先进水平。

（五）现代海洋渔业相关产业融合出现新方向

2015 年滨州市海洋水产养殖面积达到 100 万亩，实现水产品产量 46.5 万吨、产值 76.3 亿元，渔业行业总产值 145.4 亿元。在传统海水养殖业的不断发展壮大的基础上，滨州市积极开展北海 1 GW 新能源蓝色渔业基地项目，该项目位于滨州市北海经济开发区内，规划占地面积 10 万亩，以高效、特色、节能为战略定位，以渔业全产业链发展为重点方向，依托区域优势，全力打造集海洋生态能源、工厂化设施养殖、热能源综合利用、休闲渔业于一体的光伏渔业特色示范区，开创“上面发电，下面养殖”的渔业养殖新模式，提高了空间利用率，实现渔业增产和节能减排的和谐发展。整个项目由青岛昌盛集团投资建设，预计投资 120 亿元，全部建成后，每年可提供 12 亿度清洁电力，将助力北海新区成为国家首例“蓝色经济、绿色能源双动力生态区”，具有良好的节能环保、低碳高效示范效应。

（六）推进海洋产业发展，生态文明建设先行

在海洋产业不断发展的同时，注重加强重点生态区保护，增殖放流海蜇、中国对虾、三疣梭子蟹苗等 6 个品种 5.9 亿单位；建立了文蛤、缢蛏两处国家级水产种质资源保护区，和中国毛虾国家级种质资源保护区；推进北部沿海湿地修复，贝壳堤岛与湿地国家级自然保护区管理不断完善，临港产业区北海明珠湿地公园景观主体已经建成，黄河故道湿地经过恢复，湿地灵动的自然风貌

已初步再现。

三、存在的主要问题

1. 区域交通“瓶颈”凸显，制约海洋产业发展

滨州虽然位于“两区两圈”的叠加地带，但港口、铁路、高速公路等基础设施建设滞后。新运营的滨州港面临周边黄骅港、东营港的同质化竞争，辐射能力较弱；连接环渤海经济圈和济南省会城市圈的铁路仍在建设中，交通不便，难以吸引高端人才和大型企业落户，同时受到行业产能过剩、资源环境双约束，传统海洋产业转型难、新兴产业培育迟缓等问题较大，创新发展动力不足。

2. 行业间发展不平衡，产业规模相对较小

现代生态海水养殖、海洋生态能源、海洋化工、海洋新材料行业在全省具有一定优势，其他行业发展相对较慢，产业优势不明显，特色产业初具规模，但集约化、高新化程度较低，产业链条短、链条之间融合度低，产品附加值低，竞争力不强，缺乏“叫得响，记得住”的知名品牌。科技创新能力仍需加强，很多关键技术、前瞻性技术尚未突破，具备自主知识产权的产品少，影响了海洋产业整体水平的提高与发展。

3. 海洋科技投入低，体制机制不完善

地方对海洋科技支持力度小，全市全年海洋科技财政投入仅为300万元，基础投入较低，难以集中力量办大事。现代海洋产业发展的资源要素配置市场体系仍不完善，在多元化人才培养发展、科技投融资服务、产学研协同创新、成果转化等体制机制方面改革创新滞后，影响了高端要素聚集，制约了海洋产业的发展。

四、海洋科技产业发展的总体思路和建议

立足滨州海洋经济基础，坚持生态优先、海陆一体，按照以海带陆、以陆促海、海陆联动的思路，突出海域空间布局和海洋经济特色，重点围绕前期确定的七大产业，努力建设特色鲜明、生态高效、绿色环保、带动性强的现代海

洋科技产业体系。

(一) 提高区域自主创新能力

加快以企业为创新主体的各类创新平台建设和布局，推动区域内和相邻区域间海洋领域工程技术研究中心、技术创新战略联盟、院士工作站、企业研发中心等科技创新平台资源的集成与共享，促进海洋高技术产业集群发展。推动海洋科技服务业发展，建设海洋科技创新服务平台，集成成果转化、技术转移、战略研究、科技中介服务管理等多种功能。通过山东海洋科技创新服务平台，搭建人才国内与国外、科研机构与企业的交流渠道，推动创新人力要素流动，培养、引进研究型和技工型人才，构建多层次、全方位的海洋科技产业人才支持体系。

(二) 培育现代海洋科技产业体系

1. “一核、两翼、多节点”，形成海洋经济发展格局

“一核”即以北海经济开发区为核心推进海洋区建设。整合全市所辖海域，实施一体规划和布局，实现集中集约用海，努力在海洋经济发展、海洋资源科学开发、海洋优势产业培育等方面全面推进、率先突破。“两翼”即以沾化和无棣两县为主体区，集聚发展海洋药物和保健品、高档贝瓷、鱼虾饵料和畜禽饲料加工、石油及盐化工等产业项目。“多节点”即以海洋区、主体区以外的多个城市、开发区和工业园区作为联动区，海陆统筹、内外联动、优势互补，大力发展高新技术产业、制造业、石油及盐化工、服务业和关联产业，形成海洋区、主体区、联动区统筹协调发展的格局。

2. “生态、和谐、数字”，打造科学用海示范区

加大滨州贝壳堤岛与湿地国家级自然保护区管护力度，积极开展海域海岛海岸带整治修复，建立近海实时立体监测网，提供风、浪、流、营养盐等海洋环境要素数据，为海洋和海岸生态环境系统监测提供数据信息服务，为近海生物灾害、地质灾害、风暴潮、海上溢油等提供预报、预警和灾害防治服务，为提高海洋环境要素预报水平和海洋灾害应急处理能力提供科技支撑。

3. “扩量、提质、增效”，推动海洋产业大跨越

(1) 海洋化工产业：充分发挥区位和资源优势，重点加快盐化工循环经

济产业体系建设和深化石油化工产业产品，推进力争建成全国重要的海洋化工产业聚集区。

（2）海洋交通物流业：准确定位加快滨州港建设步伐，加强与天津港、黄骅港以及山东半岛蓝色经济区各港口间的配套协作，依托港口重点建设北海新区临港物流、环渤海现代物流等物流园区。

（3）海洋生物制品产业：推动系列海洋保健品、功能性食品的研发和产业化，加快海洋生物活性物质分离、提取、纯化技术研究，努力开发、生产一批技术含量高、市场容量大、经济效益好的海洋生物医药，培育一批具有自主知识产权的海洋生物骨干企业和名牌产品。依托天顺药业、鲁北药业等企业，形成以海洋为特色、在省内有重要影响的生物医药产业基地。积极发展海洋生物医药、海水综合利用等产业，扶持壮大一批龙头企业，实现规模化、品牌化、产业化发展。

（4）海洋装备制造业：以海洋机械设备的技术开发、加工制造为重点，积极推进船舶制造、船舶改装及修理业，发展风电成套设备、海洋机械、海洋仪器制造业，推进产业规模化发展，打造特色突出、布局合理、结构优化、配套完备的山东沿海现代海洋装备制造业基地。

（5）海洋生态能源产业：加快发展风力发电、生物质能、太阳能和地热能利用，建设山东省重要的生态能源基地。

（6）现代海洋渔业：加快推进渔港建设，加大苗种繁育和新品种开发科研力度，规模化开发浅海滩涂和沿黄盐碱涝洼地，做好地理标识海产品申请工作，推进优势特色水产品标准化生产。

（7）滨海旅游业：以北部沿海地区湿地、贝壳堤岛等特色资源优势，规划一批精品文化旅游项目和旅游线路，打造发展河海观光、游船入海、水上运动、休闲垂钓、赶海拾贝等特色生态旅游品牌，依托海洋文化、盐文化、生态文化，创建海洋文化品牌，提升海洋文化软实力，增强滨州海洋文化的影响力，努力把北部沿海地区建设成为山东省、京津冀、环渤海地区重要的休闲文化旅游度假区和生态旅游区。

山东省深远海养殖产业发展对策研究
——解读“屯渔戍边”科技创新工程

郭文波，刘珊珊
（青岛国家海洋科学研究中心）

“屯渔戍边”来源于屯垦戍边思想，商鞅最早在《商君书·农战》中说：“国之所以兴者，农战也。”国待农战而安，主待农战而尊”，又提出“入使民属于农，出使民壹于战。”历史表明，这种农业和战备相结合的屯垦戍边，既能维护国家主权和完整，又能促进边境少数民族地区的社会经济发展，行之有效。当海洋的自然生产力不能满足人类增长与发展的需要，海洋生产力必然由“狩猎文明”的海洋捕捞，向“农耕文明”的海洋养殖转移[1]。改革开放以来，我国渔业发展取得了长足的进步，成功实现了“以捕为主”向“以养为主”的转变。目前我国养殖产量占世界水产品总产量的70%。

目前，我国海水养殖业主要集中在近海，是陆源污染和海洋污染最集中的区域，这对于提高养殖产品的质量和食品安全十分不利。开拓离岸深远海养殖空间，发展大型基站式深海养殖装备技术，这是我国水产养殖发展的战略需求和未来走向。国家海洋“十二五”规划明确提出了重点开发深远海多功能可移动式人工岛关键技术配套装备。2014年，国家多部委围绕深远海绿色养殖技术与大型养殖平台进入了实质推动阶段。

目前山东省实施的“屯渔戍边”科技创新工程，其核心内容正是“深远海养殖”（有别于海南省岛礁网箱养殖“屯渔戍边”模式[2]），通过构筑养殖工船（可移动式养殖平台）进行工厂化养殖，同时实现驻守海疆放牧式的人工或半人工渔场管理，推动海洋渔业转型升级和蓝色国土资源高效开发利用。

一、实施深远海养殖工程的必要性

山东海洋渔业产量连续多年位居全国第一，工厂化海水养殖模式成功地推动了我国海水养殖第四次产业化浪潮的形成，海水养殖业正朝着更先进的工业化的现代渔业建设方向发展，前景非常广阔。站在国家与区域全方位发展的高端层面，应当充分认识到新形势下实施“屯渔戍边”战略的重大价值，有利于推动海洋经济与产业发展，有利于维护海洋权益安全，树立军民深度融合的新示范，有利于推动海洋生态文明建设。

1. 近岸海水养殖的空间和环境制约日趋明显

近年来受到近岸海域空间和环境制约，行业发展速度逐步放缓。另外，快速发展的水产增养殖业的自身污染问题也日趋加剧，水产品品质下降，大规模渔业污染事故和暴发性病害频繁发生。深远海养殖可以避开近海多发的赤潮、浒苔等海洋灾害，养殖平台（工船）设计具有抗大台风能力。海水养殖与渔业从近岸走向离岸、从近海走向极地远洋已经成为我国海洋渔业可持续发展的必然选择。

2. 培育发展战略性新兴产业

海洋领域，既是未来经济技术的制高点，也是国家利益拓展的制高点。培育深远海养殖产业，依托我国工业化养殖、海洋工程装备、渔获物捕捞加工等技术为基础，进行系统集成和模式创新，是构建全产业链和技术耦合的新的尝试，既有利于合理开发海洋资源，也有利于疏解转移内陆水产养殖功能，充分体现了我国开发海洋战略布局的远见性。

3. 树立军民深度融合发展的新典范

党的十八届五中全会明确提出，推动经济建设和国防建设融合发展，坚持发展和安全兼顾、富国和强军统一，实施军民融合发展战略，形成全要素、多领域、高效益的军民深度融合发展格局。在海洋领域应贯彻“民事为先、军为后盾”的策略，努力开创维护海洋国土安全的新局面。南海美济礁提供了一个成功案例，国有企业通过美济礁发展深水网箱养殖业，使其处于我国实际控制之下，成为南海新兴的养殖基地。在此基础上，发展废旧石油平台、船只或新建养殖工船构建大型固定式、移动式养殖平台，集养鱼、加工、仓储、海上服务于一体，可在我国敏感海区深远海区开展高端养殖生产。鉴于目前东海、南海的紧张局势，与海上石油钻井平台一样，这种军民融合发展的模式还可起到“屯渔戍边”、伸张海权的作用，经济和国防意义都十分重大。

二、山东省深远海养殖产业的基础优势

1. 山东海洋渔业产业基础雄厚

山东省发展海洋渔业有着优越的自然优势。相当于全省陆地面积的浅海海域为山东省发展海洋渔业提供了良好的水资源条件和发展空间。山东省海水可养殖面积和滩涂面积都超过了全国的1/5，港湾面积超过了全国的1/4。山东省海水养殖产量超过了全国的1/4，海洋捕捞产量接近全国海洋捕捞产量的1/5。山东省发展海洋渔业在自然条件方面非常具有优势。大力培植海参、对虾、扇贝、海带等海水养殖十大优势特色品种，产量占到海水养殖总产量的70%以上。已形成了青岛、烟台和威海三大水产品加工区，发展了东方海洋、好当家、百合生物、泰祥、美佳等知名品牌。2015年，山东省海洋水产品总产量近800万t，居全国首位，产值占全省海洋GDP的18%。

2. 海水养殖科技创新能力位列全国首位

以青岛为龙头汇聚了20多家中央驻鲁和省属海洋研究机构，承担了海水农业领域一大批的海洋领域“973”和“863”计划项目，催生出一大批有重大拉动作用的科研成果，为海水养殖五次浪潮提供了海洋科技源头创新。目前围绕深远海养殖，开展了海洋牧场生态模式构建、入海径流生态极限值、智能深水网箱、黄海冷水团养殖工船建造、“测水配方”增殖放流等科学试验，启动建设了“山东省海洋牧场观测网”。

3. 工厂化养殖模式日趋成熟

工厂化循环水养殖属资源最为节约型和技术要求最高的养殖模式。1992年中国水产科学研究院黄海水产研究所雷霁霖院士从英国引进大菱鲆苗种，并于1999年率先突破大菱鲆人工育苗技术，同时创建了符合中国国情的“温室大棚+深井海水”工厂化养殖模式，大菱鲆养殖随之在中国北方的山东和辽宁沿海地区大规模发展起来。山东省海洋生物研究院、莱州明波、东方海洋等一批企业将优质海水鱼全封闭循环水和深海网箱养殖相结合，“陆海接力”养殖成效显著，为深远海养殖提供了成熟的生产运营模式。

4. 海洋牧场建设取得重大进展

目前山东省以“人工鱼礁+增殖放流+藻场移植+智能网箱”为主要内容，在全省规划建设了1.75万hm^2人工鱼礁区，投礁1 400多万空方。在烟台、威海、日照等地积极选划建设国家海洋牧场示范区。同时挖掘培育了“贝、藻、参、螺”立体生态循环养殖方式。藻类吸纳碳、磷、氮等富营养化因子，贝类固碳，海参、鲍鱼吸收贝藻类有机碎屑，实现了完整的生物链构建和海域自我净化。

5. 黄海冷水团离岸养殖工程启动条件成熟

黄海存在一个巨大的冷水团，水质条件良好，具有开展优质冷水鱼养殖产业的条件。黄海冷水团位于黄海中部洼地的深层和底部，只存在于夏秋季。黄海冷水团的独特之处在于：①其夏季底层水温在4.6~9.3℃，可用来养殖海洋冷水鱼类；②通常海洋的温跃层位于海面以下100~200 m，而黄海冷水团的温跃层却位于20~30 m，这使得在原位利用该低温海水开展水产养殖成为可能；③多年的调查表明，黄海冷水团近底层水的溶解氧不低于5 mg/L，其他水质指标也符合养殖冷水鱼类的水质标准；④黄海冷水团面积有13万km^2左右，约占黄海海域的1/3，其体积约5 000亿m^3。据初步估算，在不明显影响该区域水质的情况下，黄海冷水团中国一侧海域可以支撑直接经济效益达千亿元直接产值的鱼类绿色养殖产业，间接经济效益将达数千亿元。

三、山东省发展深远海养殖产业面临的问题

目前深远海养殖呈现养殖设施系统大型化、养殖环境生态化、养殖过程低碳化等若干特点[3]，规模化生产是深海网箱养殖发展的必由之路，大型化则是规模化生产为提高生产效率对设施装备的必然要求。大型养殖工船、网箱养殖生产系统、水产品加工设备成为成为产业发展之必需。作为一个新兴产业，产业链亟待培育，还有相当长的一段路要走。

1. 政府支持力度需要加大

20世纪90年代，山东省委、省政府针对本省实际，基于海洋区位、资源和科技三大优势，确定了实施“科技兴海”，建设“海上山东”的重大战略，

依靠“科技创新和科技兴海”逐步形成“陆上一个山东，海上一个山东”的经济发展新格局。“海上山东”取得的成绩得益于政府的高度重视、规划管理，以及各部门、地区与企业的共同协作。

黄海冷水团所在海域大部分位于中国海洋专属经济区，属于中央政府管辖的海洋空间。鉴于该区域离岸养殖具有重要的开发价值，一旦技术和经营模式问题得到解决，很有可能引起周边省、市的竞争性开发。如果规划管理不当，可能出现与近岸养殖、近海捕捞类似的无序发展格局。因此，国家及省有关部门有必要在开发初期加强顶层设计，针对黄海冷水团资源环境特点和潜在经济价值进行国家层面的统一规划，促进其有序开发[4]。

2. 企业投资主体承受风险能力较差

深远海养殖是一项系统工程，生产、加工、销售环节涉及网箱养殖、苗种培育、饵料加工、病害防治、产品销售等，产业关联度显著，一环扣一环，环环相扣。在深远海离岸养殖产业培育过程中，增养殖企业在产业内担任着领导者、组织者、协调者以及实施者等角色，增养殖企业的行业影响力越大，对产业链的掌控能力越强，这种发展模式就越能保证产业的稳步发展。但需要前期进行巨大的设施渔业投资，而这些投资在短期内无法收回也无法盈利，企业独自承担风险较大。在南海已经实施的岛礁设施渔业建设中，一般采用国有企业作为投资主体。此外离岸养殖需要建设陆基保障设施、物资供给的社会化服务体系。因此一旦出现风险，小企业无法承担养殖过程中出现的重大损失。

3. 深远海养殖设施渔业技术亟待突破

在深远海发展设施渔业是科技含量较高的现代化渔业养殖模式，必须建立科技支撑体系。以黄海冷水团为例，远离陆地的海区风大、浪高、流急，发展设施渔业不能完全照搬国外模式和其他海域模式，必须重视科研工作，探讨因海制宜的设施渔业的工艺流程。目前深远海养殖设施渔业面临如下一系列技术难题：亲鱼培育、人工繁殖、育苗、培育鱼种、饲料供给、病害防治、网箱材料、生态循环、环境保护等，这些技术难题不解决，深远海养殖设施渔业发展就会困难重重。

以深水网箱为例，目前近岸的深水网箱主要设置在湾口或有岛礁作为屏障的半封闭水域，一般可抵御 0.5 m/s 以下的水流，在 1 m/s 的水流下将损失

80%的养殖容量。每当深水网箱养殖区受到台风的正面袭击，在浪、流的夹击下，一旦网箱的承受能力超出极限时，往往损失惨重。可见目前的深水网箱养殖设施系统还不具备远离陆基的性能，需要研发具有迈向远海能力的新一代深海大型网箱。深水网箱养殖系统不是一个孤立的单一养殖装备，还应有必备的配套装备才能提高生产率。国外常见的配套装备有自动投饵机、养殖工船、机动快艇、水质环境监测装备、养殖监视装备、吸鱼泵和起网机等。我国开发出的深水网箱养殖配套控制装备尚未进行标准化、产业化生产，其核心技术有待于进一步优化，性能有待提高，目前只在个别深水网箱养殖基地进行试验与示范，严重制约了深水网箱产业做大做强。

四、发展对策建议

据专家预测，到2020年，山东省高端冷水鱼离岸养殖将养成商品鱼100万尾，产值达到2亿元；到2025年，高端冷水鱼离岸养殖将养成商品鱼1 000万尾，产值可达20亿元，将带动催生数千亿元效益的远海养殖产业带，深远海离岸养殖极有希望成为具有国际竞争力的海洋战略性新兴产业，形成海洋经济新增长点。各级政府应在海洋新兴产业培育方面发挥重要作用，加强行业管理、科技攻关和公共服务等方面的政策支持力度。

1. 加强顶层设计，建设深远海养殖产业聚集区

科学规划空间布局，按照统筹兼顾经济发展与环境保护、统筹兼顾当前与长远的原则，建设深远海养殖产业聚集区推动行业高新技术产业发展，在日照至威海一带划定国家级深远海离岸养殖区，并适当预留拓展区和生态隔离空间。建设日照深海渔业创新中心，依托中国海洋大学等机构开展科学研究。

针对海洋管理中经常出现的政出多门、混乱无序的状态，建立高层次、跨部门的协调机制，以强化对海洋事务的综合协调，因此应该设立专题办公室，组织协调各涉海部门、涉海行业、科研人员、军方、涉海企业和公众代表各方，保证国家、省有关决策的有效实施和日常事务的处理。

2. 建立健全深远海养殖技术体系

建议围绕黄海冷水团推动设立国家及各级政府的重大科技专项，以离岸设施养殖、底播养殖、生态养殖为重点，选取代表性品种，开展涵盖苗种、饲

料、病害、物流、养殖管理等各全方位的技术攻关，形成相对完善的、具有较大实用价值和市场潜力的技术体系，使黄海冷水团养殖开发成为中国海水养殖空间结构优化的重要突破口。

构建黄海冷水团养殖工船和多类深水网箱组成的离岸养殖系统，研创陆海衔接的养殖模式，攻克优质海洋冷水鱼繁养关键技术，开发自动投饲、机械化捕捞、水下实时监控等设备，建立冷链物流保鲜保活系统，构建“互联网+”销售体系。加快建设日照、威海两大深海渔业基地，形成新的战略性深蓝渔业产业，引导烟台中集来福士海洋工程有限公司等海工装备制造企业参与装备研发，省内船舶、机械、高分子材料、海洋新能源以及水产育种、加工、流通等领域的相关企业在产业链条上耦合发展。

3. 加大政府的资金、政策支持力度

综合运用税收、补贴等政策手段，优化黄海冷水团养殖开发的政策环境。

（1）减免黄海冷水团养殖开发海域使用金。从长期来看，黄海冷水团养殖开发有利于提高海洋食物生产能力，具有“藏粮于海”的粮食安全保障作用。为此，有必要实行海域使用金免除或返还政策，降低开发成本，促进海洋食物开发从近岸向离岸海域延伸和转移。

（2）加大补贴力度。黄海冷水团养殖开发属于具有高技术特征的海洋新兴产业。有关养殖企业应享受创新型企业税收优惠政策，深水养殖工程设施购置应参照远洋渔船给予税收优惠和财政补贴。

（3）完善离岸养殖开发投融资体系。在充分尊重市场规律的前提下，发挥好财政资金的引导作用，针对离岸养殖开发特点培育多元化投融资体系。引进和培育离岸开发风险投资基金，积极推动众筹、互联网金融等新兴融资机制发展，建立离岸海水养殖政策性保险体系。

（4）完善相关公共服务。以黄海冷水团所在海域为重点，建设海洋信息监测预报系统，及时提供满足生产需求的气象水文环境信息。建设养殖工程试验场，提供各类增养殖设施及配套装备试验测试的基本服务。在形成一定的生产规模后，结合产业发展需求，建设高水平的良种和病害防治服务机构。

4. 构建养殖企业为主导的深远海养殖产业链

政府要重点扶持以增养殖企业为主导的海洋渔业产业链，给予优惠政策，

鼓励商业模式创新和资源整合能力，将新技术和与之相匹配的商业模式结合在一起，进而形成有机协调的产业组织模式[5]。作为链条核心的增养殖企业规定养殖基地的规模、养殖品种、水产品价格等。它将原料供应商、科研机构、加工企业、批零企业凝聚在自己身边，根据目标顾客的需求来管理产业链，降低成本，满足产业链条上其他企业的经营目标和发展规划。

5. 军民深度融合积极促进军转民

积极推进日照、青岛、潍坊三市联合谋划，调动多方积极性，引入军工科研单位、企业聚集产业园区，深入推进军地资源整合的技术创新、组织创新、商业模式创新和体制机制创新，促进军民融合深度发展，争取早日建成军民融合发展示范区。在园区内建设以军转民高科技项目孵化、科技成果转化为重点的开放合作平台，促进军工与龙头企业、民营资本等开展合作，为地方政府产业升级和经济转型提供技术支撑。在技术领域，配合国家有关部门，积极促进军工技术转民用，将多年积淀形成的微纳卫星、船舶制造、总段建造、三维设计、材料涂料等先进适用的技术、工艺，推动海上浮式核动力平台、大型浮式结构物、中远海综合信息网络等重大海洋装备研发及应用，实现军民两用技术的良性互动。

6. 积极开展国际渔业技术合作

把黄海冷水团养殖开发作为我国国际渔业技术合作的重要内容和“21世纪海上丝绸之路”建设的重要节点。认真借鉴挪威、日本、智利等国在深水设施化养殖和海洋牧场建设等方面的有益经验，重点在养殖设施建造和维护、养殖操作规范和日常管理、病害防治、水产品质量体系等方面加强技术交流与合作，实现国际标准与本土优势的有机结合，把我国离岸海水养殖业建设成为具有较强国际竞争力的海洋战略新兴产业。

参考文献

[1] 李靖宇，王偲．关于中国实施“海上屯田”战略的务实推进构想.战略与决策，2010(5).

[2] 张尔升，刘妍玲，张晨琦.南海海洋设施渔业组织模式探析.浙江海洋学院学报(人文科学版)，2013，30(4).

[3] 徐皓，江涛.我国离岸养殖工程发展策略.渔业现代化，2012，39(4).

[4] 韩立民,郭永超,董双林.开发黄海冷水团建立国家离岸养殖试验区的研究.太平洋学报,2016(5).
[5] 权锡鉴,花昭红.海洋渔业产业链构建分析.中国海洋大学学报(社会科学版),2013(3).